图像清晰化技术研究

张红英 吴亚东 路锦正 著

科学出版社
北京

内 容 简 介

本书是作者在多年进行图像清晰化技术研究的基础上撰写而成的，系统地阐述和分析了图像清晰化技术的相关理论和实现方法。本书针对雾天、低照度以及低动态范围等恶劣环境下的图像清晰化问题展开研究，对基于物理模型的去雾技术、基于人眼视觉特性的低照度增强技术、基于反色调映射的高动态范围图像生成技术、基于场景深度的雾天图像能见度估计技术以及图像质量评价标准等进行详细阐述和深入分析。同时，本书也涉及相关算法的 DSP(digital signal processor，数字信号处理器)实现及 GPU (graphics processing unit，图形处理器)实现，对于图像清晰化技术的应用推广具有较好的引导作用。

本书可供图像处理、计算机视觉、应用数学专业的教师、研究生、研究人员和工程技术人员参考。

图书在版编目(CIP)数据

图像清晰化技术研究 / 张红英, 吴亚东, 路锦正著. —北京: 科学出版社, 2021.1

ISBN 978-7-03-067321-3

Ⅰ. ①图… Ⅱ. ①张… ②吴… ③路… Ⅲ. ①图像处理–研究 Ⅳ. ①TP391.413

中国版本图书馆 CIP 数据核字（2020）第 255222 号

责任编辑：张　展　侯若男 / 责任校对：彭　映
责任印制：罗　科 / 封面设计：墨创文化

科学出版社 出版

北京东黄城根北街16号
邮政编码：100717
http://www.sciencep.com

成都锦瑞印刷有限责任公司 印刷
科学出版社发行　各地新华书店经销

*

2021 年 1 月第　一　版　　开本：787×1092 1/16
2021 年 1 月第一次印刷　　印张：18 1/2
字数：442 000

定价：149.00 元
（如有印装质量问题，我社负责调换）

前　言

图像清晰化技术属于图像复原技术领域，是当前图像处理研究的一个热点。本书专注于图像清晰化问题，重点关注雾天、低照度、低动态范围图像的增强问题，雾天能见度估计问题以及图像质量客观评价标准问题；描述了基于物理模型和图像增强的清晰化技术的扩展及优化，从分析基本模型出发，详细阐述模型每一项指标参数对图像清晰化的影响，进而研究更为有效的处理方法，从模型的合理性和处理对象的适应性角度对各类方法进行阐述和提升。

对于图像去雾技术，本书着力分析基于暗原色先验这一假设条件和模型的各指标参数对去雾效果的影响，重点阐述了各种参数优化的技术以及图像去雾系统的软硬件实现方法；对于低照度图像增强，着重分析人眼视觉特性对光照明暗变化的适应性，进而模拟人眼视觉特性建立低照度图像增强模型，另外，受图像去雾技术的启发，分析了低照度图像和有雾图像的关系，进而建立基于暗原色先验的低照度图像增强模型，详细阐述了两种方法的技术细节以及实现方法；对于由低动态范围图像生成高动态范围图像，着重分析了各种反色调映射算子，并基于人眼视觉系统模型，构建了基于光源采样和基于细节层分离的单曝光高动态范围图像生成技术，详细阐述了模型构建的合理性以及技术细节；对于能见度估计问题，详细分析了传统能见度测试方法的局限性，着重阐述了基于图像的能见度估计的模型构造过程，并将能见度这一指标应用于雾天图像清晰化系统中，有效评价去雾效果；在图像质量客观评价标准方面，系统研究了图像质量评价算法设计过程中的人眼视觉特征建模、图像特征的有效表达等问题，研究基于人眼视觉感知的有参考和无参考图像的客观质量评价标准。

全书由张红英统筹、撰写。吴亚东教授作为课题组负责人，为本书的结构、撰写思路提供了宝贵的参考意见，同时审阅了全书稿件，提出了富有建设性的意见；路锦正副研究员为相关算法的 DSP 实现做出了巨大的贡献。感谢研究生刁扬桀、王小元、朱恩弘、陈萌、刘言、徐振轩、张赛楠、徐敏、曾浩洋、付辉、田金沙等在资料整理和实验验证阶段付出的辛勤劳动。同时，本书参考了大量的国内外相关研究成果，吸取了许多专家和同仁的宝贵经验，在此向他们深表谢意！特别感谢科学出版社的编辑为本书出版做的大量细致的工作！感谢西南科技大学信息工程学院的鼎力支持！

本书涉及内容广泛，由于作者学识有限，书中难免存在疏漏之处，恳请广大读者批评指正。

张红英

2020 年 6 月 18 日

目　　录

第1章 绪　　论

1.1　研究背景及意义

21世纪，随着信息技术的飞速发展，社会经济与科学技术也得到了快速发展，其中，计算机的应用是推动整体社会快速发展的重要力量。快速的社会发展需要实时的信息传递，如今的信息传递方式已不同于往日的依靠驿站、无线电传递，更多的会依赖网络。传递的信息包含文字信息、语音信息和图像信息等。一般来说，与文字和语音信息相比，图像所包含的信息要更加直观，接收者通过图像获取信息也更加快捷，正所谓"百闻不如一见""一图胜千言"。据统计，人类从外界获取的信息中有75%来源于图像[1]，可见图像已经成为人们认识客观世界的主要信息源，伴随着科技的发展与进步，人们的生活水平不断提高，对于图像质量的要求也越来越高。

随着计算机技术及电子信息技术的不断发展，图像处理技术水平得到很大的提升，视频监控、图像分析识别、计算机视觉等多种视觉系统受到社会各界的广泛关注，其市场需求也不断扩大。然而，这些视觉系统在实际应用中经常会遇到雾霾、低照度、背光或强光等恶劣环境，在这种情况下采集到的视频图像对比度较低，细节信息丢失严重，色彩失真严重，物体特征难以辨认，导致人们无法提取图像内的有效信息，给图像分析识别等后期工作带来困难。尽管人们可以通过改善成像设备的传感器水平来获取高质量的图像，但是硬件设备技术的发展终究还是存在局限性，而且也无法克服恶劣天气带来的影响。另外，从成本来看，提高硬件水平，成本昂贵，不易普及，所以如何在软件层面尽量消除这些影响计算机视觉系统信息采集质量的因素是广大图像处理研究人员需要解决的难题，也是迫切需求。因此，为了使计算机视觉系统能够正常发挥工作效用，降低这些设备对工作环境的依赖性，研究图像去雾、低照度增强、动态范围扩展等图像清晰化技术就变得很有必要性。

近年来，因大雾引起的交通事故越来越多。美国每年因浓雾而导致的车辆碰撞损失高达3亿美元以上。1975年，在美国加利福尼亚通往纽约的高速公路上，发生了世界上最严重的一起由大雾引起的交通事故。近年来，我国的雾霾天气越来越严重，也造成了相当多的交通事故。例如，2012年底到2013年初，几次连续7日以上的雾霾天气笼罩了大半个中国，造成交通系统的瘫痪，也使得人民的生命、财产受到一定的威胁；2014年12月7日，一场大雾笼罩了四川德阳，造成该地区的能见度极低，成绵高速复线上从绵阳开往成都方向在间隔什邡北出口6km处出现了53辆车首尾连环相撞的交通事故，造成10多人伤亡，其中，2 人死亡，6 人重伤；2017 年 11 月 15 日上午，滁新高速公路上因为能见度低，发生了多点多车追尾事故，该事故造成交通堵塞路程长达 3km 以上，30 多辆车辆首尾连环相撞，直接导致 20 人死亡、19 人受伤。据统计，到 2018 年底，中国机动车保有量已达到 3.27 亿辆，其中汽车保有量达到 2.4 亿辆，汽车驾驶人数达到 4.09 亿人。公路通车总里程达 486 万公里，其中高速公路已超过 14 万公里，在为人们的出行带来便利的同时，也给交通安全管理带来了较大的压力。每年因道路交通安全事故伤亡的人数超过 20 万人。近年来，高速公路交通事故数量呈上升趋势。其中，因大雾等恶劣天气影响造成的高速公路交通事故率也在逐年上升。在我国，大雾是造成高速公路交通事故最严重的灾害性天气之一，据统计，大雾天交通事故发生率是平常的 4 倍，而且损坏程度和死亡率也比平时高。而夜间行车，由于照明不良等因素，驾驶员视距变短或视线模糊，获得场景信息量比白天差，不易发现交通标志或者障碍物，事故发生率比白天高 1～1.5 倍。汽车驾驶员在行车过程中，有 90% 的信息是依靠视觉获得的。另一方面，当夜幕降临时，在一些没有外加光源或者由于人为或者其他原因导致路灯故障的地方，视频监控系统常常无法获得有效的视频图像信息，若犯罪分子此时进行不法行为，我们将无法清楚获取其样貌特征及行为特征，对于案件的侦破无法提供有效的帮助。利用低照度彩色图像增强技术，可以有效减小低照度环境对视频图像获取装置的影响，提升低照度环境下捕获的视频图像质量，保证视频监控、图像识别、计算机视觉等视觉系统在低照度情况下的性能。因此，研究基于雾天、夜间等恶劣环境下的视频图像清晰化技术，对交通管控、行车安全、视频监控、刑侦取证、卫星遥感系统、航拍系统、目标识别系统等具有非常重要的意义。

1.2　图像去雾的研究现状与展望

1.2.1　国内外研究现状

雾天降质图像的清晰化算法是一个跨学科的前沿性研究课题，具有广泛的应用前景。随着计算机软硬件技术的发展，雾天降质图像的清晰化算法也已成为计算机视觉和图像处理领域的研究热点，吸引了国内外大批研究者。该技术主要应用于计算机视觉的初级阶段，是目标检测与跟踪、目标分类与识别、目标行为分析与理解等计算机视觉和模式识别中、高级阶段的基础。最近几年来，在计算机视觉领域的顶尖国际会议中，每年都有相关论文发表，但是这些研究仍处于不断的发展中。

到目前为止，尽管国内外研究机构在雾天图像清晰化算法上已经取得了一定的研究成果，但是图像去雾技术的研究工作开展较晚，可供参考的文献并不多，仍有待完善。国内外雾天降质图像的清晰化技术研究主要分为两类：基于图像处理的图像增强方法和基于物理模型的图像复原方法。基于图像处理的图像增强方法从图像增强的角度出发，提高雾天降质图像的对比度，突出图像的边缘细节信息，改善图像的视觉效果。基于物理模型的图像复原方法首先根据雾天中造成视觉设备获取图像质量下降的原因分析其降质过程，然后通过物理建模复原这个过程，再在有雾图像中获取物理模型中需要的参数，估计缺少的参数，最后复原出无雾图像。所以，建立雾天画质退化模型并且对模型中的参数进行准确估计是关键所在。图 1-1 给出了目前图像去雾方法的分类。

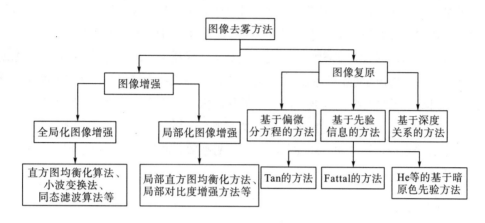

图 1-1　图像去雾方法分类

1.2.1.1　基于图像增强的去雾算法

通常，图像增强算法不是以图像保真度为原则，也不考虑采集到的图像降质的物理原因，仅仅只是按照特定的需求来突出降质图像中的一些特定信息，与此同时衰减或去除一些不需要的信息，它的主要目的是使增强后的图像更符合人类视觉系统的特点或计算机视觉系统的特性，提高图像的清晰度。基于图像增强的去雾算法就是从图像增强的角度出发，提高雾天降质图像的对比度，突出图像的边缘细节信息，改善图像的视觉效果。目前常用的基于图像增强的去雾算法有四种。

1. 直方图均衡化算法

通过非线性灰度映射来修正图像直方图，使得修正后图像直方图的分布更加均匀，即可增加图像动态范围，达到增强图像对比度的目的。雾天图像灰度分布集中，采用这种方法常常可以得到较好的效果。直方图均衡化算法可以分为全局和局部两种。传统的全局直方图均衡化算法是在整幅图像基础上进行处理，该方法实现简单、计算量小，但是对细节的处理不到位，很容易使图像局部区域细节丢失。局部直方图均衡化算法就是在图像的局部区域内进行直方图均衡化，也就是将图像分为若干个不重叠的子块分别进行处理，该方法可以使局部区域有更好的效果，但会产生明显的块效应。自适应直方图均衡化算法是对图像中的每个像素都采用大小相同的滑动窗口，对滑动窗口进行局部均衡化实现中心像素的处理。这种方法消除了局部块效应，但是计算量太大。Kim 等[2]采用插值直方图均衡化算法，该算法应用少数的像素点来估计全局像素，每个像素点都能由相邻像素采用公式还原，大量缩短了处理时间；Reza[3]应用受约束对比度的直方图实现插值均衡化操作，该算法具有平滑图像的作用，处理后的图像具有较高的图像质量。上述两种方法虽算法简单，但景深突变处易出现细节信息的丢失。国内，王萍等[4]提出插值自适应直方图均衡化算法，利用线性插值实现了子块间的平滑；翟艺书等[5]对块重叠直方图均衡化进行改进，减少了处理时间，取得了较好的视觉效果；浦瀚等[6]对块重叠直方图均衡化算法进行改进，在大量缩短处理时间的同时优化了图像清晰度，提高了图像质量；郭翰等[7]对插值直方图均衡化算法实现改进，提出了自调节的插值直方图均衡化算法；周慧娟[8]对直方图的对比度限制了区间，同时采用强调高频滤波共同增强雾霾图像的对比度，得到了良好的去雾清晰化图像效果。上述方法虽能除去一幅彩图中的大量雾气，并还原较为清晰的人眼视觉效果，但存在一定的局限性，如景物色彩变化不明显、阴影部分面积小的图像处理效果不佳，算法的效率低。

2. 小波变换法

小波变换法克服了傅里叶变换的缺点，可以得到信号的局部频谱信息，时域和频域的局部变换使小波变换具有多尺度的特性。它可以描述图像的低频区域，即平坦部分，也可以有效地表示图像信号的高频区域，即边缘细节信息。Russo[9]通过在多个尺度上对雾天图像进行均衡化，较好地增强了图像细节信息。国内的杨骥等[10]采用了标定阈值模型的小波去雾清晰化算法，所得图像在人眼视觉感官效果方面有了显著的提升，但图像质量的损失程度大大提升。小波变换法具有增强雾天图像细节的优势，缺点在于无法处理图像亮度不均的情况。

3. 同态滤波算法

同态滤波算法将图像分为照射分量和反射分量，在频域中进行处理。Seow 等[11]采用同态滤波方法进行了彩色图像增强,国内的张金泉等[12]将同态滤波应用在图像去烟雾上并取得了一定效果。邓从龙[13]在采用同态滤波增强彩色图像的同时，对其对比度的处理方式进行改进，获得视觉效果较好的图像。该去雾方式依赖色度变化，不适合处理灰度级图像。王超[14]在红外遥感图像的云雾图像处理中,应用了同态滤波方法后也获取到人眼感官效果好的图像。该方法的不足之处是增大了运算量。

4. Retinex 算法

Land[15]在 1977 年正式提出一种颜色恒常知觉的色彩理论，即 Retinex 理论。该理论揭示了人类视觉系统的基本特性，认为人类感知的物体色彩是由物体表面特性决定的，而与光照强度无关。根据 Retinex 理论，一幅图像由照度分量 $L(x,y)$ 和反射分量 $R(x,y)$ 两部分组成：

$$I(x, y) = L(x, y) \cdot R(x, y) \tag{1-1}$$

式中，照度分量 $L(x, y)$ 是由光照引起的对图像的干扰，反射分量 $R(x, y)$ 反映了物体的本质信息。通过从 $I(x, y)$ 中计算出 $L(x, y)$，在原图中将 $L(x, y)$ 去除得到反射分量，就可以得到图像本质特性，即还原出清晰图像。

之后，很多相关改进 Retinex 算法被提出。Frankle 等[16]提出了基于迭代思想的算法，Jobson 等提出了基于中心环绕的单尺度 Retinex(single-scale Retinex，SSR)算法[17]以及多尺度 Retinex(multi-scale Retinex，MSR)算法[18]。在 MSR 算法基础上，芮义斌等[19]采取正态截取拉伸方法对薄雾条件下的图像进行处理，取得较好的清晰化效果。黄黎红[20]提出在 HSV(hue，saturation，value，色调、饱和度、亮度)空间采用中心自适应调节的 S 形双曲正切函数代替对数函数进行对比度增强，也取得了较好的去雾效果。

总的来说，基于图像增强的去雾算法不考虑图像降质的原因，是根据特定需求进行颜色恢复和对比度增强。其使用范围广，可以有效改善视觉效果，但也容易造成图像失真。

1.2.1.2　基于图像复原的去雾算法

基于图像复原的去雾算法利用雾天图像退化模型，通过求解图像退化的逆过程来恢复清晰图像，得到的图像效果相对自然。该类算法的关键之处在于对模型参数进行准确估计。这类方法主要有三种。

1. 假设场景深度已知

在雾天情况下，光线在传播过程中，大气粒子会发生散射作用造成衰减。同时，周围环境光也会进入成像设备造成图像对比度下降。Oakley 等 [21]提出一个基于多参数统计的退化模型，并利用图像数据估计模型参数，对灰度图像取得了较好的复原效果。Tan 等[22-23]进一步研究图像对比度下降与波长的关系，并将 Oakley 方法扩展应用于彩色图像。但鉴于此类方法要用昂贵的雷达设备获取精确的景深信息，该方法难以推广。

2. 利用辅助信息获取场景深度

哥伦比亚大学的 Narasimhan 等[24]从 1999 年起开始致力于从多个角度提取场景深度以恢复图像，但需要同一场景下相对清晰的另一幅图像作为参考。后来 Schechner 等[25-26]又利用不同散射光的偏振特点，以不同方向上的偏振光恢复场景深度图像，但该方法仅对薄雾图像有效。总之，这类方法大都需要不同天气条件下的多张图像来获取深度信息，因此很难在实际中运用。

3. 基于先验信息

由于多幅图像去雾条件苛刻，不利于实际应用，众多学者将目光投向单幅图像去雾。然而，仅仅通过单幅雾天图像来恢复无雾图像，本身是一个病态问题。2008 年，Tan[27]基于无雾图像的对比度必定比有雾图像要高的事实，通过最大化局部对比度的方法实现了单幅图像去雾，但复原后的图像很容易产生色调偏移。Fattal[28]基于透射率和物体表面阴影局部不相关的假设，利用马尔可夫随机场(Markov random field，MRF)模型实现去雾，该方法对于浓雾图像的复原结果存在较大失真。

为了更彻底地去雾，2009 年，He 等[29]提出基于暗原色先验的单幅图像去雾技术，并借助软抠图(soft matting)技术改善透射率图，最后得到了清晰自然的复原结果。但软抠图的使用让整个算法有很高的时间复杂度和空间复杂度，分辨率为 600×400 的图像处理时间为10～20s(3.0GHz Intel Pentium 4 processor)。为提高效率，许多加速算法被提出。Tarel 等[30]尝试使用中值滤波的快速去雾方法，但该算法需要设置调节的参数较多，而且中值滤波的性质也使得复原图像在景深发生突变的边缘会产生光晕(halo)效应。2010 年，He 等 [31]提出用一种导向滤波方法来代替软抠图技术进行透射率的优化，很好地降低了算法复杂度。Xie 等[32]对图像亮度分量通过 MSR 算法求取透射率，取得了一定效果，但其处理 600×400 的图像耗时 5～8s(3.0GHz Intel Pentium Dual-core)，速度也很慢。2011 年，Xing 等[33]使用基于引导滤波理论的方法对雾天视频进行了处理，处理一帧分辨率为320×240 的视频图像耗时 300ms，离实时处理仍有一定差距。此外，Sun 等 [34]利用双边滤波的方法较好地保持了图像的边缘。2013 年，甘佳佳等[35]利用两次不同尺度的双边滤波结果的差值来衡量图像的局部对比度，对浓雾区域和自身亮度值较高的物体进行了一定区分，以此得到了更加准确的大气散射图。恒宗圣等[36]采用局部区域分割的方法对图像进行去雾处理。

总之，基于图像复原的图像清晰化算法目前已取得了一定的成果，但存在复杂度较高的问题，处理速度仍然有待进一步提高。并且，目前使用的大气散射模型相对简单，对于较复杂的情况，如天空区域有强烈太阳光或光照非常不均时，去雾结果往往不理想。

1.2.1.3 基于深度学习的图像去雾技术

随着图像维度的增大，图像恢复的难度也增大，传统的算法由于种种原因已经不能很好地解决具体的实际问题，研究者们寻求采用某种优化技术对图像恢复算法进行指导，并提出多种基于智能算法的图像恢复算法。

美国南加利福尼亚大学的张承福[37]于 1988 年首次提出以神经网络实现图像复原的方法，将复原问题与 Hopfield 神经网络通过能量函数联系起来，将图像复原问题转化为适合神经网络计算的最优化问题。经过二十多年的研究发展，用于图像复原的神经网络模型也越来越多。由于 Zhou 等[38]的复原方法中网络模型庞大，收敛速度较慢，Paik 等[39]提出了改进型 Hopfield 神经网络模型，用于灰度图像的复原。Hinton 等[40]提出了状态连续改变的改进型 Hopfield 神经网络模型，进一步改进了 Paik 等的复原算法，该方法能够在可行解域中找到更加精确的解。蒲浩[41]证明了这种算法的收敛性。袁桂霞等[42]给出了一种基于径向基函数网络的图像滤噪算法。Gacsadi 等[43]实现了一种基于细胞神经网络(cellular neural network)的图像滤噪算法。张坤华等[44]给出了一种基于脉冲耦合神经网络(pulse coupled neural network)的图像去噪算法。Sung 等[45]将自组织神经网络用于图像复原，对空间变换模糊函数(spatially varying blurred image)进行了较好的复原。Leipo 等[46]将混沌理论引入求解图像复原问题，构造的噪声混沌神经网络在收敛速度和复原效果上都取得了很大的成功。信号处理专家 Mallat 等[47]把数学上的 Lipschitz 系数与小波变换的模极大值联系起来，构筑了小波变换用于图像去噪的理论基础。

上述深度学习算法均有与图像去雾处理结合的潜力，并已运用于图像分类[48]、物体识别[49]、人脸识别[50]等方面。受到深度学习在 high-level 图像视觉领域突破的启发，近几年一些学者开始尝试用深度学习算法解决 low-level 图像特征和图像处理问题，如图像超分[51]、图像去噪[52]、去污点和雨滴[53]等。

近年来，有不少学者使用机器学习方法来研究雾天图像的先验特征，主要有三种基于学习的框架进行图像去雾的研究。Yang 等[54]建立了一个线性颜色衰减和场景深度之间的线性模型，并使用机器学习方法学习模型的各项参数，最后根据图像颜色衰减先验(color attenuation prior，CAP)预估场景深度，进而得出雾天图像透射图并复原出无雾图像。Sun 等[55]使用反向传播神经网络(back propagation neural network，BPNN)从大量的样本训练中挖掘图像颜色和场景深度之间的内部联系。Kobchaisawat 等[56]使用随机森林研究雾天图像的暗通道优先、最大对比度、颜色衰减先验和色相差这四种特征来恢复无雾图像。

1.2.2 存在问题及展望

基于图像增强的去雾算法通常较简单，能够增强雾霾图像的对比度，所得图像在人眼视觉感官效果方面有了显著的提升，并且通常在低质量的气象条件下捕捉到的图像有较为理想的处理效果。但该类方法不考虑图像降质的根本原因，使得雾气去除不干净，难以恢复原貌，往往存在由于图像过度增强所带来的失真、晕轮效应、不饱和现象等；尽管许多基于图像复原的技术已经取得了令人满意的结果，但由于这些方法是基于大量的假设并且需要估计与图像形成相关的各种参数，而这些参数往往是未知的，因此针对大气光值 A 和透射率的估计并不准确，尤其是对于浓雾所覆盖的图像前景或具有大比例天空区域及水的雾天图像；基于深度学习的方法是针对假设模型参数进行学习，因此这些算法的去雾效果仍然受到场景是否满足假设条件的限制。

综上所述，目前的图像去雾算法研究已经取得了一定的进展，也取得了一些不错的效果，但还是存在着困难与挑战。未来的发展方向包括五点。

(1)基于深度学习算法去雾的多角度和深化发展。现有关于深度学习去雾的算法不多，还有很大的研究发展潜力，这应该是今后去雾技术的一个发展方向。

(2)考虑雾天图像的模糊信息。从图像处理学角度提出的增强算法和基于物理模型的复原算法虽然均能改善雾天降质图像的质量，然而这些方法都没有考虑降质图像固有的模糊属性。景物由三维空间到二维图像的映射过程必然会造成信息的大量丢失(如深度信息、被遮挡物体的信息)，而且在有雾天气下，由于大气粒子的散射作用和粒子的自身成像，使得获取的图像对比度较低，边缘轮廓及景物的特征都比较模糊。因此，充分考虑降质图像的这些模糊信息，再结合大气散射的物理机制，更好地实现能见度的提高将是研究人员在今后相当长的一段时间内所面临的主要任务。

(3)提高自适应性和鲁棒性。目前的算法并不能保证适用于所有的场景或图像，或者仍需要手动调整参数。然而，很多的计算机视觉系统，如安全监控系统和军事侦察系统等都要求算法自动对不同的图像进行处理，而不需要或者需要很少的人工调整。理想的去雾算法应该能自动分析单幅有雾图像的数据，针对不同的场景和不同的天气状况做出自适应的调整，满足不同场景的去雾和图像清晰化需求。

(4)雾天图像及视频实时去雾处理。现有的去雾算法，尤其是单幅图像去雾质量较好的算法，都普遍存在时空复杂度过高的问题。理想的去雾算法应该是可以应用于大幅图像的实时处理的，这要求去雾算法在保证去雾质量的同时，时间和空间复杂度有较大幅度的降低，同时雾天动态视频处理需要解决的是去雾算法的运行效率，以便满足实际应用的实时性要求。因此，研究高效的去雾算法处理雾天图像及视频应该受到足够的重视。

(5)寻找更完备的物理模型。基于物理模型的雾天图像复原算法已经取得了极大的进展，但是由于景物退化与场景深度呈非线性关系，由此带来的一个问题是很难保证所建立的景物退化模型的正确性和宽适性。目前，大多数图像复原算法都建立在大气散射模型的基础上，并受到了此类模型的限制，即在某些天气情况下，使用该模型的复原算法将会失效。因此，采用更加完备的物理模型来描绘复杂的大气状况，并探索研究基于这些模型的去雾算法在未来一段时间内都将是一个具有挑战性的课题。

1.3　低照度图像增强技术的研究现状及展望

1.3.1　国内外研究现状

目前，低照度图像增强技术已经成为图像处理领域的重点研究内容，学者们提出了多种低照度图像增强算法，但是由于低照度环境的多变性以及视频图像捕获设备的多样性，目前所提出的低照度图像增强算法均无法满足所有视频和图像的处理要求，算法鲁棒性较低。虽然现在市场上已经出现了一些专门针对低照度环境的摄像机，但由于其高昂的价格及对感光器件和镜头的高要求，导致其无法普遍应用在实际中。因此，低照度图像增强技术仍然具有很大的研究空间及研究价值。

目前，低照度图像增强算法主要有三大类：空域法、变换域法及融合法。

1. 空域法

空域法主要有直方图均衡化算法、灰度变换法、Retinex 算法、基于大气散射模型增强算法。

直方图均衡化算法是空域增强中最简单有效的方法之一，是采用灰度统计特征将原始图像中的灰度直方图从较为集中的灰度区间转变为均匀分布于整个灰度区间的变换方法，其优点是算法简单、速度快，可自动增强图像；缺点是对噪声敏感、细节容易丢失，在某些区域会严重失真。He 等的算法是最基本的直方图均衡化算法，He 等的算法通过使图像灰度级的概率密度函数(probability density function，PDF)满足近似均匀分布的形式来达到增大图像动态范围和提高图像对比度的目的[57]。有许多基于 He 等的算法的改进算法，它们都具有各自的特点。韩殿元[58]提出了一种改进的直方图均衡化算法，该算法有效克服了传统直方图法灰度级过度合并导致细节易丢失的问题，但是对彩色图像易发生颜色失真现象。董丽丽等[59]提出了两种直方图均衡化改进算法，分别引入了直方图动态削峰技术和边缘信息融合技术，对曝光不足和过曝光的两类图像具有增强效果好、改进算法输入参数少的特点。

灰度变换法指将输入图像中较窄带的低灰度值映射为较宽带的输出灰度值，常用的映射方式有对数变换以及抛物线变换，其主要优点是运算速度快，缺点是参数难以确定，针对不同的图像无法自适应调节，有时存在过增强的问题。Zhou 等[60]提出了一种同时增强全局亮度及局部对比度的方法，该算法有效地解决了灰度变换中算法的自适应问题，但是亮度较暗的图像去雾效果有待改善。

Retinex 算法是一种基于光照补偿的图像增强方法，能够同时实现图像的全局和局部对比度增强，以及基于灰度假设的颜色校正，达到增强效果。Retinex 算法包含多种改进算法，应用较广泛的是中心/领域 Retinex 算法，包括由美国国家航空航天局提出的带色彩恢复的多尺度 Retinex(multi-scale Retinex with color restoration，MSRCR)算法。但是由于中心/领域 Retinex 算法的本质是基于灰度假设，而均匀颜色区域违背了灰度假设，所以处理后的图像颜色去饱和而变为灰色调，存在严重的颜色失真问题。而 MSRCR 算法的颜色复原过程实际上是引入原始图像的非线性函数来补偿中心/领域 Retinex 算法处理过程中损失的颜色信息，并不是恢复场景的真实颜色，违背了颜色恒常性的原理，色彩失真严重。之后很多改进算法被提出，如肖进胜等[61]提出的基于改进的带色彩恢复的多尺度 Retinex 算法，该算法可有效改善色彩失真、噪声放大等问题，但算法复杂度较高，无法应用于实时处理中。

近年来，图像去雾技术取得了很大的发展，部分去雾算法[62-64]取得了良好的效果。2011年，Dong 等[65]提出采用去雾技术来实现低照度图像的增强，取得了良好的效果，但其存在缺点：场景不连续时，会出现块瑕疵，且该算法对暗区的增强不足，对亮区容易出现过饱和现象。

2. 变换域法

变换域法是通过某种变换将图像转换到一个空间域，再对系数进行某种处理，最后对系数进行反变换得到增强图像。常见的变换域方法有高通滤波，小波变换等。高通滤波首先对图像进行傅里叶变换，然后通过一个高通滤波器，增强高频分量(即增强图像的细节)，同时抑制低频分量，最后进行傅里叶反变换，得到增强后的图像。

小波变换法首先对图像进行二维离散小波变换，得到图像的小波系数，然后对高频分量和低频分量乘以不同的系数，以增强某个分量或抑制某个分量，达到增强图像对比度的目的。基于小波变换的图像处理[66-67]颇受学者关注，因为小波变换能同时体现时域和频域的特征，因此将小波变换用于图像处理时，既能提取图像的边缘，又可提取整体结构，适用于低照度图像增强，但这种方法由于需要预先定义小波基而使算法的应用受到限制。

3. 融合法

近年来，许多学者对图像融合提出了许多方法和思路。图像融合是指将多源信道所采集到的关于同一目标的图像数据经过图像处理提取各自信道中的有利信息，最后综合成高质量的图像。典型的算法是高动态光照渲染[68-69](high-dynamic range，HDR)，HDR 方法是对同一场景连续拍摄多幅不同曝光量的图像，利用每个曝光时间相对应最佳细节的图像来合成最终的 HDR 图像。这种方法在拍摄时需要保持照相器材的稳定，拍摄时间较长，无法应用于实时图像和视频增强领域，而且对于亮度很低的图像，去雾效果较差。为了打破传统 HDR 对图像序列的要求，目前许多学者[70-71]开始研究通过单幅图像来尽可能合成场景全部动态范围且包含全景细节，该方向是目前 HDR 领域的研究热点，后面我们将会详细讨论。

1.3.2 存在问题及展望

实际的应用需求促进了低照度图像增强技术的研究与发展，近十年来，国内外涌现出许多种低照度图像增强算法。当前的算法在很大程度上改进了低照度图像的质量，但在具体应用中仍存在许多不足。在未来的研究与发展中，不仅要考虑算法在保持边缘和去除噪声方面的效果，还要注重算法的实时性与自适应性。只有具备良好的增强效果且满足实时性的算法才能得到广泛的应用。例如，图像增强常常是在提高图像对比度的前提下使图像的对比度、图像视觉效果和图像信息熵等各种指标达到平衡，目前还没有一种图像增强算法能够使上述所有指标同时达到最优，如在图像增强过程中，很难兼顾算法的实时性、自适应性、图像的细节信息和颜色信息等，因此需要根据特定的需求，选择最适合的图像增强算法。另一方面，随着图像增强算法复杂度的提高，对实现增强算法的硬件开发要求也越来越高。采用 GPU 可以大幅提升图像增强算法的处理速度。GPU 具有成百上千个内核，能够实现算法的并行计算，借助 GPU 平台可以实现对图像的实时增强处理。

1.4　高动态范围成像技术的研究现状及展望

在过去的 20 年中，由计算机图形学领域引入的高动态范围 HDR 图像采集在该领域及其他领域掀起了革命性的热潮，如摄影术、虚拟现实、视觉影像、视频游戏等。HDR 成像可以直接捕获和利用亮度的实际物理值。在图像的成像过程中，非常暗和非常明亮的区域可能被同时记录在同一帧图像或同一个视频中，利用亮度的实际物理值来表示图像可以避免图像中欠曝光和过曝光区域的出现。传统的图像采集方法不使用亮度的实际物理值，而且受技术限制，只能处理每像素每通道 8bit 表示的图像。这样的图像被称作低动态范围（low dynamic range，LDR）图像。亮度值记录方法的变化，类似彩色摄影术的引入，已经在图像处理流水线的每个阶段都引起变化。但是，直接获得 HDR 图像需要特定的捕获设备[72-73]，而且只能获得静态图像，动态 HDR 图像的获得方法仍处在萌芽阶段[74]。这就需要研究从 LDR 图像来获得 HDR 图像的方法，这些方法使得在 HDR 显示设备上重新利用已经存在的大量 LDR 图像成为可能。而且，基于 LDR 到 HDR 扩展的一些方法已经应用在 HDR 图像压缩以及增强等方面。

动态范围是指环境中光照亮度级的最大值与最小值之比。在大自然中，光的亮度范围是非常广的。现实世界中最亮的物体亮度和最暗的物体亮度之比大于 10^8，而人类的眼睛所能看到的范围是 10^5 左右，但是一般的显示器只能表示 256 种亮度。正是因为这个原因，为了在普通显示器上显示 HDR 图像，必须首先将其动态范围进行压缩，目前普遍采用色调映射算子（tone mapping operators，TMOs）进行图像亮度的压缩[75-76]。随着科技的不断发展，HDR 显示技术愈发成熟，HDR 显示屏[77-78]正进入消费级市场。然而，目前绝大多数的视频图像仍为 LDR 格式，HDR 资源匮乏，无法满足技术发展的需要。

正是因为这个原因，越来越多的研究者开始关注 HDR 图像的生成问题[79-80]。为了获得 HDR 图像，目前常用的办法主要有通过摄像设备获取和由软件算法合成。摄像设备获取主要是通过摄像头拍摄同一场景不同曝光程度的多幅图像，取高曝光图像的暗区域，低曝光图像的亮区域，再通过算法将不同曝光图像的多个部分还原为一幅真实动态范围的图像。由软件算法合成的方法在游戏领域应用比较普遍。在 3D 游戏中，主要通过提高图片的亮度来制作环境光源进而对图像进行渲染，让亮的部分更亮，暗的部分更暗，同时辅以光晕效果等的增强，对光线进行实时计算合成出 HDR 特效。

为了更好地解决 HDR 图像资源匮乏的问题，近年来，研究者开始研究采用单幅 LDR 图像生成 HDR 图像的方式。部分学者开始将注意力放到对 LDR 图像到 HDR 图像扩展的研究上。事实上，为了尽可能地捕获到现实世界中影像的细节，相机在进行拍摄时已经将现实世界中动态范围极大的亮度进行了压缩，以在显示设备中显示出更好的图像，而一些反色调映射方法也在 HDR 图像编码领域得到了应用[81-82]，所以关于 HDR 图像生成技术的研究正获得越来越多的关注。

1.4.1　国内外研究现状

目前，关于如何获取 HDR 图像的研究主要关注两个方面。

(1) 对能够获得更高动态范围的数字成像技术的研究。选用具有较高动态范围的图像传感器[83-84]，成像效果稳定，效率高，但捕获图像的动态范围仍非常有限，所以这个方法通常也被称为宽动态 (wide dynamic range，WDR)。该方法从硬件入手，采用特殊的 DSP 芯片，在成像时采用逐行成像的方式，针对不同的光源使用不同的快门速度曝光，然后通过 DSP 处理重新组合，这样拍摄出来的图片直接就是 HDR 图像。虽然该方法在成像效果方面确实比普通的拍摄设备拍摄效果更好，且能拍摄动态 HDR 图像，但它仍存在着不足。因为在硬件中，动态范围和灵敏度是相互矛盾的两个因素，动态范围大的摄像设备的灵敏度往往比较低，反之亦然。也就是说，宽动态摄像设备在光线条件比较好的情况下拍摄出来的图像或视频通常可以呈现出较高的质量，但在低照度的情况下，其成像质量并不太好。

(2) 通过计算机技术对 LDR 图像进行处理产生 HDR 图像。该类方法主要分为三种。①用 Photoshop 等图像处理工具对图像进行处理，这种方法由于人的直接参与，可以根据不同具体情况进行处理，处理效果最好，但存在不稳定性和时间成本较高等缺点。②用多次曝光的多幅图像合成一幅 HDR 图像[85-89]，该方法从软件入手，目前应用最广，许多公司的 HDR 摄像设备也是将该算法集成到摄像设备的前端，采用这种方法进行 HDR 图像成像的策略主要分为两类：一种是选取不同的曝光度图像，通过函数拟合成 HDR 图像，最后压缩成保留最多图像信息的 LDR 图像；另一种是直接对不同的曝光度图像进行融合，并用算法处理融合过程中出现的"鬼影"问题。但这种方法需要将多幅图片进行合成，这就要求每幅图像上的成像场景不能改变太大，所以大多只能拍摄静态的 HDR 图像。③从单幅 LDR 图像直接生成 HDR 图像[90-111]。通过对单幅 LDR 图像进行一定的处理以及动态范围的扩展，可产生 HDR 图像。目前，利用单幅图像产生 HDR 图像的方法主要有两种。一种是基于反色调映射算子 (inverse tone mapping operators，iTMO)，对图像采用特殊的函数进行处理，进行动态范围的扩展；另一种是基于伪多曝光融合的方式，应用不用的映射曲线和参数，对正常曝光的 LDR 图像进行处理，生成多幅伪多曝光的图像，然后融合生成 HDR 图像。

近年来，随着深度学习在计算机领域的发展，卷积神经网络 (convolutional neural networks，CNN) 也开始被应用于 HDR 图像的生成[112-118]。

1.4.1.1　多曝光图像融合

多曝光图像融合的方法是目前获取 HDR 图像的主要方法，主要分为 3 个层次：像素级 (pixel-level) 图像融合、特征级 (feature-level) 图像融合和决策级 (decision-level) 图像融合。

1. 像素级图像融合

像素级图像融合是在严格配准的条件下，对各传感器输出的图像信号直接进行信息的综合与分析。像素级图像融合是直接在原始数据层上进行融合，主要任务是对多传感器目标和背景要素的测量结果进行融合处理，它的融合准确性最高，能够提供其他层次上的融合处理所不具有的更丰富、更精确、更可靠的细节信息，有利于图像的进一步分析处理。像素级图像融合是目前在实际中应用最广泛的图像融合方式，也是特征级图像融合和决策级图像融合的基础。但是与其他两个层次的融合相比，像素级图像融合需要处理的信息量大，处理时间长，对设备的要求也比较高。在进行像素级图像融合之前，必须对参加融合的各图像进行精确的配准，其配准精度一般应达到像素级。因此，像素级图像融合是图像融合中最复杂且实施难度最大的融合。

像素级图像融合能提供其他融合层次所不能提供的细微信息。但也有以下缺点：处理的数据量大、时间长、效率低，对图像的要求高，数据源难获取，抗干扰能力差。

2. 特征级图像融合

特征级图像融合是对源图像进行预处理和特征提取后获得的特征信息 (如边缘、形状等) 进行综合。特征级融合是在中间层次上进行的信息融合，它既保留了足够数量的重要信息，又可对信息进行压缩，有利于实时处理。它使用参数模板、统计分析、模板相关等方法完成几何关联、特征提取和目标识别等功能，以利于系统判决。在特征级图像融合过程中，由于提取的特征直接与决策分析有关，因而融合结果能给出决策分析所需要绝大部分的特征信息。虽然在模式识别、计算机视觉等领域，已经对特征提取和基于特征的图像分类、分割等问题进行了深入的研究，但这一问题至今仍是计算机视觉领域的一个难题，有待于从融合角度进一步研究和提高。

特征级图像融合将图像所含信息的特征进行提取并压缩，使图像有利于实时处理，但是在压缩提取的过程中不可避免地会出现信息的丢失，这就使得融合后图像的细微部分信息不全。

3. 决策级图像融合

决策级图像融合是根据一定的准则以及每个决策的可信度做出最优决策。决策级图像融合是高层次的信息融合，每个传感器已完成了目标提取和分类之后，融合系统根据一定的准则以及每个决策的可信度做出决策融合处理。这种融合实时性好，并具有一定的容错能力，但其预处理代价较高，图像中原始信息的损失最多。决策级图像融合主要是基于认知模型的方法，需要大量数据库和专家决策系统进行分析、推理、识别和判决。

1.4.1.2 单曝光 HDR 图像生成技术

单曝光 HDR 图像生成技术是采用单幅 LDR 图像生成一幅 HDR 图像[77, 90-93]。采用单曝光 HDR 图像生成技术，对单幅的 LDR 图像进行直接转化，不仅能实现静态 HDR 图像的拍摄，还能进行 HDR 视频的录制。与此同时，采用这种方法还可以将现有的大量 LDR 图像或视频资源生成 HDR 资源，能够很好地解决 HDR 图像或视频资源匮乏的问题。该技术主要有反色调映射算法和伪多曝光融合两种方法。其中，反色调映射算法有外形修整函数、全局模型、分类模型、扩展映射模型、基于用户的模型等五类；伪多曝光融合有基于直方图分离和基于不同参数映射曲线生成两种。此外还有神经网络生成 HDR 图像的方法。

1. 反色调映射算法

色调映射算法是将 HDR 图像映射成 LDR 图像，并尽可能地保留原来的视觉效果。而反色调映射算法则是色调映射算法的反变换，用于增大图像的动态范围。

1）外形修整函数

文献[90]和文献[91]中的方法主要是将 LDR 图像和视频中 8bit 数据扩展到 10bit，同时在扩展变换域中将伪轮廓去除。采用这种方法扩展后的图像视频为中动态范围的图像视频。该方法并没有特别关注过曝光和欠曝光区域。

2）全局模型

文献[92]～文献[96]中的全局模型就是对图像或视频中每个像素都运用相同的全局扩展函数，该方法的算法较简单，对高质量 LDR 图像处理效果较好，在全局扩展中，可以采用文献[93]的方法直接构造响应的扩展函数，也可以如文献[96]采用类似直方图的其他方法与全局扩展函数相结合的办法对原图像进行扩展。

文献[93]提出了一种扩展方法，该方法基于功率函数。亮度扩展定义为

$$L_w(x) = \begin{cases} (1-k)L_d(x) + kL_{wmax}L_d(x), & L_d(x) \geqslant R \\ L_d(x), & 其他 \end{cases} \tag{1-2}$$

式中，$L_d(x)$ 为扩展前图像的亮度；$L_w(x)$ 为扩展后图像的亮度；x 为图像像素位置；$k=[L_d(x)-R]^\alpha(1-R)^{-\alpha}$；$R$ 为扩展门限，等于 0.5；L_{wmax} 为扩展后图像的最大亮度；α 为控制扩展曲线的滚降指数。对值大于门限值的像素进行指数扩展。该方法算法复杂度通常较低，对高质量 LDR 图像处理效果较好。但该方法往往不对压缩或量化产生的伪像做相应处理，并不能保证对压缩过的 LDR 图像处理的质量。而在实际应用中，我们平时拍摄到的图像或视频通常都进行过压缩处理，这种情况下就需要更精确的扩展方法来避免压缩带

来的伪像。

3）分类模型

由参考文献[97]～文献[100]可知，该类模型是尝试对 LDR 图像中的内容进行分区，然后再对不同区域采取不同的策略进行处理。该类模型通常是对图像中不同光源曝光程度进行分区。

文献[99]提出一种增强 LDR 视频亮度的交互系统。该系统的主要思想就是把一个场景分成三个部分：散射区、反射区和光源区，只增强反射区和光源区部分，认为增强散射部分会产生伪像，该系统是非线性的。该系统包括三个部分：预处理、分类以及截断区域的增强。预处理获得的数据用于分类，算法中用 FloodFill 算法来判定截断区域，要求像素点至少要有一个通道是饱和的（对于 DVD，像素灰度值要超过 230），并且亮度值必须大于 222。在这一阶段，要计算光流场以及图像的其他特性，如统计特性、集合特性以及领域特征等。

4）扩展映射模型

该类模型首先对输入的图像进行线性化，然后采用反色调映射算子对图像的范围进行扩展[101-106]。在图像被反色调映射算子扩展之后，再采用光源采样、滤波后亮度增强等方法对图像的过曝光区域进行重建。该类模型的主要限制在于对过曝光区域太大的图像效果不理想。在该类模型中，对文献[102]提出的全局算子进行翻转得到反色调映射算子。该算子只有两个参数，可以直接控制扩展范围。定义为

$$L_{\mathrm{H}}(x,y) = \frac{1}{2} L_{\max} \cdot L_{\mathrm{white}} \left[(L_{\mathrm{d}}-1) + \sqrt{(1-L_{\mathrm{d}})^2 + \frac{4L_{\mathrm{d}}}{L_{\mathrm{white}}^2}} \right] \tag{1-3}$$

式中，L_{H} 为扩展后的亮度图像；L_{d} 为扩展前的亮度图像；$L_{\max}$ 为扩展后图像的最大输出亮度，单位为 cd/m²；L_{white} 为可以决定扩展曲线形状的参数，和对比度成正比。

另外，文献[104]～文献[106]同样提出类似的基于扩展映射的技术，目标是实现 LDR 视频的实时扩展。

5）基于用户的模型

基于用户的模型的代表算法如文献[107]，该算法基于图像中存在与过曝光和欠曝光区域类似结构的高质量块的假设。首先将 LDR 图像进行线性化，对图像中的过曝光和欠曝光区域的增强是通过查找该图像中相似的高质量块进行的。在对过曝光和欠曝光修复的过程中，又分为自动和基于用户的两种方式，需要用户对图像进行操作来进行图像的修复。该模型与其他模型相比，由于需要用户的参与，其只能应用于单帧图像而不能对视频进行 HDR 转换，而且存在无法找到传递图像细节信息的块的情况。

2. 伪多曝光融合

伪多曝光融合[108-111]是指对正常曝光的 LDR 图像进行处理，生成多幅伪多曝光的图像，然后对其进行融合产生 HDR 图像。

如文献[108]所提出的方法，首先采用自适应直方图分离方法将原图构造出欠曝光和过曝光图像，然后分别对过曝光和欠曝光图像进行处理，最后采用多曝光图像融合的方法生成 HDR 图像。

文献[109]将 S 形曲线作为映射曲线，将一个正常曝光的图像转化为有着不同亮度的图像，从而获得更多的图像信息。S 形曲线映射的表达式为

$$L_{\mathrm{w}k}(i,j)=\begin{cases}\dfrac{10^{-P_k}\cdot L_{\mathrm{ad},k}\cdot L_{\mathrm{d}}(i,j)}{1-L_{\mathrm{d}}(i,j)} & L_{\mathrm{d}}(i,j)<1\\ L_{\max,k}=10^{-P_k}\cdot L_{\mathrm{ad},k}\cdot L_{\mathrm{smax}} & \text{其他}\end{cases} \tag{1-4}$$

式中，$L_{\mathrm{w}k}$ 为生成的第 k 个多曝光图像的亮度；P_k 为控制相邻曝光图像之间的亮度差异；$L_{\mathrm{d}}(i,j)$ 为在像素点 (i,j) 处的输入图像的归一化亮度；$L_{\max,k}$ 为生成的第 k 个不同曝光的图像中亮度的最大值；L_{smax} 是个常数，被设置为 382.5；$L_{\mathrm{ad},k}$ 为控制生成的第 k 幅不同曝光图像的平均亮度，其调整方程为

$$L_{\mathrm{ad},k}=1+\exp(\mu E_{V_k}) \tag{1-5}$$

式中，E_{V_k} 为第 k 幅图像的曝光值；$\mu=0.85$。

3. 神经网络生成 HDR 图像

随着深度学习在计算图形学和计算机视觉领域的兴起，立足于卷积神经网络对数字图像强大的处理解析能力，深度模型也开始应用于 HDR 图像生成领域[112-118]。

文献[115]提出利用 VGG16 网络构建一个 U 形的神经网络产生 HDR 图像，并且在其中加入跳跃链接的方式，尽可能地保留图像的细节。然后对网络生成的 HDR 图像进行一定的处理得到最终的 HDR 图像，自定义了适合网络学习的损失函数，损失函数定义为

$$L(\hat{y},H)=\frac{1}{3N}\sum_{i,c}\left|\alpha_i\left[\hat{y}_{i,c}-\log(H_{i,c}+\varepsilon)\right]\right|^2 \tag{1-6}$$

式中，L 为损失函数；$\hat{y}$ 为被预测的 HDR 图像的对数图；H 为真实的 HDR 图像；N 为像素数；α_i 为权重；ε 为一个小的常数；i 为空间位置，c 为颜色通道，则 $H_{i,c}$ 为 HDR 图像 c 通道的像素值。

该方法主要针对的是存在过曝光区域的图像，要求输入图像只存在曝光区域，不存在欠曝光区域且对输入图像有很多限制条件。

文献[118]针对卷积神经网络应用于 HDR 图像生成的损失函数专门做了研究。分析了目前已经出现的两种损失函数的优缺点，并且根据人类视觉系统提出一种基于 HSV 色彩空间的损失函数结构。

1.4.2　存在问题及展望

许多研究者也开始关注单曝光 HDR 图像生成技术的评价指标[119-123]，通过更多客观

指标能对算法效果进行更好的性能测试，这也是单曝光 HDR 图像生成技术的一个研究方向。为了获得高质量的图像，满足不同情况下的实际应用要求，未来的发展主要集中在五个方面。

1. 算法处理效率的提升

单曝光 HDR 图像生成技术的优势之一就是能够实现从 LDR 视频到 HDR 视频的转换，所以需要解决的首要问题就是提升算法处理效率，以解决实际应用中的实时性问题。

2. 算法模型更加完备

目前，对于单曝光 HDR 图像生成技术的研究仍处于研究的初期，相关物理模型的建立还比较有限，因此接下来对于算法物理模型的研究非常关键，而这也成为越来越多研究者关注的焦点。

3. 应用更具广泛性

LDR 图像资源来源的多样性造成现存的大量 LDR 资源质量参差不齐。这就对 HDR 图像转换算法的鲁棒性提出了更高的要求，除了应用于高质量的 LDR 图像，同样对于低质量 LDR 图像以及存在大量欠曝光和过曝光区域的图像的处理也提出了更高的要求。

4. 对过曝光和欠曝光区域的扩展

目前进行 HDR 转换的主要难点在于对过曝光和欠曝光区域的扩展，特别是单幅图像的 HDR 转换，由于一些低质量原始图像所含信息缺失，为了弥补丢失的信息，需要更多算法上的创新。

5. 卷积神经网络生成 HDR 图像模型研究

卷积神经网络在图像处理方面有着强大的表现，这也是 HDR 成像的一个研究方向。通过卷积神经网络来完成单幅 LDR 图像到 HDR 图像的转换。对图像进行卷积和反卷积操作来完成图像动态范围的扩展。在卷积的过程中要注意对原始图像细节的充分利用，避免卷积产生一些高频信息的损失。

1.5 图像质量评价方法

伴随着计算机技术、通信技术和网络技术的快速发展，人类社会已进入信息时代，全世界信息量的规模迅速膨胀。人类对信息内容和形式的需求越来越丰富，对其质量的期望越来越高。在日常生活中，人类主要通过视觉、听觉、触觉以及味觉从外界获取信息。而图像作为多媒体信息的一种，具有确切、直观、高效、高信息量等其他信息载体所不具备的优势，在人们生活和工作中有着重要的作用。然而，图像在采集、存储、处理及传输过程中，不可避免地会出现图像的降质。例如，在图像拍摄过程中，光学系统的聚焦模糊、机械系统的抖动等均会造成图像不够清晰；在图像处理与传输过程中，由于编码压缩产生的块效应或模糊等失真，由于误码或丢帧等引起的失真等，都会使人眼感受到图像质量的下降。在数字成像系统的各个环节，如图像的采集、融合、增强、水印、压缩、传输、存储、检索、认证和重建等，都依赖图像质量评价（image quality assessment，IQA）算法做出的性能反馈。因此，如何对图像质量进行自动、准确而有效的评价是很有意义的研究课题。

图像质量评价主要有三个方面的应用[124]。

(1)在通信过程中，利用图像质量评价系统实时监控和反馈图像质量以接收最优质的图像或视频。图像或视频接收设备可以使用图像质量评价系统反馈的系数，调节其自身处理算法性能设置参数，保证接收图像或视频的质量最优。

(2)图像质量评价算法是比较图像处理算法性能优劣、优化系统参数的重要指标。例如，在对图像去噪、增强、修复、压缩时，衡量算法优劣的主要指标是经算法处理后输出图像的质量。准确的图像质量评价算法是评价图像处理算法优劣的重要依据，可靠的质量评价算法有助于优化图像处理算法中的参数，提高图像处理算法性能。

(3)在海量图像中自动检索高质量图像。随着数码设备的普及和网络的不断发展，人们可以获得的图像越来越多，自动筛选出高质量图像也成为专业人员和普通消费者的迫切需求。例如，新闻编辑希望自动选择能够确切表述新闻内容的清晰图片，家庭用户需要自动从电子相册中筛选出拍摄水平高的照片，网页搜索引擎也可以在搜索结果排序时引入质量评价机制，将视觉质量更高的图像排在前列优先返回给用户。

综上所述，建立有效的图像质量评价机制对于人们的工作和生活都具有重要的意义。同时，图像质量评价技术同样具有重要的理论研究价值。图像质量评价算法研究中涉及的人眼的视觉特征建模、图像特征的有效表达等问题，在其他数字图像处理、计算机视觉等研究领域中同样存在，其研究成果可以促进这些领域更好地发展。

目前，图像质量评价从方法上可分为主观评价方法和客观评价方法，主观评价方法凭借实验人员的主观感知来评价对象的质量，具有一定的经验性；客观评价方法依据数学模型给出的量化指标，模拟人类视觉系统感知机制衡量图像质量。下面分别介绍这两种评价方式。

1.5.1　主观评价法

主观评价法是指观察者用人眼的视觉反应对图像直接进行观察，然后根据自己的标准来对图像质量进行评比和打分。一直以来，主观质量评价法是最具代表性的主观评价方法，它通过对观察者的评分归一化来判断图像质量。而主观质量评分法又可以分为绝对评价和相对评价两种类型。

　　绝对评价是将图像直接按照视觉感受分级评分，表 1-1 列出了国际上规定的 5 级绝对尺度，包括质量尺度和妨碍尺度。对一般人来讲，多采用质量尺度；对专业人员来讲，则多采用妨碍尺度。

表 1-1　绝对评价尺度

分数	质量尺度	妨碍尺度
5 分	丝毫看不出图像质量变差	非常好
4 分	能看出图像质量变化但不妨碍观看	好
3 分	能清楚看出图像质量变差，对观看稍有妨碍	一般
2 分	对观看有妨碍	差
1 分	非常严重地妨碍观看	非常差

　　相对评价是由观察者将一批图像从好到差进行分类，将它们进行相互比较，并给出相应的评分。相对评价尺度与绝对评价尺度对照如表 1-2 所示。

表 1-2　相对评价尺度与绝对评价尺度对照

分数	相对评价尺度	绝对评价尺度
5 分	该群中最好的	非常好
4 分	好于该群平均水平的	好
3 分	该群的平均水平	一般
2 分	差于该群平均水平的	差
1 分	该群中最差的	非常差

　　评价的结果可用一定数量的观察者给出的平均分数求得。平均分数 $\bar{C}$ 按照公式计算得到

$$\bar{C} = \frac{\sum_{i=1}^{K} N_i C_i}{\sum_{i=1}^{K} N_i} \tag{1-7}$$

式中，C_i 为图像属于第 i 类的分数，N_i 为判定该图像属于第 i 类的观察者人数。为了保证图像主观评价在统计上有意义，参加评分的观察者至少应有 20 名，其中包括一般观察者和专业人员。

　　主观评价法的优点是能够真实地反映图像的直观质量，评价结果可靠，无技术障碍。但是主观评价法也有很多缺点，如需要对图像进行多次重复实验，无法应用数学模型对其进行描述，从工程应用的角度看，耗时多、费用高，难以实现实时的质量评价。在实际应用中，主观评价结果还会受观察者的知识背景、观测动机、观测环境等因素的影响。此外，主观评价法无法应用于所有场合，如需要进行实时图像质量评价的领域。

1.5.2 客观评价法

客观评价法是根据人眼的主观视觉系统建立数学模型，并通过具体的公式计算图像的质量。相比主观评价法，客观评价法具有可批量处理、结果可重现的特点，不会因为人为的原因出现偏差。许多学者在寻找客观评价指标方面取得了突出的成就[125-127]，其中主要的图像质量客观评价指标有：均方误差(mean squared error，MSE)、信噪比(signal-to-noise ratio，SNR)、峰值信噪比(peak signal-to-noise ratio，PSNR)、改进信噪比(improved signal-to-noise ratio，ISNR)及结构相似性度量(structural similarity index，SSIM)、平均梯度(mean gradient，MG)、信息熵(information entropy，IE)。其中，MSE、SNR、PSNR、ISNR、SSIM 属于有参考图像质量评价方法；MG、IE 属于无参考图像评价方法。

1. MSE

MSE 是常用的客观评价标准之一，它反映了复原图像与理想图像之间的全局差异，其值越小，图像的质量就越好。计算公式如下：

$$\text{MSE} = \frac{1}{MN}\sum_{i=1}^{M}\sum_{j=1}^{N}[f(i,j)-\hat{f}(i,j)]^2 \tag{1-8}$$

式中，$f(i,j)$ 和 $\hat{f}(i,j)$ 分别为理想图像和被复原的图像；M 和 N 分别为图像的长度和宽度。

2. SNR

SNR 是指图像与噪声的功率谱之比。信噪比越大，表示图像的复原质量越好。计算公式如下：

$$\text{SNR} = 10\log_{10}\frac{\|f\|^2}{\|f-\hat{f}\|^2} = 10\log_{10}\left\{\frac{\sum_{i=1}^{M}\sum_{j=1}^{N}[f(i,j)]^2}{\sum_{i=1}^{M}\sum_{j=1}^{N}[f(i,j)-\hat{f}(i,j)]^2}\right\} \tag{1-9}$$

3. PSNR

PSNR 是一个表示信号中最大可能的有用功率和影响其表示精度的破坏性噪声带来的功率的比值。峰值信噪比一般用来评价图像压缩前后的劣化程度，其值越大，表明劣化程度越低。峰值信噪比定义为

$$\text{PSNR} = 10\log_{10}\frac{\text{MAX}^2}{\text{MSE}} \tag{1-10}$$

式中，MAX 为图像中最大灰度值，通常取为 255，MSE 为两幅图像的 MSE，如式(1-8)所示。

4. ISNR

ISNR 越大，表示图像复原的质量越好，反之复原效果越差，其定义式如下：

$$\text{ISNR} = 10\log_{10}\frac{\|f-g\|^2}{\|f-\hat{f}\|^2} = 10\log_{10}\left\{\frac{\sum_{i=1}^{M}\sum_{j=1}^{N}[f(i,j)-g(i,j)]^2}{\sum_{i=1}^{M}\sum_{j=1}^{N}[f(i,j)-\hat{f}(i,j)]^2}\right\} \tag{1-11}$$

式中，$g(i,j)$ 为观察到的噪声图像。

5. SSIM

SSIM 结构相似性度量反映相邻像素之间的关联性，而这样的关联性承载了场景中物体的结构信息，它用来衡量图像的结构失真程度。其值越高，说明两者结构相似性越高。结构相似性是从亮度、对比度及结构三部分进行度量的。

在亮度度量部分，图像的局部亮度采用均值来进行估计，表达式为

$$u_x = \frac{1}{N}\sum_{i=1}^{N}x_i \tag{1-12}$$

$$u_y = \frac{1}{N}\sum_{i=1}^{N}y_i \tag{1-13}$$

式中，u_x、u_y 分别表示图像 x 与图像 y 的局部亮度；N 表示局部区域内像素点总个数。亮度度量函数 $l(x,y)$ 定义为

$$l(x,y) = \frac{2u_xu_y+C_1}{u_x^2+u_y^2+C_1} \tag{1-14}$$

式中，C_1 为一个非常小的常数，防止 $u_x^2+u_y^2$ 接近 0 时发生不稳定现象。

在对比度度量部分，需要先将图像的亮度均值去除，对比度用标准差表示为

$$\sigma_x = \left[\frac{1}{N-1}\sum_{i=1}^{N}(x_i-u_x)^2\right]^{\frac{1}{2}} \tag{1-15}$$

$$\sigma_y = \left[\frac{1}{N-1}\sum_{i=1}^{N}(y_i-u_y)^2\right]^{\frac{1}{2}} \tag{1-16}$$

对比度度量函数 $c(x,y)$ 关于 σ_x、σ_y 定义为

$$c(x,y) = \frac{2\sigma_x\sigma_y+C_c}{\sigma_x^2+\sigma_y^2+C_c} \tag{1-17}$$

式中，C_c 与式 (1-14) 中 C_1 有相同的作用。

在结构度量部分，结构度量函数定义为

$$s(x,y) = \frac{\sigma_{xy}+C_s}{\sigma_x\sigma_y+C_s} \tag{1-18}$$

式中，C_s 与式 (1-14) 中 C_1 有相同的作用，即防止分母为零。σ_{xy} 定义为

$$\sigma_{xy} = \frac{1}{N-1} \sum_{i=1}^{N} (x_i - u_x)(y_i - u_y) \tag{1-19}$$

最终，联合亮度、对比度及结构度量函数，通常将 SSIM 定义为

$$\text{SSIM}(x, y) = \frac{2u_x u_y + C_1}{u_x^2 + u_y^2 + C_1} \times \frac{2\sigma_x \sigma_y + C_c}{\sigma_x^2 + \sigma_y^2 + C_c} \times \frac{\sigma_{xy} + C_s}{\sigma_x \sigma_y + C_s} \tag{1-20}$$

当 $C_s = \dfrac{C_c}{2}$ 时，式 (1-20) 简化为

$$\text{SSIM}(x, y) = \frac{(2u_x u_y + C_1)(2\sigma_{xy} + C_c)}{(u_x^2 + u_y^2 + C_1)(\sigma_x^2 + \sigma_y^2 + C_c)} \tag{1-21}$$

6. MG

MG 平均梯度是指图像的边界两侧附近有明显的灰度变化，变化率可以有效反映图像清晰度。平均梯度反映了图像细节变化的速率，是对图像细节清晰度的反映。一般而言，平均梯度越大，图像层次越多，也就越清晰。其表达式为

$$\text{MG} = \frac{1}{MN} \sum_{i=1}^{M} \sum_{j=1}^{N} [\Delta xf(i, j)^2 + \Delta yf(i, j)^2]^{1/2} \tag{1-22}$$

式中，M、N 为图像的长度和宽度；$\Delta xf(i, j)$、$\Delta yf(i, j)$ 分别表示点 (i, j) 在 x 方向与 y 方向的一阶微分。

7. IE

IE 是从信息论的角度反映图像信息的丰富程度。一幅图像中的所有像素点是信息中独立的样本，设一幅图像的灰度分布 P 为

$$P = \{p_0, p_1, p_2, \cdots, p_{L-1}\} \tag{1-23}$$

式中，p_i 表示灰度值为 i 的像素点个数在整幅图像中所占的比例，L 为图像的灰度级数。

信息论将图像的信息熵 IE 定义为

$$\text{IE} = -\sum_{i=0}^{L-1} p_i \log_2 p_i \tag{1-24}$$

图像经过增强后，像素点的灰度值必然发生变化，其信息量也随之发生变化，信息熵可以从客观角度衡量图像增强前后信息量的变化。通常情况下，图像信息熵越大，其信息量就越丰富。

目前，主观评价法主要依靠测试人员的经验，对多幅图像进行多次测试评估，符合人眼视觉需求。客观评价法与主观评价法相比，操作简单，更加公正客观。因此，在对本书算法进行效果评估时，我们一方面通过主观感知做出评价，另一方面采用客观评价指标对相应的图像增强结果进行合理评价。

1.6 本书的结构组织安排

本书重点关注雾天图像以及低照度图像的清晰化问题、低动态范围图像的动态范围扩展问题、雾天能见度估计问题以及图像质量客观评价指标。

本书共分为 8 章，具体章节内容如下。

第 1 章介绍了研究背景和意义，对图像清晰化技术的研究进行分析及展望，包括图像去雾技术、低照度图像增强技术、高动态范围成像技术、图像质量评价方法及本书的组织结构安排。

第 2 章主要回顾了雾天图像清晰化技术，介绍了雾天成像机理，并有针对性地详细介绍了几种常用的图像去雾算法，为后续章节做铺垫。

第 3 章主要介绍基于物理模型的单幅图像去雾技术，针对暗原色先验假设去雾算法的不足，改进了大气光值和透射率的估计方法，进而提出了基于人眼视觉特性的快速图像去雾算法、改进的半逆去雾复原算法、面向大面积天空区域图像的去雾算法和基于视觉感知的图像去雾算法。

第 4 章主要介绍图像去雾的快速实现方法，包括快速算法及其 DSP 实现、去雾算法的 GPU 加速优化策略。

第 5 章主要介绍低照度图像增强技术，包括图像增强的基本方法、基于视觉特性的低照度图像增强算法、基于去雾技术的低照度图像增强算法以及基于曝光融合的低照度图像增强算法。

第 6 章主要介绍单曝光 HDR 图像生成技术，着重介绍了基于光源采样的单曝光 HDR 图像生成算法和基于细节层分离的单曝光 HDR 图像生成算法。

第 7 章主要介绍单幅雾天图像能见度检测技术，详细介绍了基于暗通道先验的能见度检测算法、面向高速路的单幅图像能见度估计算法以及基于场景深度的雾天图像能见度估计方法。

第 8 章在前人研究的基础上，系统研究了图像质量评价算法设计过程中的人眼视觉特征建模、图像特征的有效表达等问题，研究基于人眼视觉感知的有参考和无参考图像的客观质量评价标准。

1.7 本 章 小 结

本章对如下内容进行了分析：

①图像清晰化技术的研究背景和意义；

②图像去雾技术的研究现状、存在问题及展望；

③低照度图像增强技术的研究现状、存在问题及展望；

④高动态范围成像技术的研究现状、存在问题及展望；

⑤图像质量评价方法。

本章是以后各章讨论的基础。

参 考 文 献

[1] 章毓晋. 图像工程(上册)：图像处理(3 版)[M]. 北京：清华大学出版社，2012.

[2] Kim T K，Paik J K，Kang B S. Contrast enhancement system using spatially adaptive histogram equalization with temporal filtering[J]. IEEE Transactions on Consumer Electronics，1998，44(1)：82-86.

[3] Reza A. Contrast limited adaptive histogram equalization for real-time image enhancement[J]. Journal of VLST Single Processing，2004，38(1)：35-44.

[4] 王萍，张春，罗颖听. 一种雾天图像低对比度增强的快速算法[J]. 计算机应用，2006，26(1)：152-156.

[5] 翟艺书，柳晓鸣，涂雅援，等. 一种改进的雾天降质图像的清晰化算法[J]. 大连海事大学学报，2007，33(3)：55-58.

[6] 浦瀚，杨道业，温勇. 雾天景区图像增强的算法优化[J]. 中国仪器仪表，2018(10)：66-69.

[7] 郭翰，徐晓婷，李博. 基于暗原色先验的图像去雾方法研究[J]. 光学学报，2018，38(4)：113-122.

[8] 周慧娟. 无人机图像去雾算法研究[D]. 北京：北京工业大学，2017.

[9] Russo F. An image enhancement technique combining sharpening and noise reduction[J]. IEEE Transactions on Image Processing，2002(4)：824-828.

[10] 杨骥，杨亚东，梅雪，等. 基于改进的限制对比度自适应直方图的视频快速去雾算法[J]. 计算机工程与设计，2015，36(1)：221-226.

[11] Seow M J，Asari V K. Ratio rule and homomorphic filter for enhancement of digital color image[J]. Neuro computing，2006，69(7)：954-958.

[12] 张金泉，杨进华. 基于同态滤波的图像去烟雾方法研究[J]. 机械与电子，2009(7)：71-41.

[13] 邓从龙. 基于数字图像处理的雾天车牌识别技术研究[D]. 淮南：安徽理工大学，2018.

[14] 王超. 基于图像增强的几种雾天图像去雾算法[J]. 自动化应用，2018(2)：70.

[15] Land E H. The retinex theory of color vision[J]. Sci. Amer.，1977，237：108-128.

[16] Frankle J，McCann J. Method and apparatus for lightness imaging [P]. US Patent no. 4383336.

[17] Jobson D J，Rahman Z U，Woodell G A. Properties and performance of a center/surround Retinex [J]. IEEE Transactions on Image Processing，1997，6(3)：451-462.

[18] Jobson D J，Rahman Z U. Woodell G A. A Multiscale Retinex for bridging the gap between color images and the human observation of scenes [J]. IEEE Transactions on Image Processing，1997，6(7)：965-977.

[19] 芮义斌，李鹏，孙锦涛. 一种图像去薄雾方法[J]. 计算机应用，2006，26(1)：154-156.

[20] 黄黎红. 一种基于单尺度 Retinex 的雾天降质图像增强新方法[J]. 应用光学，2010，31(5)：728-733.

[21] Oakley J P，Satherley B L. Improving image quality in poor visibility conditions using models using model for degradation[J]. IEEE Transaction on Image Processing，1988，7(2)：167-179.

[22] Tan T，Oakley J P. Physics based approach to color image enhancement in poor visibility conditions [J]. JOSAA，2001，18(10)：

2460-2467.

[23] Tan K, Oakley J P. Enhancement of color image in poor visibility conditions[C]. Proceedings of IEEE International Conference on Image Processing, 2000：788-791.

[24] Narasimhan S G, Nayar S K. Chromatic framework for vision in bad weather[C]. CVPR, Hilton Head, SC, USA, 2000：598-695.

[25] Schechner Y Y, Narasimhan S G, Nayar S K. Instant dehazing of images using polarization[C]. CVPR, Kauai, HI, USA, 2001：325-332.

[26] Schechner Y Y, Narasimhan S G, Nayar S K. Polarization-based vision through haze [J]. Applied Optics, 2003, 42(3)：511-525.

[27] Tan R T. Visibility in bad weather from a single image[C]. Proceedings of IEEE Conference on Computer Vision and Pattern Recognition, Alaska, USA：IEEE Computer Society, 2008：1-8.

[28] Fattal R. Single image dehazing[J]. ACM Transactions on Graphics，2008，27(3)：1-9.

[29] He K M，Sun J，Tang X O. Single image haze removal using dark channel prior[C]. Proceedings of IEEE Conference on Computer Vision and Pattern Recognition. Miami, FL, USA：IEEE Computer Society, 2009：1956-1963.

[30] Tarel J P, Hauti N. Fast visibility restoration from a single color or gray level image[C]. Proceedings of IEEE Conference on Computer Vision. Kyoto, Japan：IEEE Computer Society, 2009：2201-2208.

[31] He K M, Sun J, Tang X O. Guide image filtering[C]//Proceedings of European Conference on Computer Vision. Crete, Greece：Springer, 2010：1-14.

[32] Xie B，Guo F，Cai Z X. Improved single image dehazing using dark channel prior and multi-scale Retinex[C]. IEEE ISDEA. Changsha. China, 2010：848-851.

[33] Xing L，Yang L H. Image restoration using prior information physics model[C]. IEEE ICISP. Square Brussels Meeting Center Brussels, Belgium, 2011：786-789.

[34] Sun K，Wang B，Zheng Z H. Fast single image dehazing using iterative bilateral filter[C]. IEEE ICIECS, Wuhan, China, 2010.

[35] 甘佳佳，肖春霞. 结合精确大气散射模型图计算的图像快速去雾[J]. 中国图像图形学报, 2011, 18(5)：583-590.

[36] 恒宗圣，陶青川，田旺. 一种基于分割的图像去雾新算法[J]. 太赫兹科学与电子信息学报, 2013, 11(2)：254-259.

[37] 张承福. 神经网络系统[J]. 力学进展, 1988, 18(2)：3-18.

[38] Zhou Y T，Chellappa R. Image restoration using a neural network[J]. IEEE Trans. Acoust., Speech, Signal Processing, 1988, 36(7)：1141-1151.

[39] Paik J K, Katsaggelos A K. Image restoration using a modified hopfield network[J]. IEEE Transactions Image Processing, 1992, 1(1)：49-63.

[40] Hinton G E, Srivastava N, Krizhevsky A, et al. Improving neural networks by preventing co-adaption of feature detectors[OL]. [2012-07-03]. http://arxiv. org/abs/1207. 0580.

[41] 蒲浩. 具有变时滞的高阶随机Hopfield神经网络在有限时间内的控制同步[J]. 西南大学学报(自然科学版),2018,40(11), 72-78.

[42] 袁桂霞，周先春. 基于高斯径向基函数的复制-移动篡改检测算法[J]. 计算机工程与设计, 2018, 39(11)：3486-3493.

[43] Gacsadi A，Szolgay P. A variational method for image denoising by using cellular neural networks[J]. Analogical and Neural Computing Laboratory, Electronics Department, University of Oradea, 2006.

[44] 张坤华, 谭志恒, 李斌. 结合粒子群优化和综合评价的脉冲耦合神经网络图像自动分割[J]. 光学精密工程, 2018, 26(4)：962-970.

[45] Sung H K，Choi H M. Nonlinear restoration of spatially varying blurred images using self-organizing neural network[J].

Proceedings of International Conference on Acoustics, Speech and Signal Processing, 1998, (2): 1097-1100.

[46] Leipo Y, Lipo W. Image restoration using chaotic simu-lated annealing[J]. IEEE, 2003: 3060-3064.

[47] Mallat S, Hwang W L. Singularity detection and processing with wavelets[J]. IEEE Transactions on Information Theory, 1992, 38(2): 617-643.

[48] Aravindh M, Andrea V. Understanding deep image representations by inverting Them[C]. IEEE Conference on Computer Vision and Pattern Recognition (CVPR), Boston, MA, USA, 2015: 5188-5196.

[49] He K M, Zhang X Y, Ren S Q, et al. Spatial pyramid pooling in deep convolutional networks for visual recognition[J]. IEEE Transactions on Pattern Analysis & Machine Intelligence, 2015, 37(9): 1904-1916.

[50] Ross G. Fast R-CNN[C]. International Conference On Computer Vision, 2015: 18-52.

[51] Kin J H, Tang W D, Sim J Y, et al. Optimized contrast enhancement for real-time image and video de-hazing[J]. Journal of Visual Communication and Image Representation, 2013, 24(3): 410-425.

[52] Li H X, Lin Z, Shen X H, et al. A convolutional neural network cascade for face detection[J]. Eprint Arxiv, 2015: 1-9.

[53] Huang L C, Yang Y, Deng Y F, et al. DenseBox: Unifying landmark localization with end to end object detection[J]. Computer Vision and Pattern Recognition, 2015: 1-10.

[54] Yang S, Luo P, Chen C L, et al. Faceness-Net: Face detection through deep facial part responses[J]. IEEE Transactions on Pattern Analysis and Machine, 2018, 40(8): 1845-1859.

[55] Sun Y, Wang X G, Tang X O. Deep convolutional network cascade for facial point detection[C]. Computer Vision and Pattern Recognition, 2013: 1-17.

[56] Kobchaisawat T, Chalidabhongse T H. Thai text localization in natural scene images using Convolutional Neural Network[C]. Asia-Pacific Signal and Information Processing Association, 2014 Annual Summit and Conference (APSIPA). IEEE, 2014: 1-7.

[57] 王浩, 张叶, 沈宏海, 等. 图像增强算法综述[J]. 中国光学, 2017, 10(4): 438-448.

[58] 韩殿元. 低照度下视频图像保细节直方图均衡化方法[J]. 计算机仿真, 2013, 30(8): 233-236.

[59] 董丽丽, 丁畅, 许文海. 基于直方图均衡化图像增强的两种改进方法[J]. 电子学报, 2018, 46(10): 2367-2375.

[60] Zhou Z G, Sang N, Hu X R. Global brightness and local contrast adaptive enhancement for low illumination color image [J]. Optik, 2014, 125(6): 1795-1799.

[61] 肖进胜, 单姗姗, 段鹏飞, 等. 基于不同色彩空间融合的快速图像增强算法[J]. 自动化学报, 2014, 40(4): 697-705.

[62] Agaian S, Roopaei M. New haze removal scheme and novel measure of enhancement [C]//Proceeding of the 2013 IEEE International Conference on Cybernetics. Washington, D. C. : IEEE Computer Society, 2013: 219-224.

[63] He K, Sun J, Tang X O. Single image haze removal using dark channel prior [J]. IEEE Transactions on Pattern Analysis and Machine Intelligence, 2011, 33(12): 2341-2353.

[64] Fattal R. Single image dehazing [J]. ACM Transactions on Graphics, 2008, 27(3): 1-9.

[65] Dong X, Wang G, Pang Y, et al. Fast efficient algorithm for enhancement of low lighting video [C]//IEEE International Conference on Multimedia and Expo. Barcelona, The Kingdom of Spain: IEEE, 2011: 1-6.

[66] Mallat S G. Multifrequency channel decompositions of images and wavelet models[J]. IEEE Trans. Dec. 1989, ASSP-37: 2091-2110.

[67] Heric D, Potocnik B, Image enhancement by using directional wavelet transform[J]. Journal of Computing and Information Technology, 2006, 4(14): 229-305.

[68] Reinhard E, Ward G, Pattanaik S, et al. High Dynamic Range Imaging: Acquisition, Display and Image-based Lighting (2nd

Edition）[M]. San Francisco：Margan Kaufmann Morgan Kaufman，2010.

[69] Stathaki T. Image Fusion Algorithms and Applications[M]. London：Academic Press，2008.

[70] 霍永青，彭启琮. 高动态范围图像及反色调映射算子[J]. 系统工程与电子技术，2012，34（4）：821-826.

[71] Huo Y Q，Yang F，Dong L，et al. Physiological inverse tone mapping based on retina response[J]. The Visual Computer，2014，30（5）：507-517.

[72] Spheron. Sphrton VR：SpheroCam HDR[OL]. [2011-09-13]. http://www. s p heron. com/ en/intruvision/solutions/ spherocam-hdr. html.

[73] Panoscan. MK-3 panoramic digital camera information [OL]. [2011-09 -13]. http://www. panoscan. com /MK3/.

[74] Borst S，Whiting P. Dynamic rate control algorithms for HDR throughput optimization[C]. Proceedings of IEEE INFOCOM，2001：976-985.

[75] 梁云，莫俊彬. 改进拉普拉斯金字塔模型的高动态图像色调映射方法[J]. 计算机辅助设计与图形学学报，2014，26（12）：2182-2188.

[76] 刘衡生，沈建冰. 基于亮度分层的快速三边滤波器色调映射算法[J]. 计算机辅助设计与图形学学报，2011，23（1）：85-90.

[77] Huo Y Q，Yang F. High-dynamic range image generation from single low-dynamic range image[J]. IET Image Processing，2016，10（3）：198-205.

[78] Seetzen H，Heidrich W，Stuerzlinger W，et al. High dynamic range display sy stems[J]. ACM Trans. on Graphics，2004，23（3）：760-768.

[79] Wan P H，Cheung G，Florencio D，et al. Image bit-depth enhancement via maximum-a-posteriori estimation of graph AC component[C] //Proceedings of IEEE Interna-tional Conference on Image Processing. Los Alamitos：IEEE Computer Society Press，2014：4052-4056.

[80] Hu J，Gallo O，Pulli K，et al. HDR deghosting：How to deal with saturation[C] //Proceedings of IEEE Computer So-ciety Conference on Computer Vision and Pattern Recog-nition. Los Alamitos：IEEE Computer Society Press，2013：1163-1170.

[81] Mikaël Le P，Christine G，Dominique T. Template based inter-layer prediction for high dynamic range scalable compression[C]. 2015 IEEE International Conference on Image Processing（ICIP），2015：2974 - 2978.

[82] Wei Z，Wen C Y，Li Z Y. Local inverse tone mapping for scalable high dynamic range image coding[J]. IEEE Transactions on Circuits and Systems for Video Technology，2016，（99）：1.

[83] Wang H，Raskar R，Ahuja N. High dynamic range video using split aperture camera[C] //Proc. of the 6th IEEE Workshop on Omnidirectional Vision，2005：83-90.

[84] Nayar S，Branzoi V. Adaptive dynamic range imaging：Optical control of pixel exposures over space and time[C] //Proc. of the IEEE International Conferenceon Comp uter Vision，2003：1168-1175.

[85] Robertson M A，Borman S，Stevenson R L. Dynamic range improvement through multiple exposures[C] //Proc. of the International Conference on Image Processing，1999：159-163.

[86] Robertson M A，Borman S，Stevenson R L. Estimation-theoretic approach to dynamic range enhancement using multiple exposures[J]. Journal of Electronic Imaging，2003，12（2）：219-228.

[87] Aggarwal M，Abuja N. Split aperture imaging for high dynamic range[C] //Proc. of the 8th IEEE International Conference on Computer Vision，2001：10-17.

[88] Xia H，Huo Y Q. High dynamic range image fusion in HSV space[C]. International Conference On Communication Problem-Solving（ICCP），2016：1-2.

[89] Chen W R，Lee C R，Chiang J C. Scene-aware high dynamic range imaging[C]. 2015 23rd European Signal Processing

Conference(EUSIPCO)：609 - 613.

[90] Daly S，Feng X. Bit-depth extension using spatiotemporal micro dither based on models of the equivalent input noise of the visual system[C]∥Proc. of the Color Ima ging VIII：Processing，Hardcopy，and Applications，2003：455-466.

[91] Daly S，Feng X. Decontouring：Prevention and removal of false contour artifacts[C]∥Proc. of HumanVision and Electronic Imaging IX，2004：130-149.

[92] Banterle F，Debattista K，Artusi A，et al. High dynamic range imaging and low dynamic range expansion for generating HDR content[J]. Computer Graphics forum，2009，28(8)：2343-2367.

[93] Landis H. Production-ready global illumination[OL]. [2011-09-13]. http://www. Spherevfx. co. uk/downloads/ ProductionReadyGl. Pdf.

[94] Akyuz A O, Fleming R, Riecke B E, et al. Do HDR displays support LDR content? A psychophysical evaluation[J]. ACM Trans on Graphics，2007，26(3)：1-7.

[95] Masia B，Agustin S，Fleming R，et al. Evaluation of reverse tone mapping through varying exposure conditions[C]//Proc. of the ACM SIGGRAPH Asia，2009：1660：1-160.

[96] Shih C H, Ting T K. High-performance high dynamic range image generation by inverted local patterns[J]. IET Image Processing，2015，9(12)：1083-1091.

[97] Meylan L，Daly S，Susstrunk S. The reproduction of specular highlights on high dynamic range displays[C]//Proc. of the 14th IST/SID Color Imaging Conference，2006：333-338.

[98] Meylan L，Daly S，Susstrunk S. Tone mapping for high dynamic range display[C]//Proc. of the Human Vision and Electronic Imaging XII，2007：1-12.

[99] Didyk P，Mantiuk R，Hein M，et al. Enhancement of bright video features for HDR displays[J]. Eurographics Symposium on Rendering，2008，27(4)：1265-1274.

[100] Martin M, Fleming R, Sorkine O, et al. Understanding exposure for reverse tone mapping[C]//Proc. of the Congress Espanol de Informatica Grafica，2008：189-198.

[101] Banterle F，Ledda P，Debattista K，et al. Inverse tone mapping[C]//Proc. of the 4th International Conference on Computer Graphics and Interactive Techniques in Australasia and Southeast Asia，2006：349-356.

[102] Banterle F，Ledda P，Debattista K，et al. A framework for inverse tone mapping[J]. The Visual Computer，2007，23(7)：467-478.

[103] Reinhard E，Stark M，Shirley P，et al. Photographic tone reproduction for digital images[C]//Proc. of the 29th Annual Conference on Computer Graphics and Interactive Techniques，2002：267-276.

[104] Banterle F, Ledda P, Debattista K, et al. Expanding low dynamic range videos for high dynamic range applications[C]//Proc. of the 4th Spring Conference on Computer Graphics，2010：33-42.

[105] Rempel A G, Trentacoste M, Seetzen H, et al. LDR2HDR：On-the-fly reverse tone mapping of legacy video and photographs[J]. ACM Trans. on Graphics，2007，26(3)：39.

[106] Rafael P K，Manuel M O. High-quality brightness enhancement functions for real-time reverse tone mapping[J]. Visual Computer，2009，25(5-7)：539-547.

[107] Wang L，Wei L Y，Zhou K，et al. High dynamic range image hallucination[C]//Proc. of the Syposium on Interactive 3D Graphics and Games，2007：321-326.

[108] Aysun T C，Ramazan D，Oguzhan U. Fuzzy fusion based high dynamic range imaging using adaptive histogram separation[J].

IEEE Transactions on Consumer Electronics，2015，61（1）：119 - 127.

[109] Wang T H. Chiu C W，Wu W C，et al. Pseudo-multiple-exposure-based tone fusion with local region adjustment[J]. IEEE Transactions on Multimedia，2015，17（4）：470-484.

[110] 张淑芳，刘孟娅，韩泽欣，等. 基于 Retinex 增强的单幅 LDR 图像生成 HDR 图像方法[J]. 计算机辅助设计与图形学学报，2018，30（6）：1015-1022.

[111] 陈小楠，张淑芳，雷志春. 一种基于多层伽马变换融合的高动态范围图像生成方法[J]. 激光与光电子学进展，2018，55（4）：185-190.

[112] Sheth K. Deep neural networks for HDR imaging[OL]. [2017-02-08]. http://files-cdn,cnblogs.com/files/lkkandsyf/2016-9-HDR-nearal.pdf[2017-2-8].

[113] Kalantari N K，Ramamoorthi R. Deep high dynamic range imaging of dynamic scenes[J]. Acm Transactions on Graphics，2017，36（4）：1-12.

[114] Zhang J，Lalonde J. Learning high dynamic range from outdoor panoramas[C]. Proc of IEEE International Conference on Computer Vision（ICCV），Venice，Italy，2018：4529-4538.

[115] Eilertsen G，Kronander J，Denes G，et al. HDR image reconstruction from a single exposure using deep CNNs[J]. ACM Transactions on Graphics，2017，36（6）：1-15.

[116] Lee S，An G H，Kang S. Deep chain HDRI：Reconstructing a high dynamic range image from a single low dynamic range image[J]. in IEEE Access，2018，6：49913-49924.

[117] Park J S，Soh J W，Cho N I. High dynamic range and super-resolution imaging from a single image[J]. IEEE Access，2018（99）：1.

[118] 엔 비，철 이,HVS-aware single-shot HDR imaging using deep convolutional neural network[J]. Journal of Broadcast Engineering，2018，3（3）：369-382.

[119] Drago F，Martens W L，Myszkowski K，et al. Perceptual evaluation of tone mapping operators[C]//Proc. of the SIGGRAPH Conference on Sketches & Applications，2003：1.

[120] Kuang J，Yamaguchi H，Johnson G M，et al. Testing HDR image rendering algorithms[C]//Proc. of the Color Imaging Conference：Color Science and Engineering：Systems，Technologies，Applications，2004：315-320.

[121] Yoshida a，Blanz V，Myszkowski K，et al. Perceptual evaluation of tone mapping operators with real-world scenes[C]//Proc. of the SPIE-IS and T Electronic Imaging- Human Vision and Electronic Imaging X，2005：192-203.

[122] Ledda P，Chalmers A，Troscianko T，et al. Evaluation of tone mapping operators using a high dynamic range display[J]. ACM Trans. on Graphics，2005，24（3）：640-648.

[123] 吴金建. 基于人类视觉系统的图像信息感知和图像质量评价[D]. 西安：西安电子科技大学图书馆，2014.

[124] Wang Z. Applications of objective image quality assessment methods [J]. IEEE Signal Processing Magazine，2011，28（6）：137-142.

[125] 杨晓东，郭晓婷，袁仁坤，等. 基于小波变换的低照度图像增强新方法[J]. 软件导刊. 2013，12（12）：74-76.

[126] Zhou W，Alan C B，Hamid R S，et al. Image quality assessment：From error visibility to structural similarity[J]. IEEE Transactions on Image Processing，2004，13（4）：600-612.

[127] Chen X，Yang X，Zheng S，et al. New image quality assessment method using wavelet leader pyramids[J]. Optical Engineering，2011，50（6）：1-8.

第2章 雾天图像清晰化技术回顾

图像是视觉的基础。当前，在广播、电视、医学、交通、安防及军事等众多领域，计算机视觉系统已有了广泛的应用。然而，计算机视觉系统获得的图像一般都会出现一定程度的退化(或称为降质)，原因主要有：传感器非线性特性、散焦模糊、运动模糊以及天气因素等。其中，恶劣天气的影响作为造成图像退化的重要原因，使当前的计算机视觉系统对天气条件的变化非常敏感。尤其是在能见度较低的雾霾天气条件下，此时捕获的景物图像严重退化，细节丢失，颜色发生偏移和失真，图像的许多特征丢失，这严重影响了户外视频系统的应用价值。

雾天图像清晰化技术[1]，是通过一定的方法去除图像中雾的干扰，改善图像能见度，得到更高质量的图像，更利于人眼的观看或是更利于后续的机器识别等。雾天图像清晰化技术有利于视觉系统全天候稳定工作，因此具有重要的实际意义。其次，研究雾天图像清晰化技术，对夜间、雨、雪、沙尘、水下及其他恶劣工作条件下的图像增强或复原技术的发展也有相互促进、借鉴的作用。

雾天图像清晰化技术作为图像处理的一个重要研究分支，凭借其跨学科、前沿性以及应用前景广阔等特点，成为计算机视觉和图像处理领域的研究热点。由于去雾问题涉及天气条件本身的随机性、复杂性，人们对去雾技术也只有 20 年的研究历程，去雾技术仍是一门新兴学科。虽已有大量的去雾方法被提出，但都有一定局限性，目前已有文献所提出的一些算法的处理效果和实时性还不理想。雾天图像清晰化技术仍处于不断发展中，尚待进一步完善。

发展至今，针对雾天图像的处理方法主要有两种：基于图像增强的去雾算法和基于图像复原的去雾算法。基于图像增强的去雾算法没有考虑图像降质的原因，仅从图像处理的角度根据主观视觉效果进行对比度增强和颜色校正，忽略了图像降质的物理原因，复杂度相对较低，但易造成图像信息丢失、图像过度失真。基于图像复原的去雾算法利用雾天图像退化模型，通过求解图像退化的逆过程来恢复清晰图像，复杂度较高。第 1 章已经对图像去雾算法的国内外研究现状及趋势进行了介绍，本章主要有针对性地详细介绍几种常用的图像去雾算法，为后续章节做铺垫。

2.1 基于图像增强的去雾算法

图像增强是数字图像处理领域最基本的内容和方法之一，其目的是突出图像中感兴趣的信息特征，同时抑制或者是去除图像中不需要的信息特征，从而将图像转化为一种更适合人眼观看或计算机处理的形式。

2.1.1　常用图像增强方法

传统的图像增强方法按照处理空间的不同，可分为空域法和频域法，如图 2-1 所示。空域法是基于图像像素的处理，大多是以灰度变换为基础。频域法的理论基础是卷积定理，它是通过二维傅里叶变换把图像从空域转换到频域进行处理。下面介绍图像增强中常用的方法。

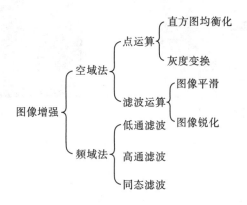

图 2-1　图像增强方法

2.1.1.1　直方图均衡化

图像直方图是一种重要的图像分析工具。它通过统计图像各个灰度级所包含像素的个数，直观地反映了图像灰度的分布情况。将图像直方图变换为均匀分布，可以扩大图像动态范围，有效增强图像对比。

设 r 和 s 分别为归一化的原图像灰度值和变换后灰度值，$T(\cdot)$ 是 r 到 s 的变换函数。显然 r、s 应满足：

$$0 \leqslant r \leqslant 1, \qquad 0 \leqslant s \leqslant 1 \tag{2-1}$$

若 $p_r(r)$ 和 $p_s(s)=1$ 分别表示 r 和 s 的概率密度函数。由概率论知识可得

$$p_s(s) = p_r \frac{\mathrm{d}r}{\mathrm{d}s} = p_r \frac{\mathrm{d}}{\mathrm{d}s}\big[T^{-1}(s)\big] \tag{2-2}$$

直方均衡化即是使 $p_s(s)=1$，由式 (2-2) 可得

$$\mathrm{d}s = p_r(r)\mathrm{d}r \tag{2-3}$$

从而有

$$s = T(r) = \int_0^r p_r(r)\mathrm{d}r \tag{2-4}$$

离散形式如下：

$$s_k = T(r_k) = \sum_{j=0}^{k} p_r(r_j) = \sum_{j=0}^{k} \frac{n_j}{n} \qquad (0 \leqslant r_k \leqslant 1; \quad k = 0, 1, \cdots, L-1) \tag{2-5}$$

根据式(2-5)计算各个点变换后的归一化灰度级 s_k。

直方图均衡化效果如图 2-2 所示。通过比较可以看出，经过直方图均衡化处理后，图像的灰度分布得到了扩展，图像对比度有了明显增强，视觉效果改善明显。

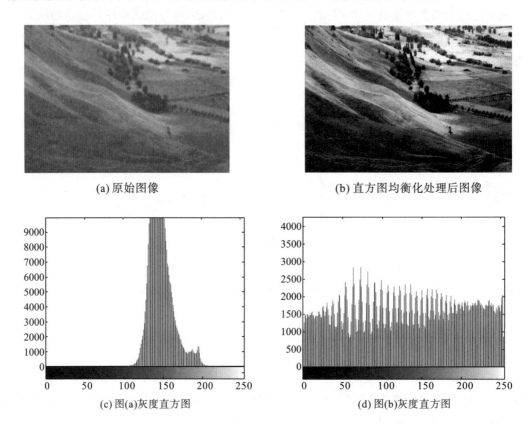

(a) 原始图像   (b) 直方图均衡化处理后图像

(c) 图(a)灰度直方图   (d) 图(b)灰度直方图

图 2-2　直方图均衡化效果

需要说明的是，这种方法的缺点在于它对处理的数据不加选择，可能会增强背景噪声对比度，也可能会降低有用信息对比度。后续我们将进一步介绍基于直方图均衡化的去雾方法。

2.1.1.2　灰度变换

灰度变换是直接通过灰度级校正或灰度映射变换的方法来增加图像对比度。二维图像中像素点 (x, y) 处的灰度级为 $f(x, y)$，通过映射函数 $T(\cdot)$ 映射为输出图像中的灰度级 $g(x, y)$，即 $g(x, y) = T[f(x, y)]$。根据映射函数不同，灰度变换的方法主要分为线性变换、非线性变换等。

若原图像 $f(x,y)$ 的灰度范围为 $[a,b]$，$g(x,y)$ 的动态范围为 $[c,d]$，则线性变换可以用式(2-6)实现：

$$g(x,y) = \frac{(d-c)\left[f(x,y)-a\right]}{b-a} + c \qquad (2\text{-}6)$$

特殊地，当 $a=d=255$、$b=c=0$ 时，可以实现图像取反操作。

当用非线性函数作为映射函数时，就可以实现图像灰度的非线性变换。常用的非线性函数有对数变换、指数变换、Gamma 变换等。

对数变换的一般表达式为

$$g(x,y) = \frac{\lambda \log\left[1+f(x,y)\right]}{\log\psi} \qquad (2\text{-}7)$$

式中，λ、ψ 是调节常数，λ 用于调节增强的程度，ψ 用于控制衰减比率。非线性函数及相关参数作用效果如图 2-3 所示。对数变换作用是压缩高灰度区域、扩展低灰度区域，使图像整体亮度得到提升。

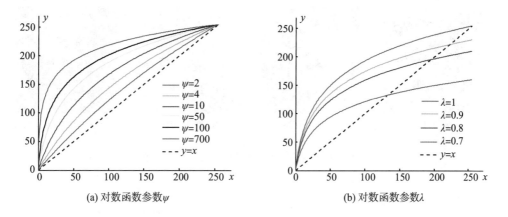

图 2-3　非线性函数及相关参数作用

和对数变换相反，指数变换是扩展图像高灰度范围、压缩低灰度范围，使图像整体变暗。其一般表达式为

$$g(x,y) = b^{c\left[f(x,y)-a\right]} - 1 \qquad (2\text{-}8)$$

Gamma 变换的表达式如式(2-9)所示，其函数曲线如图 2-4 所示，若 γ（γ 为参变量）小于 1，对灰度有非线性放大的作用，效果类似对数变换。若 γ 大于 1，对灰度有非线性压缩作用，效果类似指数函数。

$$g(x,y) = cf(x,y)^{\gamma} + b \qquad (2\text{-}9)$$

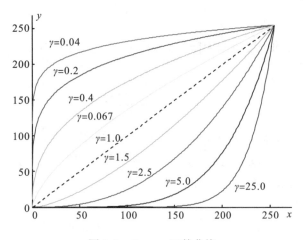

图 2-4　Gamma 函数曲线

　　图 2-5 展示了原图及几种灰度变换方法的处理结果。可以根据不同的场合进行具体的应用。

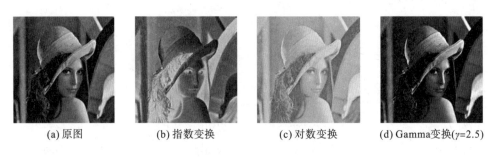

(a) 原图　　　　(b) 指数变换　　　　(c) 对数变换　　　　(d) Gamma变换(γ=2.5)

图 2-5　原图几种灰度变换方法的处理结果

2.1.1.3　图像平滑

　　在图像处理中，往往会伴随噪声的干扰。图像平滑的主要作用就是为了抑制或去除噪声影响。图像噪声通常又与信号交织在一起，如果平滑不当，也会使图像边界、轮廓等细节变得模糊。图像平滑就是要在平滑掉噪声的同时尽可能保持图像细节。

　　均值滤波、中值滤波以及频域低通滤波是图像平滑的常用方法。均值滤波是一种典型的线性滤波器，以像素邻域内的平均值作为当前像素点的值，能够有效抑制加性噪声，计算简单。中值滤波属于非线性的空域滤波方法，图像某一像素的灰度值由以该像素为中心的邻域内像素值的中间值代替，从而对灰度的跳跃起到平滑作用，消除孤立的噪声点。中值滤波对消除脉冲干扰和椒盐噪声非常有效。中值滤波处理效果如图 2-6 所示。

　　上述经典去噪方法操作简单，但具有很大的局限性。高斯平滑滤波对均值滤波形式进行修正，考虑了像素空间距离的邻近程度，以高斯函数为准则采用了加权平均的形式。当高斯函数中的方差比较大时，高斯滤波具有很好的平滑效果，但和均值滤波、中值滤波一样会使去噪后的图像变模糊，丢失边缘细节。

(a) 含椒盐噪声图像　　　　　　　　　(b) 中值滤波后图像

图 2-6　中值滤波处理效果

　　为了在去噪的同时维持边缘，一些边缘保持的去噪方法被提出。典型的方法是双边滤波，其思想是既考虑像素的空间距离信息，又考虑灰度信息。距离较近、灰度相似的像素占有较大的权重。式(2-10)是双边滤波的核函数，各向异性的双边核同时结合了距离信息和灰度信息，克服了传统邻域滤波模糊边缘的劣势：

$$W_{ij}^{bf}(I)=\frac{1}{K_i}\exp\left(-\frac{|x_i-x_j|^2}{\sigma_s^{\ 2}}\right)\exp\left(-\frac{|I_i-I_j|^2}{\sigma_r^{\ 2}}\right) \tag{2-10}$$

式中，W_{ij}^{bf} 表示双边滤波核函数，K_i 为归一化常数，σ_s 为空间域尺度参数，σ_r 为灰度域尺度参数，x 表示像素的空间位置，I 表示像素灰度值。

　　双边核也可以看作是两个高斯核的组合。由于在边缘处的像素周围仅有很少的像素与之相似，使用高斯加权平均的方式是不稳定的。在边缘处容易产生梯度翻转效应。另外，在算法复杂度上，双边滤波时间复杂度为 $O(Nr^2)$，其中 N 为图像像素数，r 为核半径。当 r 取值较大时，运算速度很慢。虽然也有双边滤波的加速算法提出，但仍难以应用在实时系统中。

2.1.1.4　图像锐化

　　为了减少图像平滑对图像的不利影响，采用图像锐化处理可以在一定程度上使图像边缘细节得到加强。

　　高通滤波和微分运算是图像锐化的常用方法。在数字图像处理中，一阶微分通过梯度算法来实现，图像的梯度表示为

$$\nabla f(x,y)=\begin{bmatrix}\dfrac{\partial f}{x}\\[2mm]\dfrac{\partial f}{y}\end{bmatrix} \tag{2-11}$$

梯度的幅值为

$$\left|\nabla f(x,y)\right|=\sqrt{\left(\frac{\partial f}{\partial x}\right)^2+\left(\frac{\partial f}{\partial y}\right)^2} \tag{2-12}$$

用微分运算不方便，一般用差分来代替，即

$$\begin{aligned}\left|\nabla f(x,y)\right|&=\sqrt{\left[f(x,y)-f(x+1,y)\right]^2+\left[f(x,y)-f(x,y+1)\right]^2}\\&\approx\left|f(x,y)-f(x+1,y)\right|+\left|f(x,y)-f(x,y+1)\right|\end{aligned} \tag{2-13}$$

常用的一阶微分滤波器有：Roberts 算子、Prewitt 算子和 Sobel 算子。

二阶微分常用的是 Laplace 算子，定义如下：

$$\nabla^2 f(x,y)=\frac{\partial^2 f}{\partial x^2}+\frac{\partial^2 f}{\partial y^2} \tag{2-14}$$

离散形式的 Laplace 算子可表示为

$$\nabla^2 f(x,y)=4f(x,y)-f(x+1,y)-f(x-1,y)-f(x,y+1)-f(x,y-1) \tag{2-15}$$

对应的模板形式如下：

$$\boldsymbol{l}=\begin{bmatrix}0 & -1 & 0\\-1 & 4 & -1\\0 & -1 & 0\end{bmatrix} \tag{2-16}$$

将原始图像叠加上 Laplace 算子即可得到边缘增强后的图像，表示为

$$g(x,y)=\begin{cases}f(x,y)-\nabla^2 f(x,y), & \text{若中心系数为负}\\f(x,y)+\nabla^2 f(x,y), & \text{若中心系数为正}\end{cases} \tag{2-17}$$

图 2-7 给出了 Laplace 算子对算子的锐化效果，可以看出经过锐化处理后，图像边缘细节得到一定的增强。

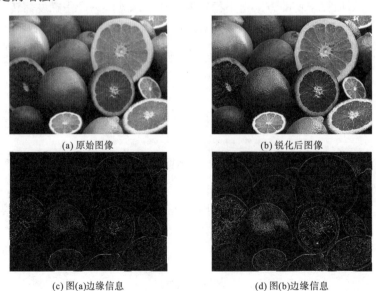

(a) 原始图像   (b) 锐化后图像

(c) 图(a)边缘信息   (d) 图(b)边缘信息

图 2-7　图像锐化效果

2.1.1.5　同态滤波

同态滤波是一种频率域增强技术。它能减少低频成分并增加高频成分，从而对图像起到锐化作用。基于照度-反射模型，图像 $F(x,y)$ 可以用照度分量 $I(x,y)$ 和反射分量 $R(x,y)$ 的乘积来表示：

$$F(x,y) = I(x,y) \times R(x,y) \tag{2-18}$$

式中，$I(x,y)$ 体现了图像的光照条件，属于变化缓慢的低频分量。$R(x,y)$ 的性质取决于成像物体的表面特性，主要反映了图像的细节特征，属于高频成分。因此，可以设计一个对傅里叶变换的高低频成分响应不同的滤波函数，以达到图像增强的目的。

2.1.1.6　小波变换

小波变换在信号处理、模式识别等众多学科中都有着广泛的应用。小波变换有着局部分析和放大的能力，在时频域都有良好的特性，擅长增强微小细节。但是多级金字塔分解算法使得计算量增大，算法复杂度较高，处理速度较慢。

2.1.2　基于图像增强的去雾算法

雾天图像灰度往往呈聚集状态，对比度低。采用图像增强的方法可以提高图像的辨识度，改善图像质量。下面重点介绍两种基于图像增强的去雾方法。

2.1.2.1　改进的直方图均衡化算法

2.1.1.1 节简单介绍了直方图均衡化的基本原理，并给出了一幅灰度图像的直方图均衡化处理效果。对于彩色图像，也可以运用类似的方法进行处理。通常，灰度图像的每一个采样点只需要 1 个值来表示亮度，对于彩色图像则需要至少 3 个值表示每个像素的亮度和颜色。对于图像处理，常用的颜色空间有：RGB、YUV、YCbCr 及 HSV 等。

在实际去雾处理过程中，对于彩色图像的处理，直接在 RGB 颜色空间分别对 R、G、B 三通道进行直方图均衡化，常常会导致图像颜色的偏移。因此，我们首先将图像从 RGB 空间转换到 HSV 空间，对亮度分量 V 进行改进的直方图均衡化，保持分量 H 和饱和度分量 S 不变。最后将图像转换回 RGB 空间，得到增强后的彩色图像。图 2-8 给出了雾天图像在 RGB 空间和 HSV 空间进行处理的直方图均衡化效果。可以看出，直接对 RGB 各个通道分别进行处理后，各个通道颜色不匹配，造成图像偏色。只对亮度分量进行均衡化相对而言可以更好地维持物体本身的颜色。

(a) 原始图像   (b) RGB空间直方图均衡化   (c) HSV空间直方图均衡化

图 2-8   彩色图像直方图均衡化效果

直方图均衡化可以细分为全局和局部两类。在 2.1.1.1 节中介绍的直方图均衡化的基本原理，实际上就是全局直方图均衡化的方法。对上述全局化的图像增强而言，此类方法在确定变换函数时是基于整个图像的统计量。因此局部区域的处理效果得不到保证。局部化的图像增强方法，就是以局部区域为单位计算变换函数，进而到达局部所需增强效果。

自适应直方图均衡化(adaptive histogram equalization，AHE)方法选取相应的矩形窗，矩形窗中心像素通过该窗口统计的直方图进行均衡化处理，接着移动窗口，直到整幅图像处理完毕[2-3]。这种通过对局部区域进行直方图均衡化处理的方式能够有效增强每个区域的对比度，突出更多的图像细节，达到自适应处理的目的。但是，当某个区域包含的像素值非常聚集时，处理后其直方图就会从一个很窄的范围映射到整个像素范围，导致平坦区域经过 AHE 处理后噪声过度放大，使图像出现过度增强。

针对上述算法不足，有学者提出改进对比度受限自适应直方图均衡化(contrast limited adaptive histogram equalization，CLAHE)算法[4]。CLAHE 算法通过限制 AHE 算法的对比度来实现。而某一像素周边对比度放大程度由变换函数的斜度决定。CLAHE 算法通过预先定义的阈值(如亮度最大值)对直方图进行裁剪，裁剪下来的像素重新分配到每个灰度级。这限制了累积直方图的斜度，也就是限制了变换函数的斜度，以达到限制放大幅度的目的。新生成的直方图被限定了最大值，与原直方图相比更能有效地限制噪声增强现象。在计算过程中，需要对图像每个像素计算邻域的直方图以及对应的变换函数，这使得算法较为耗时。采用插值的方法可以使得算法效率极大提升。

图 2-9 给出了直方图均衡化改进算法的去雾效果。对比图 2-8(c)与图 2-9 中相应图片的处理效果，"树木"中部浓雾处在经过全局直方图均衡化后细节丢失，经过局部直方图均衡化处理后浓雾处细节得到一定的改善。再对比图 2-9 两种局部直方图均衡化的处理效果，经过 AHE 算法处理后颜色过于浓艳，也存在大量噪点(火车左上方区域)。CLAHE 算法处理结果对比度适中，相对而言效果较好。

(a) 树木　　　　　　　　　　(b) 图(a)AHE去雾结果　　　　　　　　(c) 图(a)CLAHE去雾结果

(d) 火车　　　　　　　　　　(e) 图(d)AHE去雾结果　　　　　　　　(f) 图(d)CLAHE去雾结果

图 2-9　改进的直方图均衡化算法去雾效果

2.1.2.2　Retinex 算法

Retinex 算法是一种基于颜色恒常的计算理论。所谓颜色恒常，是指人类的视觉系统对于物体颜色的感知基本上不受外界环境光影响的一种特性。该理论最早由 Land[5]提出。根据 Retinex 理论，人类视觉系统产生的物体图像 $I(x,y)$ 由图像的照度分量 $L(x,y)$ 和反射分量 $R(x,y)$ 组成：

$$I(x,y) = L(x,y) \times R(x,y) \tag{2-19}$$

通过从图像 $I(x,y)$ 中去除照度分量 $L(x,y)$，就可以得到图像的本质特征 $R(x,y)$，还原出清晰图像。

可以注意到，Retinex 算法和同态滤波的数学形式非常相似，都是将图像分为照度分量和反射分量。其主要区别在于同态滤波在频域进行，而 Retinex 算法是在空域进行的。

Retinex 算法可以分为单尺度 Retinex 算法（SSR）[6]和多尺度 Retinex 算法（MSR）[7]。SSR 算法是在 Jobson 和 Rahman 的中心环绕基础上发展起来的。在 RGB 色彩空间中，SSR 算法的表达式为

$$R_i(x,y) = \log I_i(x,y) - \log[F(x,y) * I_i(x,y)] \tag{2-20}$$

式中，i 的取值为 $(1, 2, 3)$；$I_i(x,y)$ 是输入图像第 i 个颜色分量像素值；$R_i(x,y)$ 表示 Retinex 算法对第 i 个颜色分量的输出值；$*$ 是卷积算子；$F(x,y)$ 表示中心环绕函数，表达式为

$$F(x,y) = \mathrm{K}e^{-(x^2+y^2)/\sigma^2} \tag{2-21}$$

式中，σ 表示高斯函数尺度参数。当 σ 较小时，可以较好增强图像局部信息，但也易造成颜色失真；若 σ 较大，对图像细节增强力度较小，不过图像整体效果显得自然些。K 是归一化常数，它使中心环绕函数满足：

$$\iint F(x,y)\mathrm{d}x\mathrm{d}y = 1 \qquad (2\text{-}22)$$

SSR 算法的去雾效果如图 2-10 所示。其中图 2-10(b)～图 2-10(d)分别是尺度 σ 取 50、100、200 时的处理效果。可以看出，当 σ 较小时，光晕现象明显，当 σ 增大后有所缓解，颜色更加自然，但对比度相对较低。

(a) 原始图像   (b) SSR结果(σ=50)

(c) SSR结果(σ=100)   (d) SSR结果(σ=200)

图 2-10　SSR 算法不同尺度去雾效果

为了同时达到图像动态范围以及色彩两方面的要求，MSR 算法被提出。所谓 MSR 算法，就是综合考虑多个尺度下 SSR 处理结果，公式为

$$R_{n_i}(x,y) = \log I_i(x,y) - \log\big[F_n(x,y) * I_i(x,y) \big] \qquad (2\text{-}23)$$

$$R_{m_i}(x,y) = \sum_{n=1}^{N} \omega_n R_{n_i}(x,y) \qquad (2\text{-}24)$$

式中，N 为尺度个数，一般取值为 3，分别对应高（$\sigma > 100$）、中（$50 < \sigma < 100$）、低（$\sigma < 50$）。ω_n 为对应每个尺度的权值；$R_{n_i}(x,y)$ 为第 i 个颜色分量在第 n 个尺度上的输出值，$R_{m_i}(x,y)$ 为第 i 个颜色分量 MSR 算法处理的输出值。MSR 算法的处理效果如图 2-11 所示。

对比图 2-10 和图 2-11 可以看出，相对 SSR 而言，MSR 有更好的动态范围和相对较好的颜色一致性。然而，经过 MSR 处理后，图像中 RGB 三通道之间的比例并不一定保持不变，导致其在颜色处理上仍存在缺陷。为了改善这个问题，一种称为带色彩恢复的多尺度 Retinex(multi-scale Retinex with color restoration，MSRCR)算法被提出。MSRCR 是 MSR 与色彩恢复的结合。而所谓色彩恢复，就是通过原始图像 RGB 三通道的比例关系对结果进行校正。第 i 通道色彩恢复因子可以表示为

$$C_i(x,y) = f\left(\frac{I_i(x,y)}{\sum_{i=1}^{K} I_i(x,y)}\right) \tag{2-25}$$

式中，K 是颜色通道数目；f 是变换函数，可以选择对数函数或线性函数。

(a) 原始图像　　　　　　　　　　　　　　　　(b) MSR去雾结果

图 2-11　MSR 算法去雾效果

2.1.3　小结

2.1 节首先介绍了图像增强的基本方法，然后重点介绍了两种典型的基于图像增强的去雾算法：改进的直方图均衡化算法和 Retinex 算法。改进的直方图均衡化算法操作简单，增强效果尚可，因此应用比较广泛，Retinex 算法结合了人眼的视觉模型，相对而言对图像细节和颜色的恢复有更好的效果。实验结果表明，图像增强的方法总体而言对图像的细节和对比度有一定的增强作用，但同时也具有较大的局限性，特别是对颜色信息较敏感的雾天图像很容易造成色彩失真，在增强的程度上也难以恰到好处，时常出现对图像增强不足或者过度增强的情况，表现不够稳定。

2.2　基于图像复原的去雾算法

2.1 节介绍了常用的图像增强方法以及相关去雾算法。根据前文的讨论，该方法没有考虑图像退化的物理过程和机制，只是用映射变换等方法使图像对比度增强，因此具有一定的局限性。

本节将介绍基于图像复原的去雾算法，并重点介绍基于大气散射模型的去雾算法。该类方法的原理是通过分析图像退化因素并对其进行建模，采用逆过程运算获得清晰图像。可以说，这类算法利用了图像退化的物理机理和某些先验知识，处理结果更加稳定，在原理上具有一定的优越性。

2.2.1　图像复原技术

图像复原和图像增强的目的都是为了改善图像质量。但采用的方法和途径又有明显不同。图像复原通过分析引起图像退化的环境因素并对其进行建模，在此基础上沿着退化的逆过程推演即可复原清晰图像。图像复原的一个重要任务就是要建立这个反向过程的数学模型。

造成图像退化的原因很多，使得描述图像退化的数学模型往往也多种多样。针对不同的应用情况，图像复原有不同的方法。下面针对雾天情况进行图像复原介绍。

2.2.2　雾天图像退化机理

对于雾天图像复原而言，为了实现雾天退化图像的去雾处理，本节首先讨论雾的形成以及影响图像成像的因素，重点阐明雾天图像成像的模型，为后续还原清晰图像提供理论依据。

2.2.2.1　雾的形成

空气中的大量水汽在近地面遇冷达到饱和时会凝结成小水滴或冰晶，其构成的气溶胶悬浮在空中，使地面水平能见度降低。若能见度小于 1km，气象学上就把这种现象叫作"雾"。雾的形成需要一定的条件：①空气的湿度较大；②温差变化大；③有凝结核。所以，雾在秋冬季节的早上较为常见。

2.2.2.2　大气散射理论

人眼看到的光大部分是散射光。大气中包含灰尘、烟雾等半径较大的气溶胶。当入射光遇到这些粒子时，会发生吸收、辐射和散射等作用，使视觉系统捕获的场景图像在颜色、对比度上明显衰减。由于在辐射、吸收和散射中，散射作用占比相对较大，我们在分析雾天图像退化的因素时，只考虑大气散射作用这一主要矛盾。

大气中每一个细小颗粒都可看作是散射体。大气散射也与大气中粒子的半径有密切关系。若粒子尺寸小于光线波长，称为 Rayleigh 散射。若粒子尺寸与波长相当，称为 Mie 散射。在雾、尘等恶劣天气条件下，空气中粒子半径较大，可以用 Mie 散射来描述。McCartney 就是在 Mie 理论上提出大气散射模型的。该模型指导了根据雾天图像退化过程还原清晰图像。研究表明，大气散射模型主要由入射光衰减模型和大气光成像模型两部分组成，下面分别介绍。

1. 入射光衰减模型

该模型描述的是入射光从场景点到达观测点的光线能量衰减情况。光线从物体表面反射，在传播到成像设备过程中，会受到粒子的散射作用。部分光线的传播路径发生偏离，没有全部进入成像设备，这就导致能量发生衰减。当场景或物体距成像设备较远时，散射发生的可能性和次数就会很大。入射光衰减程度越大，最终到达成像设备的量也就越少。

根据模型的描述，设入射光线经过 dx 薄片，光的衰减程度为 βdx，其中 β 是散射系数，其值表明了 dx 薄片内的粒子对光线的散射能力。其值越大，散射得越厉害。光线到达成像设备的强度为

$$E(x,\lambda) = E_0(\lambda)\mathrm{e}^{-\int_0^d \beta(\lambda)\mathrm{d}x} \tag{2-26}$$

式中，λ 是入射光波长；d 是场景点与成像设备之间距离；$E_0(\lambda)$ 为 $x=0$ 处的光强，也就是场景表面的光照强度。此时认为场景观测范围内具有相同的大气条件，式(2-26)可写为

$$E(d,\lambda) = E_0(\lambda)\mathrm{e}^{-\beta(\lambda)d} \tag{2-27}$$

由式(2-27)可以看出，大气散射会造成光线的衰减，并且这种衰减与 d 呈指数关系。

2. 大气光成像模型

大气光(又称为环境光)是引起图像退化的另一个重要原因，主要包括天空漫反射光和地面反射光等。这些光线在传播的过程中也会与粒子发生散射，部分会到达观测点，与场景反射光线一起成像。

假设在观测范围内的大气光是均匀的。距离成像设备 x 处的体积微元 dv 可以写作：

$$\mathrm{d}v = d\omega x^2 \mathrm{d}x \tag{2-28}$$

式中，$d\omega$ 是观测点与场景点形成的夹角；d 是观测点到场景的距离。

发生在观测者方向上的由散射光得到的光通量可以表示为

$$\mathrm{d}I(x,\lambda) = \mathrm{d}Vk\beta(\lambda) = \mathrm{d}\omega x^2 k\beta(\lambda) \tag{2-29}$$

式中，k 是比例常数；dV 是亮度微元 $dI(x,\lambda)$ 的点光源。那么经过散射衰减，该大气光到达成像设备的光照能量为

$$\mathrm{d}E(x,\lambda) = \frac{\mathrm{d}I(x,\lambda)\mathrm{e}^{-\beta(\lambda)x}}{x^2} \tag{2-30}$$

由 dV 的辐射度可以求得其光强：

$$\mathrm{d}L(x,\lambda) = \frac{\mathrm{d}E(x,\lambda)}{\mathrm{d}\omega} \tag{2-31}$$

由式(2-29)和式(2-30)，式(2-31)可化简为

$$\mathrm{d}L(x,\lambda) = k\beta(\lambda)\mathrm{e}^{-\beta(\lambda)x} \tag{2-32}$$

x 从 $0 \sim d$ 积分，可以求得大气光从场景点到达观测点的光强：

$$L(d,\lambda) = k\left[1 - \beta(\lambda)\mathrm{e}^{-\beta(\lambda)d}\right] \tag{2-33}$$

当 $d=0$ 时，光强为 0。当 d 无穷大时，光强最大，即

$$L(d,\lambda) = L_\infty(\lambda) = k \tag{2-34}$$

那么，当场景深度为 d 时，大气光到达观测点的光强为

$$L(d,\lambda) = L_\infty(\lambda)\left[1 - \beta(\lambda)e^{-\beta(\lambda)d}\right] \tag{2-35}$$

这就是大气光模型。一般表示为

$$E(d,\lambda) = E_\infty(\lambda)\left[1 - \beta(\lambda)e^{-\beta(\lambda)d}\right] \tag{2-36}$$

3. 雾天图像成像模型

在实际中，造成雾天图像退化的主要原因是大气散射，包括入射光衰减和大气光成像两部分。雾天户外视觉传感器上接收到的总强度，可以看作是入射光经过衰减后到达传感器部分与环境散射光进入成像系统的线性叠加。退化模型可以表示为

$$E(d,\lambda) = E_0(\lambda)e^{-\beta(\lambda)d} + E_\infty(\lambda)\left[1 - \beta(\lambda)e^{-\beta(\lambda)d}\right] \tag{2-37}$$

式中，$E_0(\lambda)e^{-\beta(\lambda)d}$ 叫作直接衰减项，描述了场景辐射照度在透射媒介中经过衰减后的部分。$E_\infty(\lambda)(1 - \beta(\lambda)e^{-\beta(\lambda)d}$ 即为大气光成分，描述了大气光对最后成像的影响。

令 $J(x) = E_0(\lambda)$，$I(x) = E(d,\lambda)$，$t(x) = e^{-\beta(\lambda)d}$，$A = E_\infty(\lambda)$，可得

$$I(x) = J(x)t(x) + A[1 - t(x)] \tag{2-38}$$

式(2-38)是目前使用最广泛的雾天退化图像的物理模型，其中，$I(x)$ 为探测系统获取的图像；A 为无穷远处的大气光值；$J(x)$ 表示目标辐射光，即需要恢复的目标图像；$t(x)$ 表示传输函数，即透射率。图 2-12 是模型示意图。去雾的目的就是要根据 $I(x)$ 恢复出 $J(x)$，在此过程中，需求解 A 和 $t(x)$。

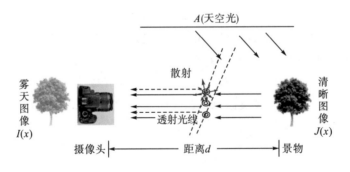

图 2-12　雾天图像成像模型

2.2.3　基于图像复原的去雾算法概述

2.2.2 节研究了大气散射作用对成像的影响，介绍了雾天图像退化的机理。从雾天图像成像模型可以看出，模型有多个未知参数，以此来求解得到清晰图像是个病态问题。在研究过程中需要已知景深、大气条件或先验知识等辅助条件。

本节根据处理对象的不同，将基于图像复原的去雾算法分为基于多幅图像去雾和基于

单幅图像去雾。

2.2.3.1　基于多幅图像去雾

为了获得更多的信息帮助恢复清晰图像，学者尝试了采用多幅图像的方法。这类方法中典型的有利用场景深度信息的方法和偏振光方法。

Oakley 等[8]和 Tan 等[9]基于 Mie 散射定律，构造了雾天图像退化模型，并对模型参数进行估计，实现了雾天退化图像的复原。该方法利用多幅图像的深度信息，实现场景图像恢复。然而，景深本身的获取是比较困难的，需要昂贵的设备，如雷达。因此，该方法不适宜在实际中推广应用。

另外，在不知道场景深度信息的时候，有学者通过辅助手段获取深度信息，也实现了图像复原。Tan 等通过航拍参数来进行相关地形模型估计[10]。Narasimhan 等[11]也从多个角度研究了对场景深度的提取方法，采用了多幅不同天气条件下的图像，得到深度信息并完成对清晰图像的恢复。

后来，Narasimhan 等[12]又通过不同散射光的偏振特点，从不同方向上的偏振光恢复出场景深度图像。在实现该算法时，带有特殊偏振滤波器的相机需要被放在固定的位置，旋转偏振片到不同的角度，以获得两个偏振方向上的偏振图像，因为不同图像的尺寸在偏振光上是不同的，通过估计偏振光，可以从雾天图像中复原得到清晰的图像。但是由于雾的偏振程度与浓度存在一定关系，浓度越大，偏振程度越弱，这种方法并不能用于浓雾天气的退化图像，从而制约了该方法的应用范围。

总之，这种基于多幅图像的图像去雾方法，在去雾问题的研究中给出了一个全新的思路和方向，也取得了一定的效果。但是，这种方法需要借助同一场景的两幅或多幅不同雾气浓度下的图像来计算场景深度信息，这给只有一幅图像分析的场合带来不便，因此应用范围受到限制，人们对单幅图像复原的研究越来越重视。

2.2.3.2　基于单幅图像去雾

根据物理模型，雾天图像复原一般需要估计场景深度信息，而利用单幅图像进行去雾，则需要借助一定的约束条件。近年来，这类方法取得了重大进展，这归功于一些强有力的先验知识或其他辅助信息。

Narasimhan 等[13]采用用户交互的方式供给更多的有用信息，达到在场景深度等未知的情况下进行雾天单幅图像复原的目的。该算法的缺点是只能全局地复原图像。

另外，Tan[14]从"无雾图像比有雾图像的对比度高"这一结论出发，通过最大化局部对比图来去雾。该方法能够最大限度地恢复图像的细节信息，但恢复后的颜色极不自然。处理结果如图 2-13 所示。树干边缘有明显的边缘扩张，其他景深突变的区域也同样存在这种效应。

(a) 原始图像   (b) Tan 的算法去雾结果

图 2-13   Tan 的算法的去雾结果

Fattal[15]基于独立成分分析方法，通过假设透过率和表面投影在局部是不相关的，估算场景反射率，求解光线传播透过率，再使用马尔可夫随机场模型来推断整幅图像的颜色，继而达到去雾的目的。该方法本质上是非线性反问题的求解。其具体过程如下。

对雾天成像模型式(2-38)进行变形，将需要恢复的目标图像 $J(x)$ 表示为

$$J(x) = R(x)l(x) \tag{2-39}$$

式中，$l(x)$ 为反射光，即为灰度图像；$R(x)$ 为目标物体表面反射因子，为三通道向量，其尺度与 $J(x)$ 相同。为了简化，假设 $R(x)$ 在某区域内为常数，即在像素区域 $x \in \Omega$ 内，$R(x)=R$ 为常数，则雾天成像模型式(2-38)可变形为

$$I(x) = t(x)l(x)\mathbf{R} + (1-t(x))A \tag{2-40}$$

将向量 $\mathbf{R}$ 分解成两个部分，一部分为与 A 平行的向量，另一部分为与 A 垂直的残留向量，记作 $\mathbf{R}'$，且 $\mathbf{R}' \in A^{\perp}$，$A^{\perp}$ 表示与 A 垂直的所有向量构成的向量空间。

对于重新定义的大气散射模型中的 $l(x)\mathbf{R}$，将其写成平行于 A 的向量与平行于 $\mathbf{R}'$ 的向量之和：

$$J(x) = l(x)\mathbf{R} = l'(x)\left(\frac{\mathbf{R}'}{\|\mathbf{R}'\|} + \eta \frac{A}{\|A\|} \right) \tag{2-41}$$

式中，$l' = \|\mathbf{R}'\|l$，$\eta = \dfrac{\langle \mathbf{R}, A \rangle}{\|\mathbf{R}'\| \cdot \|A\|}$ 为表面反射和大气光的相关系数，$\langle a,b \rangle$ 表示在 RGB 空间中的两个三维向量的点积，$\|A\|$ 表示 A 的模。

为了获得独立的方程，求取输入图像 $I(x)$ 沿着 A 的分量 $I_A(x)$ 为

$$I_A(x) = t(x)l'(x)\eta + [1-t(x)]\|A\| \tag{2-42}$$

则输入图像 $I(x)$ 沿着 $A^{\perp}$ 方向的分量 $I_{\mathbf{R}'}(x)$ 为

$$I_{\mathbf{R}'}(x) = \sqrt{\|I(x)\|^2 - I_A(x)^2} = t(x)l'(x) \tag{2-43}$$

由式(2-42)和式(2-43)可推导出传输函数 $t(x)$ 为

$$t(x) = 1 - \frac{I_A(x) - \eta I_{R'}(x)}{\|A\|} \tag{2-44}$$

若已知 A，则可求出 $I_A(x)$ 与 $I_{R'}(x)$，唯一未知量为 η，所以求解 $t(x)$ 的问题就归结为求解 $x \in \Omega$ 内 η 的问题。最后将解得的 η 代入式（2-44）中，即可求得 $t(x)$，进而得到去雾后的目标图像 $J(x)$。

图 2-14 是该方法去雾结果，在很大程度上依赖输入图像特性，如图 2-14(a) 的薄雾情况，就有不错的效果。然而，当图像独立成分变化不显著时，如图像的浓雾区域，统计特性不稳定，如图 2-14(b) 所示，该方法对浓雾的处理效果就显得不足了。

(a) 薄雾图像及其处理结果

(b) 浓雾图像及其处理结果

图 2-14 Fattal 的算法的去雾结果

Tarel 等[16]利用中值滤波进行大气耗散函数估计，提出快速图像去雾算法。但该算法有多个参数，降低了算法的自适应性。该方法处理结果也常常会有晕轮效应出现。其具体过程如下。

该算法仅仅对有雾图像中像素的数量做线性函数处理，这就使得 Tarel 等的算法运行速度很快，该技术可以满足工业上的实时处理要求。对于灰度图像，雾的物理模型为

$$L(x, y) = L_0(x, y)e^{-kd(x,y)} + L_s[1 - e^{-kd(x,y)}] \tag{2-45}$$

式中，$d(x, y)$ 表示景深；L_s 是天空亮度；$L(x, y)$ 是表面亮度；$L_0(x, y)$ 是内在亮度。

在雾天条件下，$L_0(x, y)$ 降低，目标物体固有颜色的指数衰减 $e^{-kd(x,y)}$ 导致视觉获取的图像对比度变小，另一个影响是 $L_s[1 - e^{-kd(x,y)}]$，其效果相当于增加了景深 $d(x, y)$。

因深度信息不可用，又引入了大气耗散函数：

$$V(x,y) = I_s \left[1 - e^{-kd(x,y)} \right] \tag{2-46}$$

模型就可以改写为

$$I(x,y) = R(x,y) \left[1 - \frac{V(x,y)}{I_s} \right] + V(x,y) \tag{2-47}$$

式中，$I(x,y)$ 是图像强度；$R(x,y)$ 是无雾时的图像强度。所以去雾处理可以按照以下步骤进行：首先估计 I_s，然后从 $I(x,y)$ 中推出 $V(x,y)$，再根据式 (2-47) 推出 $R(x,y)$。

因为不同光源下图像会有一定的偏色现象，所以需要进行色调补偿，在清晰化修复前进行白平衡处理，处理之后和原图会有一定色差，所以设置 $I_s = (1,1,1)$。

在同样景深情况下，根据式 (2-46) 可知，大气面纱也是相同的，$V(x,y)$ 与景深相关。

推导出大气耗散函数 $V(x,y)$ 后，可以通过求解下式以恢复原图像的色彩：

$$R(x,y) = \frac{I(x,y) - V(x,y)}{1 - V(x,y)/I_s} \tag{2-48}$$

为了软化噪声和图像压缩后现象，定义对比度放大因子 r 为

$$r = \frac{1}{1 - V(x,y)/I_s} \tag{2-49}$$

为了得到更好的图像，要对 $R(x,y)$ 进行色调映射，其第一步是计算：

$$U(x,y) = R(x,y) \frac{d_I}{d_R} e^{a_I - a_R \frac{d_I}{d_R}} \tag{2-50}$$

式中，$U(x,y)$ 是对 $R(x,y)$ 进行映射后的图像；a_I、d_I 为原图对数形式 $\log[I(x,y)]$ 在底部三层的均值和标准差，a_R、d_R 为 $\log[R(x,y)]$ 在底部三层的均值和标准差。

接着将 $U(x,y)$ 利用式 (2-51) 进行非线性映射，得到色调映射图像 $T(x,y)$，即

$$T(x,y) = \frac{U(x,y)}{1 + \left(\dfrac{1}{255} - \dfrac{1}{\text{Max}G} \right) G(x,y)} \tag{2-51}$$

式中，$\text{Max}G$ 是 G 的最大值，$G(x,y)$ 是 $U(x,y)$ 的灰度值。

He 等[17]在对大量户外清晰图像做统计研究后，提出了暗原色先验规律，并在此基础上实现了单幅雾天图像清晰化处理。而在处理过程中得到的场景的深度图还可用于三维重建等领域。该方法是目前最稳定、有效的单幅图像去雾方法之一。下面将对这一方法做重点介绍和实验验证分析，并给出其不足和缺陷，以便于后续改进。

2.2.4　基于暗原色先验的单幅图像去雾算法

2.2.4.1　暗原色先验

对于在户外拍摄的清晰图像，除去天空区域的大多数区域中总是存在一些最小值接近

0 的像素，如图 2-15 所示，即它们至少有一个通道像素值很低。暗原色先验理论就是基于这样的事实提出的。对图像 J，定义：

$$J^{\text{dark}}(x) = \min_{C \in \{R,G,B\}}\left\{ \min_{y \in \Omega(x)}\left[J^c(y) \right] \right\} \to 0 \tag{2-52}$$

式中，$\Omega(x)$ 是以像素点 x 为中心的窗口；J^{dark} 是 J 的暗通道；J^c 表示清晰图像 J 的某一颜色通道。对于 J 的非天空区域，其 J^{dark} 接近 0。图 2-15 展示了户外清晰图像及其暗通道图像。暗通道图像像素之所以低，主要原因为：

（1）色彩鲜艳的景物表面三个通道中至少存在一个颜色通道的像素值是比较低的，如绿叶，只有 G 通道的像素值比较高，而 R、B 这两个通道的像素值约为零；

（2）颜色较为暗淡的物体表面，如黑色的建筑、道路的路面等，三个颜色通道的像素值都较低；

（3）由景物挡住光线所产生的阴影，这些区域的三个颜色通道(R、G、B)的像素值较低。

(a) 户外清晰场景图像

(b) 对应暗通道图

图 2-15　户外清晰图像及其暗通道图

下面将利用暗原色先验规律，再结合 2.2.2.3 节中介绍的雾天图像成像模型，给出图像去雾算法的详细流程。

2.2.4.2　算法流程

根据雾天图像成像模型，恢复无雾图像即是根据 $I(x)$ 恢复出 $J(x)$，而在此过程中就需要求得 A 和 $t(x)$。

1. 参数 A 的估计

大多图像去雾算法将图像中亮度最高的像素作为 A，但在现实中图像最亮的像素可能是白色的汽车等，这就对 A 的估计造成了干扰。为了消除白色物体干扰，可以利用图像的暗通道 I^{dark}。选择暗通道 I^{dark} 中像素值最大的前 1% 个像素，这些像素大多数都受到最严重的雾气干扰，透射率最低。再通过将这些像素对应的原图像位置的像素作为 A，可以在一定程度上提高大气光值估计的准确性。这样的处理方法比简单取图像中亮度最大的点作为 A 的方法要好。

2. 透射率的估计

对式 (2-38) 两边求最小值运算后可得透射率 $\tilde{t}(x)$ 的表达式：

$$\tilde{t}(x) = \frac{1 - \min_{C \in \{R,G,B\}} \left\{ \min_{y \in \Omega(x)} \left[\frac{I^c(y)}{A} \right] \right\}}{1 - \min_{C \in \{R,G,B\}} \left\{ \min_{y \in \Omega(x)} \left[\frac{J^c(y)}{A} \right] \right\}} \tag{2-53}$$

将式 (2-52) 代入上式，于是得到透射率：

$$\tilde{t}(x) = 1 - \min_{C \in \{R,G,B\}} \left\{ \min_{y \in \Omega(x)} \left[\frac{I^c(y)}{A} \right] \right\} \tag{2-54}$$

若 $\Omega(x)$ 的区域选为 1×1，可得

$$\tilde{t}(x) = 1 - \frac{I^{\mathrm{dark}}(x)}{A} \tag{2-55}$$

为保留一定程度的雾气，以利于对真实景深的感受，使图像更加真实，引入了参数 ω。本节中 ω 取 0.8。

$$\tilde{t}(x) = 1 - \omega \frac{I^{\mathrm{dark}}(x)}{A} \tag{2-56}$$

3. 透射率优化

由于暗通道的计算通常是在 15×15 的块内进行最小值滤波，由式 (2-56) 求得的透射率图也会存在明显的块效应。He 等[17]利用软抠图的方法来改善这一问题。粗估计的透射率用向量 $\tilde{t}$ 表示，经过优化后的透射率用向量 t 表示，通过最小化代价函数：

$$E(t) = t^{\mathrm{T}} L t + \lambda (t - \tilde{t})^{\mathrm{T}} (t - \tilde{t}) \tag{2-57}$$

式中，λ 是修正参数；$t^{\mathrm{T}} L t$ 为平滑项，$(t - \tilde{t})^{\mathrm{T}}(t - \tilde{t})$ 为数据项；L 是拉普拉斯矩阵。矩阵 $L(i, j)$ 位置的元素如下：

$$\sum_{k(i,j)} \left[\delta_{ij} - \frac{1}{|w_k|} (1 + I_i - \mu_k)^{\mathrm{T}} \left(\sum_k + \frac{\varepsilon}{|w_k|} U_3 \right)^{-1} (I_j - \mu_k) \right] \tag{2-58}$$

式中，δ_{ij} 是 Kronecker 函数；I_i 和 I_j 分别是原始图像在 i 和 j 位置的像素值；μ_k 为窗口 ω_k

中像素的均值；$\sum_k$ 为协方差；U_3 是 3×3 的单位阵；ε 是一个很小的常系数；$|w_k|$ 是窗口 ω_k 包含像素个数。通过求解稀疏线性方程式(2-59)可以得到优化透射率。

$$(L + \lambda U)t = \lambda \tilde{t} \tag{2-59}$$

式中，U 和 L 是大小相同的单位阵；λ 用于控制方程求解精确度，取值 0.001。

如图 2-16 所示，图 2-16(a) 是原有雾图像，图 2-16(b) 是初步估计的透射率，图 2-16(c) 是利用软抠图优化后的透射率。从该图可以看到，利用软抠图优化后的透射率图像变得平滑，消除了块效应，与原图在边缘处更为一致。

(a) 原有雾图像

(b) 初步估计的透射率

(c) 优化后的透射率

(d) 复原得到的清晰图像

图 2-16 基于暗原色先验的图像去雾算法

但软抠图耗时较长，因此为了提高暗通道去雾算法的运行效率，He 等提出了一种导向滤波算法[18]：把待去雾的有雾图像作为引导图，对得到的粗估计透射率图进行滤波处理，保留其中的细节信息，以此来优化透射率图；再利用优化后的透射率图可以获得很好的去雾效果。

导向滤波的滤波模型如下：

$$q_i = \sum_j \omega_{ij}(I) p_j \tag{2-60}$$

式中，p、q 分别是输入输出图像；i、j 代表像素坐标点；I 是导向滤波的引导图；ω_{ij} 是滤波核。

导向滤波基于其滤波输出是引导图像的线性变换这个假设，即

$$q_k = a_k I_i + b_k \qquad \forall i \in \omega_k \tag{2-61}$$

式中，k 是像素中心；ω_k 为局部窗口局域；(a_k, b_k) 是一对线性系数，因为需要输入输出图像差异最小，所以：

$$E(a_k, b_k) = \sum_{i \in \omega_k} \left[(a_k I_i + b_k - p_i)^2 + \varepsilon a_k^2 \right] \tag{2-62}$$

式中，ε 是正则化参数。

$$\begin{cases} a_k = \dfrac{\dfrac{1}{|\omega|} \sum_{i \in \omega_k} I_i p_i - \mu_k \bar{p}_k}{\sigma_k^2 + \varepsilon} \\[4mm] b_k = \bar{p}_k - a_k \mu_k \end{cases} \tag{2-63}$$

解出所有结果之后，就能得出最后的滤波结果：

$$\begin{cases} p_i = \dfrac{1}{|\omega|} \sum_{i \in \omega_k} a_k I_i + b_k \\[3mm] q_i = \bar{a}_i I_i + \bar{b}_i \\[3mm] \bar{a}_i = \dfrac{1}{|\omega|} \sum_{i \in \omega_k} a_k \\[3mm] \bar{b}_i = \dfrac{1}{|\omega|} \sum_{i \in \omega_k} b_k \end{cases} \tag{2-64}$$

导向滤波的核系数为

$$W_{ij}(J^g) = \frac{1}{|\omega|^2} \sum_{k:(i,j) \in \omega_k} \left[1 + \frac{(J_i^g - \mu_k)(J_j^g - \mu_k)}{\sigma_k^2 + \varepsilon} \right] \tag{2-65}$$

式中，J^g 是引导图；σ_k^2 是 J^g 在 ω_k 窗口中的方差；μ_k 是 J^g 在 ω_k 窗口中的平均值；$|\omega|$ 是 ω_k 窗口中的像素数目。

与双边滤波相比，导向滤波运算速度较快，因为导向滤波在执行过程中，与窗口半径无关，也就是使用导向滤波时不受窗口区域大小限制。

4. 恢复无雾图像

按照前文介绍，可得到 A 和透射率 $t(x)$，再根据式 (2-38)，就可以得到复原的清晰图像：

$$J(x) = \frac{I(x) - A}{t(x)} + A \tag{2-66}$$

当透射率 $t(x)$ 很小，特别是接近 0 时，衰减项 $J(x)t(x)$ 也接近 0。这时，若直接求取去雾结果，得到的 $J(x)$ 将接近噪声，并不是期望的结果。这是因为透射率 $t(x)$ 太小，过度地放大了去雾后的像素。通过对透射率设置一个下限 t_0 来解决该问题，设下限可以避免去雾结果被过度放大，即对雾浓度较大的区域保留少许的雾。最终的去雾公式为

$$J(x) = \frac{I(x) - A}{\max[t(x), t_0]} + A \qquad (2\text{-}67)$$

式中，t_0 一般取值为 0.10。

图 2-16（d）是该算法得到的复原图像。对比去雾前后结果可以看到，经过基于暗原色先验的图像去雾算法处理后图像更多细节信息变得可见，这说明该算法具有一定的雾霾去除能力，得到的复原图较为清晰自然。

2.2.4.3　算法性能分析

通过大量仿真实验可以看出，基于暗原色先验的去雾算法具有较好的稳定性。该算法处理图像层次分明，色彩真实自然。但是，该算法也存在一些不足：①复杂度较高，实时性差，不利于实际应用；②由于天空等大面积明亮区域不满足暗原色先验规律，导致该区域透射率值被低估，按照该算法处理后天空区域常常出现色彩失真的问题；③由于图像大部分像素灰度值都低于 A，由式（2-60）处理后，各点灰度值降低，得到的去雾结果往往稍偏暗，视觉感受有待进一步提高。

2.2.5　小结

2.2 节首先介绍了图像复原的基本概念，针对雾天图像清晰化技术，详细分析了雾天图像退化的物理过程和退化机制，给出了雾天图像的成像模型；然后从多幅图像去雾和单幅图像去雾两个类别对基于图像复原去雾的常用方法做了简要介绍；最后重点研究了目前效果较好的基于暗原色先验的去雾算法，并对其做出深入的分析，以便后续算法的改进。

2.3　本 章 小 结

本章主要是对图像去雾基本方法的技术回顾，介绍了基于图像增强和基于图像复原的去雾算法。本章首先重点介绍了两种典型的基于图像增强的去雾算法：改进的直方图均衡算法、Retinex 算法。改进的直方图均衡算法操作简单，增强效果也尚可，因此应用比较广泛，Retinex 算法结合了人眼的视觉模型，相对而言对图像细节和颜色的恢复有更好的效果。实验结果表明，基于图像增强的去雾算法总体而言对图像的细节和对比度有一定的增强作用，但同时也具有较大的局限性，特别是对颜色信息较敏感的雾天图像很容易造成色彩失真，在增强的程度上也难以恰到好处，时常出现对图像增强不足或者过度增强的情况，表现不够稳定。然后，本章介绍了图像复原的基本概念，针对雾天图像清晰化技术，详细分析了雾天图像退化的物理过程和退化机制，给出了雾天图像的成像模型。从多幅图像去雾和单幅图像去雾两个类别对基于图像复原去雾的常用算法做了简要介绍。最后，本章还重点研究了目前效果较好的基于暗原色先验的去雾算法，并对其做出深入的分析，以便后续算法的改进。

参 考 文 献

[1] 禹晶，徐东彬，廖庆敏，等. 图像去雾技术研究进展[J]. 中国图像图形学报，2011，16（9）：1561-1576.

[2] Kim T K，Paik J K，Kang B S. Contrast enhancement system using spatially adaptive histogram equalization with temporal filtering[J]. IEEE Transactions on Consumer Electronics，1998，44（1）：82-86.

[3] Kim J Y，Kim L S，Hwang S H. An advanced contrast enhancement using partially overlapped sub-block histogram equalization[J]. IEEE Transaction on Circuits and Systems for Video Technology，2001，11（4）：475-484.

[4] Reza A. Contrast limited adaptive histogram equalization for real-time image enhancement[J]. Journal of VLST Single Processing，2004，38（1）：35-44.

[5] Land E H. The Retinex theory of color vision[J]. Sci. Amer，1977，237：108-128.

[6] Jobson D J，Rahman Z U，Woodell G A. Properties and performance of a center/surround Retinex [J]. IEEE Transactions on Image Processing，1997，6（3）：451-462.

[7] Jobson D J，Rahman Z U，Woodell G A. A multiscale Retinex for bridging the gap between color images and the human observation of scenes [J]. IEEE Transactions on Image Processing，1997，6（7）：965-977.

[8]Oakley J P，Satherley B L. Improving image quality in poor visibility conditions using models using model for degradation[J]. IEEE Transaction on Image Processing，1988，7（2）：167-179.

[9] Tan K，Oakley J P. Physics based approach to color image enhancement in poor visibility conditions [J]. JOSAA，2001，18（10）：2460-2467.

[10] Tan K，Oakley J P. Enhancement of color image in poor visibility conditions[C]//Proceedings of IEEE International Conference on Image Processing. Vancouver，Canada，2000：788-791.

[11] Narasimhan S G，Nayar S K. Chromatic framework for vision in bad weather[C]. CVPR，Hilton Head，SC，USA. 2000：598-695.

[12] Narasimhan S G，Nayar S K. Vision and the atmosphere [J]. IJCV，2002，48（3）：233-254.

[13] Narasimhan S G，Nayar S K. Contrast restoration of weather degraded images [J]. IEEE PAMI，2003，25（6）：23-25.

[14]Tan R T. Visibility in bad weather from a single image[C]//Proceedings of IEEE Conference on Computer Vision and Pattern Recognition. Alaska，USA：IEEE Computer Society，2008：1-8.

[15]Fattal R. Single image dehazing[J]. ACM Transactions on Graphics，2008，27（3）：1-9.

[16]Tarel J P，Hauti N. Fast visibility restoration from a single color or gray level image[C]//Proceedings of IEEE Conference on Computer Vision. Kyoto，Japan：IEEE Computer Society，2009：2201-2208.

[17]He K M，Sun J，Tang X O. Single image haze removal using dark channel prior[J]. IEEE Transactions on Pattern Analysis and Machine Intelligence，2011，33（12）：2341-2353.

[18] He K M，Sun J，Tang X O. Guide image filtering[J]. IEEE Transactions on Pattern Analysis and Machine Intelligence，2013，35（6）：1-13.

第3章　基于物理模型的单幅图像去雾技术

由第 2 章介绍的基于图像增强的单幅图像去雾技术可知，该类算法根据人眼的视觉习惯，针对需要处理的图像块实现主观上的视觉调整。但只是通过人工技术调整图像的色度、亮度和对比度，容易造成色偏、图像数据的损坏和缺失以及图像效果的失真。本章从雾天图像成像机理出发，研究基于物理模型的单幅图像去雾技术。第 2 章分析了用大气散射模型作为雾天降质模型，定位模型中的已知量和未知量，根据已知量和技术手段预估部分参量实现反演，还原清晰化图像。重点和难点是对未知参量的估计，越接近真实值的参量，还原所得的清晰化图像越自然和逼真，并且其细节部分更加丰富。由于基于多幅图像的去雾处理，其算法过程复杂，耗时长并且仪器设备成本高。因此，基于单幅图像的去雾技术得到了大量的研究。选用单幅图像进行病态方程的未知量还原，需要先验假设信息把病态问题转化成非病态问题并获得方程的唯一解。本章主要介绍运用最成功的暗原色先验假设。第 2 章已经详细介绍了暗原色先验假设的基本原理，本章在这一假设前提下，介绍几种未知参量透射率 $t(x)$ 和大气光值 A 的估计方法，从而得到不同的单幅雾天图像复原的算法。

3.1　基于人眼视觉特性的快速图像去雾算法

本节针对 He 等的算法存在的问题以及雾天图像自身的物理特性，在大气散射模型的基础上提出了一种基于人眼视觉特性且快速有效的雾天图像复原算法。根据雾天图像的亮度分量与雾霾浓度的关系，利用雾天图像的亮度分量估计粗略的目标传输图；采用一种线性空域滤波对粗略的传输图进行平滑去噪处理，最后利用基于人眼视觉特性的拟合函数来调节复原图像的亮度。大量实验表明，该算法去雾效果明显，具有良好的视觉效果，同时复杂度低，能满足实时图像处理的要求。其算法流程如图 3-1 所示。

3.1.1　估计目标传输图

由第 2 章可知，He 等在暗通道先验假设的基础上，分别对输入的雾天图像三个颜色通道进行最小化滤波来估算目标传输图 $\tilde{t}(x, y)$，但该算法对含有较多的天空区域或存在与天空区域色彩相近的物体时，导致复原图像的色彩偏移[图 3-2 (c) 中标记的红色区域]。

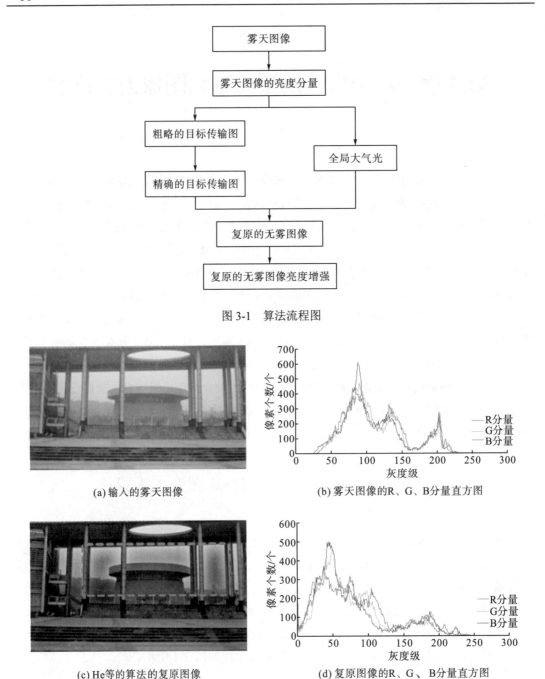

图 3-1　算法流程图

(a) 输入的雾天图像

(b) 雾天图像的 R、G、B 分量直方图

(c) He 等的算法的复原图像

(d) 复原图像的 R、G、B 分量直方图

图 3-2　输入图像及其对应的 R/G/B 分量直方图

　　图 3-2(a) 和图 3-2(b) 给出了雾天图像以及对应的 R、G、B 三个颜色分量的灰度直方图；图 3-2(c) 和图 3-2(d) 给出了利用暗通道先验算法复原的图像及对应的 R、G、B 三个颜色分量的灰度直方图；图 3-2(c) 中可以看到暗通道先验算法对天空区域的错误估计导致天空颜色偏黑，对应的 R、G、B 三个颜色分量的灰度直方图[图 3-2(d)] 也发生了严重的

偏移。

　　针对上述算法的缺陷，通过对室外计算机视觉系统采集到的雾天图像进行研究发现，由于场景中雾霾的存在，使雾天图像的亮度信息随着场景深度的变化而变化，即在图像场景中距离视点越远的地方，雾霾浓度越大，场景点光线的辐射通过性越差，大部分光线散射在空气中，造成采集到的图像亮度增加；同理，距离视点较近的地方，雾霾分布稀薄，场景点光线的辐射通过性较好，少数光线散射在空气中，使图像的亮度较小。本节在这个统计先验的基础上，利用雾天图像的亮度分量来估计雾天图像的粗略目标传输图。

　　经典的 HSI 色彩空间中的亮度分量是图像的 R、G、B 三个颜色分量的平均值，但在实际中，彩色图像的各个颜色分量所占的比例不同，因此本节采用一个新的色彩空间计算输入图像的亮度分量 $I_V(x,y)$ 以保证图像色彩更加准确，表达式为

$$I_V(x,y) = 0.27 \cdot I_R(x,y) + 0.67 \cdot I_G(x,y) + 0.06 \cdot I_B(x,y) \tag{3-1}$$

式中，$I_R(x,y)$、$I_G(x,y)$ 和 $I_B(x,y)$ 分别是指输入彩色图像的 R 分量、G 分量和 B 分量的值。

　　假设雾天图像的雾霾浓度为 $T(x,y)$，根据雾天图像的物理模型可以得到 $T(x,y)$ 的表达式：

$$T(x,y) = 1 - t(x,y) = 1 - e^{-\beta d(x,y)} \tag{3-2}$$

　　根据上述的先验知识和雾天图像的物理模型，雾霾浓度为 $T(x,y)$，满足：

$$0 \leqslant T(x,y) \approx I_{V\min}(x,y) = \min\left[\begin{array}{c} I_V \\ (x,y) \in \Omega(x,y) \end{array}(x,y)\right] \tag{3-3}$$

式中，$\Omega(x,y)$ 是指以 (x,y) 为中心的掩模；$I_{V\min}$ 指对雾天图像的亮度分量 $I_V(x,y)$ 掩模大小为 $\Omega(x,y)$ 执行最小化滤波。

　　由式(3-2)和式(3-3)可以得到雾天图像的粗略目标传输图 $\tilde{t}(x,y)$，表达式如下：

$$\tilde{t}(x,y) = 1 - \omega \cdot I_{V\min}(x,y) \tag{3-4}$$

式中，$\omega(0 \leqslant \omega \leqslant 1)$ 是为复原后的图像保留一定的雾霾信息，这样可以更好地感知图像场景的深度信息，使复原图像更加自然、真实；其中，ω 越大，图像中雾霾去除得越彻底，反之 ω 越小，保留的雾霾信息越多。

3.1.2　估计全局光强度

　　场景点中的全局光强度对应图像中雾最浓、最亮的区域，可以利用 3.1.1 节中的最小化亮度图像 $I_{V\min}(x,y)$ 来估计全局光线强度，具体步骤如下：

　　(1)从图像 $I_{V\min}(x,y)$ 中统计出前 0.1% 亮度最高的像素点集合 $C_A\{I_{V\min}(x,y)\}$；

　　(2)将集合 $C_A\{I_{V\min}(x,y)\}$ 中的像素点在雾天图像亮度分量 $I_V(x,y)$ 中的最大值定义为全局光线强度，表达式为

$$A = \max\left[\begin{array}{c} I_V \\ (x,y) \in C_A\{I_{V\min}(x,y)\} \end{array}(x,y)\right] \tag{3-5}$$

本节算法是用雾天图像的亮度分量来估算 A 的，这样更加符合雾天图像的物理特性，更加准确。

3.1.3 雾天图像复原

在估算出 A 和目标传输图 $\tilde{t}(x,y)$ 后，利用式 (2-38) 可以得到复原后的雾天图像 $J(x,y)$；但是在雾天图像场景中深度较远的物体(如天空区域)，A 在物体成像时的贡献较大，目标传输图 $\tilde{t}(x,y)$ 衰减严重，甚至近似于 0，这样再利用式 (2-38) 求解是无意义的，因此式 (2-38) 中引入了目标传输图 $\tilde{t}(x,y)$ 的下限参数 t_0，避免了上述情况的产生，保证了复原图像的真实感，表达式为

$$J^c(x,y)=\frac{I^c(x,y)-A}{\max\left[\tilde{t}(x,y),t_0\right]}+A \tag{3-6}$$

式中，c 的取值为 (R,G,B)，指 RGB 图像的三个颜色通道的值；t_0 的取值范围是 $[0.1,0.3]$，取值由雾霾的浓度决定。

复原后得到的图像 $J^c(x,y)$ 在图像场景深度的突变处，存在明显的残雾和光晕效应 [图 3-3(c) 虚线标记区域]。这是由于目标传输图 $\tilde{t}(x,y)$ 以掩模大小为 $\Omega(x,y)$ 执行最小化滤波时，产生了掩模大小为 $\Omega(x,y)$ 的"块状效应" [图 3-3(b)]，若"块状"区域的场景深度发生突变，就会错误估计图像场景的雾，导致场景深度突变区域存在残雾和光晕效应。为了避免产生残雾和光晕效应，本节采用一个线性的空域滤波[1]对目标传输图 $\tilde{t}(x,y)$ 进行保边平滑去噪，表达式为

$$t_k = \frac{1}{|\Omega|}\sum_{k\in\Omega_k}(a_k\cdot\tilde{t}_k+b_k) \tag{3-7}$$

式中，Ω_k 是以像素 k 为中心的掩模；$|\Omega|$ 是掩模中的像素的个数；a_k、b_k 是该滤波的一个线性变换参数，表达式为

$$a_k=\frac{1}{|\Omega|}\cdot\frac{\sigma_k^2}{\sigma_k^2+\varepsilon}, \quad b_k=(1-a_k)\cdot\mu_k \tag{3-8}$$

式中，μ_k 和 σ_k 是目标传输图 $\tilde{t}_k$ 在以像素 k 为中心的掩模区域的均值和方差；ε 是一个阈值参数，该参数是用来调节该滤波器在深度平坦处和深度突变处的平滑的程度，当 $\sigma_k\leqslant\varepsilon$ 时，该掩模区域可认为是深度平坦处，需进行高强度平滑处理，当 $\sigma_k>\varepsilon$ 时，该掩模区域为深度突变处，进行低强度平滑处理，这样就能得到保边平滑去噪后的精确目标传输图 $t(x,y)$，将精确目标传输图 $t(x,y)$ 代入式 (3-6) 中，得到复原的无雾图像 $J^c(x,y)$。

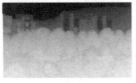

    (a) 输入的雾天图像   (b) 目标传输图   (c) 复原的无雾图像

图 3-3　输入的雾天图像及对应的目标传输图和复原的无雾图像

3.1.4　图像亮度调节

由于图像场景中的光线强度没有实际场景中的全局空气光线强度亮,因此复原后的雾天图像看起来有些暗。本节提出了一种符合人眼视觉特性的中心自适应调节的拟合函数 $f(x)$ 以增强图像亮度,在对复原的雾天图像进行亮度调节时,仅对复原图像的亮度分量进行处理以保持图像色彩的准确性,并且将输入的雾天图像的亮度分量与复原图像的亮度分量进行线性映射,这样可以保持复原图像与输入的雾天图像的亮度一致性。所提出的亮度增强函数能有效地扩展图像亮度动态分布,改善对数函数处理图像的局限性,具有良好的调节作用,表达式如下:

$$f(x) = a - b \cdot \left(\lg \frac{1}{x} - 1 \right) \tag{3-9}$$

式中,a 是该拟合函数的调解中心;b 是该函数的幅值,取值范围是 $[0,1]$。在图像调节中,a 是输入雾天图像的灰度平均值,b 是用来确定图像灰度动态范围的离散程度,b 越大,图像的动态分布范围越广。

设输入图像的取值范围为 $[0,1]$,将对数函数 y_1 取值范围映射到 $[0,1]$,表达式为

$$y_1 = \frac{\lg x}{\lg 255} + 1 \tag{3-10}$$

当 $a = 0.5$、$b = 1/5$ 时,本书给出了对数函数 y_1、拟合函数 $f(x)$ 和函数 $y_2 = x$ 的曲线图,如图 3-4 所示。

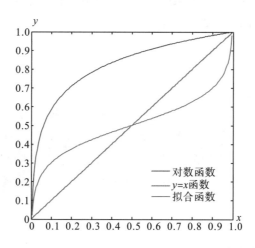

图 3-4　三种函数曲线比较

从图 3-4 可以看出,对数函数没有可调节的中心点,函数递增幅度较大,容易造成图像整体亮度偏大;本节的拟合函数 $f(x)$ 的中心点随着参数 a (图像的亮度平均值)变化而变化,可自适应调节,参数 b (即图像亮度范围的离散程度)调整函数曲线弧度,同时该函数

$f(x)$ 对亮度值较低的区域(如图 3-4 中曲线的下半部分)进行增强,而在灰度值较高的区域 (如图 3-4 中曲线的上半部分)进行压制,这样更加符合人眼的视觉特性。

本节的亮度增强算法首先利用式(3-1)获得复原后雾天图像 $J^c(x,y)$ 的亮度分量 $J_V(x,y)$,然后采用本节所提出的拟合函数 $f(x)$ 分别对输入的雾天图像的亮度分量 $I_V(x,y)$ 和 $J_V(x,y)$ 进行增强处理,得到 $I_{Ven}(x,y)$ 和 $J_{Ven}(x,y)$;用增强后的图像 $I_{Ven}(x,y)$ 和 $J_{Ven}(x,y)$ 来约束复原图像的亮度分量 $J_V(x,y)$,以保证复原图像与输入的雾天图像亮度的一致性,表达式为

$$J_{Ven2}(x,y) = J_V(x,y)^{\frac{\sigma[I_{Ven}(x,y)]}{\sigma[J_{Ven}(x,y)]}} \cdot e^{\overline{I}_{Ven}(x,y) - \overline{J}_{Ven}(x,y) \cdot \frac{\sigma[I_{Ven}(x,y)]}{\sigma[J_{Ven}(x,y)]}} \tag{3-11}$$

式中, $\overline{I}_{Ven}(x,y)$ 和 $\overline{J}_{Ven}(x,y)$ 是图像 $I_{Ven}(x,y)$ 和 $J_{Ven}(x,y)$ 的均值, $\sigma[I_{Ven}(x,y)]$ 和 $\sigma[J_{Ven}(x,y)]$ 是图像 $I_{Ven}(x,y)$ 和 $J_{Ven}(x,y)$ 的标准差;最后将约束增强后的图像 $J_{Ven2}(x,y)$ 的亮度值截断在 [0,1] ,以保证图像亮度值的有效性,表达式为

$$J_{Vout}(x,y) = \frac{J_{Ven2}(x,y)}{1 + \left(1 - \frac{1}{Max}\right) \cdot J_{Ven2}(x,y)} \tag{3-12}$$

式中, Max 是图像 $J_{Ven2}(x,y)$ 的最大亮度值。

在得到复原图像增强后的亮度分量 $J_{Vout}(x,y)$ 后,对复原后的雾天图像进行色彩空间的映射,得到增强后的无雾图像,表达式为

$$J_{Ven}^c(x,y) = \frac{J^c(x,y)}{J_V(x,y)} \cdot J_{Vout}(x,y) \tag{3-13}$$

式中, c 的取值为 (R,G,B) ,指 RGB 图像的三个颜色通道的值;通过这样的色彩空间映射保证了亮度调节后的图像色彩的准确性。

3.1.5 实验结果与分析

本节给出了所提算法在指定环境[Intel i3(3.3GHz)、3GB 内存、Windows 7(64 位)]下,在 MATLAB 平台上的仿真处理结果,同时与 He 等[2]的算法、Tarel 等[3]的算法的仿真结果进行对比。本节的主要评价标准是以人眼的直观效果为主,同时使用对比度和信息熵这两个客观评价标准,最后给出了本节算法和 He 等的算法、Tarel 等的算法运行速度的比较结果。

3.1.5.1   直观评价结果

本节分别给出了六组雾天图像对 He 等的算法、Tarel 等的算法和本节算法处理后的复原图像的结果对比,如图 3-5 所示。图 3-5(a)是输入的雾天图像,图 3-5(b)是 He 等的算法处理结果,由于暗原色先验的无效和两次最小化操作产生的噪声,导致了图像色彩的偏

移，在深度突变区域仍然存有残雾；图 3-5(c) 是 Tarel 等的算法处理结果，由于采用局部中值滤波来平滑去噪，导致了图像在场景深度突变区域过渡不自然，有明显的边界，使得去雾后的图像不自然；图 3-5(d) 是本节算法的结果，本节算法在雾天图像中含有较多的天空区域或存在与天空区域色彩相近的物体时，依然具有良好的去雾效果，且过渡自然，具有良好的视觉效果。

(a) 输入的雾天图像　　(b) He 等的算法结果　　(c) Tarel 等的算法结果　　(d) 本节算法结果

图 3-5　三种算法去雾结果对比

3.1.5.2　客观评价结果

本节采用图像的对比度和信息熵这两个客观指标来评价本节算法与 He 等的算法、Tarel 等的算法的优劣，如表 3-1 所示。图像的对比度反映了图像的细节信息，对比度越大，图像的细节信息越突出，恢复效果越好。信息熵反映了图像的信息含量，信息熵越大，表示图像所含的信息就越丰富，图像的恢复效果越明显。

表 3-1　三种算法复原后图像的对比度/信息熵对比

图像序号	雾天图像	He 等的算法	Tarel 等的算法	本节算法
1	0.10511/6.1624	0.14129/6.3599	0.12176/6.4308	0.17695/6.5463
2	0.24586/6.0914	0.28313/6.1531	0.24534/6.3908	0.27765/6.3452
3	0.18014/6.1727	0.16996/6.3385	0.12685/6.2767	0.18526/6.4190
4	0.24694/5.6354	0.22391/5.5841	0.13958/6.1429	0.27547/5.9957
5	0.17483/5.4979	0.16373/5.5060	0.16387/5.9516	0.20679/6.1513
6	0.20617/6.0727	0.19687/6.1889	0.16924/6.5705	0.24660/6.6430

3.1.5.3　算法的运算时间对比

本节利用了 RGB 图像的亮度分量来估计目标传输图 $\tilde{t}(x,y)$，降低了算法的计算复杂度，节省了运算存储空间，同时在对目标传输图 $\tilde{t}(x,y)$ 进行平滑去噪时采用了线性空域滤波，缩短了算法的运算时间。表 3-2 给出了 He 等的算法、Tarel 等的算法和本节算法的运算时间对比。本节算法能满足实时处理雾天图像、视频的需求。

表 3-2　三种算法运算时间对比

图像序号	图像大小	He 等的算法/s	Tarel 等的算法/s	本节算法/s
1	465*384	6.5319	6.5537	0.6313
2	576*768	16.4545	37.7914	2.3181
3	600*400	8.7882	14.9501	0.8867
4	800*450	13.1941	36.2683	1.4399
5	800*450	13.1504	34.6159	1.4332
6	800*450	13.1223	36.8330	1.4431

3.1.6　小结

3.1 节提出了一种基于大气散射模型的去雾新算法，该算法利用雾天图像中的雾霾浓度与图像亮度的对应关系，用图像的亮度分量来估计雾天图像的目标传输图 $\tilde{t}(x,y)$，并采用线性空域滤波对目标传输图 $\tilde{t}(x,y)$ 进行平滑去噪，得到精确的目标传输图 $t(x,y)$，反解该物理模型恢复雾天图像，对复原后的图像的亮度分量采用基于人眼视觉特性的拟合函数 $f(x)$ 来调节图像亮度。实验结果表明，本节算法能有效恢复雾天图像，更好地增强了图像的对比度，提高了图像的信息熵值，复原图像更加自然、真实，具有良好的视觉效果，并能满足实时处理的需求。

3.2　改进的半逆去雾复原算法

本节将从雾天图像复原清晰化的角度,提出一种基于大气物理原理的改进的半逆去雾复原算法。这种算法是基于大气散射原理分析图像成像过程的一种清晰化算法,首先根据原始半逆算法的雾霾区域探测思想,求取整体的大气光值,获得的大气光值比取暗通道中灰度最大值具有更强的鲁棒性;然后,根据图像信息分析,要得到无雾天气的图像,必须获得无雾天气下图像的景深信息和边缘细节信息,所以直接从原始有雾的图像中提取这两种信息,通过图像融合方法得到大气光幕;最后,按照大气物理散射模型的公式计算,得到无雾图像,为了进一步提升无雾图像在人眼视觉系统上的真实感,还需要进行色调和对比度调节处理,得到一幅自然美观且符合人眼视觉特点的无雾图像。该算法消除了光晕效应,对于深度发生突变或者远景像素点有很好的处理效果。大量实验表明,本节算法很好保持了色彩和细节信息,具有较好的自动性和鲁棒性,可进一步用于视频去雾系统。

3.2.1　半逆去雾算法

半逆去雾算法是 Codruta 等[4]在 2010 年的亚洲计算机视觉会议(Asian Conference on Computer Vision,ACCV)上提出的一种去雾算法。该算法没有使用复杂的优化和细化程序,可以快速识别一张图片的有雾区域,并且通过对输入图像像素的逐一处理,得到了一张半求反图像,基于原始图像和半求反图像的色度差异,识别每幅图像像素中的有雾区域,从而简单地估测大气光值 A 和透射传输率 t,最终求解无雾图像 J。半逆去雾算法流程主要由三个部分组成。

1. 雾区检测

首先求半逆图像,半逆图像在色彩空间中的像素由其原始图像和负片图像的像素亮度最大值所代替:

$$I_{si}^{R}(x) = \max_{x \in I}[I^{R}(x), 1 - I^{R}(x)]$$
$$I_{si}^{G}(x) = \max_{x \in I}[I^{G}(x), 1 - I^{G}(x)] \tag{3-14}$$
$$I_{si}^{B}(x) = \max_{x \in I}[I^{B}(x), 1 - I^{B}(x)]$$

式中,$I^{R}(x)$、$I^{G}(x)$ 和 $I^{B}(x)$ 代表 RGB 色彩空间中的图像像素,因为由式(3-14)计算得到的所有半求反图像像素 $I_{si}(x)$ 的动态范围为[0.5,1],所以需要调整动态范围到[0,1]。然后,计算原始图像和半求反图像在 LCH 色彩空间的色调 hue 的差值,使用了一个预定义 t 作为阈值,默认 $t=10$。只有差值小于这个默认值的像素才被认为是有雾区域,否则为无雾区域。

2. 估计大气光值 A

通过观察原始图像和半求反图像的色彩亮度的差值这样一种直接的方式来识别雾区，在雾区中选择雾浓度最大区域中的像素点作为大气光值 A。

3. 基于图层去雾

从原始图像中减去大气部分光色彩常数 C_iA 衰减的部分：

$$I_i = I - C_iA \tag{3-15}$$

式中，i 表示第 i 层；C_i 为 $[0.2, 0.4, 0.6, 0.8, 1]$；I 表示原始雾天退化图像；I_i 表示第 i 层的图像层。

$$I_{\text{last}} = \sum_{i=1}^{k} X_i I_i \tag{3-16}$$

式中，X_i 表示融合权重，其根据图层数量成倍增加；k 表示层数；I_i 表示第 i 层图像层；I_{last} 表示融合图层后得到无雾图像，一般默认 $k=5$。

3.2.2 改进的半逆去雾复原算法

普通基于大气物理散射模型的去雾算法都是按照取暗通道中最亮区域的像素点作为 A，但是这样取值会出现很多缺点和漏洞，因为暗通道中最亮区域的亮度值可能被白色物体或强光干扰，从而使取值达到 255，导致 A 的精确估计出现误差。利用 Codruta 等提出原始半逆算法的雾霾区域探测思想可以准确地探测出大部分的雾区，从雾区估测 A 比用暗通道中取最亮像素值的方法更具可靠性。但是原始半逆算法也存在缺点：其算法的基本思想是通过图层权重融合来得到包括无雾环境下的景深信息和边缘细节信息，但是由于图像环境的不确定性，图层权重的比例不具有自适应性，若图层比例选择不恰当，容易导致复原结果出现条纹现象，也会使得整幅图像的对比度降低。所以，为了改进 Codruta 等提出原始半逆算法中复原图像利用不同光源图层融合的方法的不足，本节算法采用 Codruta 等提出的原始半逆算法的雾霾区域探测思想求取 A 后，再从原始有雾图像中提取无雾场景下的景深信息和边缘信息，最后融合景深信息和边缘信息得到大气光幕，最终按照大气物理散射模型求解复原后的图像。

算法流程如下：

①用原始的半逆雾区检测算法求 A；

②白平衡处理降质图像 $I(x)$；

③求 RGB 通道的中亮度最小图像 $I_{\min}(x)$；

④根据改进平滑滤波窗口处理 $I_{\min}(x)$，得出边缘融合条件 ΔB；

⑤分别利用 7×7 的高斯滤波和 9×9 的均值滤波窗口处理 $I_{\min}(x)$，得到平滑图像 $I_{\text{smooth}}(x)$；

⑥按照合成原理求得大气光幂$V(x,y)$；

⑦以$I_{\min}(x)$为引导图像，对$V(x,y)$进行导向滤波；

⑧根据$V(x,y)=\max\left\{\min\left[K*V(x,y),I_{\min}(x)\right],0\right\}$，得到优化后的$V(x,y)$；

⑨根据$J(x,y)=\dfrac{I(x)-V(x,y)}{1-V(x,y)/A}$，得到复原图像$J(x,y)$；

⑩对$J(x,y)$做色调映射和细节增强。

3.2.2.1　采用改进的半逆去雾复原算法求A

按照 Narasimhan 等[5]的理论，整体大气光的最优化估计值应该在最浓雾区域，而根据 He 等的暗通道理论，认为在暗通道中取亮度最大的区域作为大气光值比较合理，但是暗通道的理论假设是建立在图像中没有大部分的白色像素点和大部分都是天空的区域，Codruta 等提出图像的雾区和非雾区的色调差值较大，基于这个理论，可以把降质图像$I(x)$与其半逆图像$I_{si}(x)$分别进行颜色空间转换，并比较转换后空间的色调差异，设定一个阈值，根据这个阈值进行有雾和无雾区域的分割和判定，从而在雾区的灰度值图像中选择最接近天空部分的最亮像素点，同时采用四叉树分割算法来避免白色饱和点的干扰，把去除白色饱和点干扰后的最亮像素点作为A。算法中的半逆图像可以表示为$I_{si}(x)=[I_{si}^{R},I_{si}^{G},I_{si}^{B}]$，对于 R、G、B 三个通道各自的半逆图像公式可表示为

$$I_{si}^{R}(x)=\max\left[I^{R}(x),1-I^{R}(x)\right]$$
$$I_{si}^{G}(x)=\max\left[I^{G}(x),1-I^{G}(x)\right] \qquad (3-17)$$
$$I_{si}^{B}(x)=\max\left[I^{B}(x),1-I^{B}(x)\right]$$

式中，$I^{R}(x)$、$I^{G}(x)$和$I^{B}(x)$表示 R、G、B 三个通道的像素灰度值。通过研究计算可表示为

$$\text{abs}\left[I_{si}^{hue}(x)-I^{hue}(x)\right]<T \qquad (3-18)$$

式中，T是预先设定的阈值，按照视觉特性取$T=10°$；$I^{hue}(x)$表示降质图像的色度；$I_{si}^{hue}(x)$表示半逆图像的色度。分别将有雾图像和半逆图像进行颜色空间转换到 HSV 色彩空间后做差值运算。根据已经设定的阈值分割雾区和无雾区域，把浓雾区域最亮像素值作为A。可是这样的思路没有考虑白色饱和点的干扰，在估测A的时候，首先要排除图像中大片白色物体的干扰。改进的半逆去雾复原算法就能很好地解决这个问题，算法选择有雾区域近天空部分的区域做四叉树分割，每个小区域分割成四小块，并且统计这四个小块中的像素灰度均值和灰度方差，保留最小均值和方差的像素灰度区域，对这个区域进行递归处理，一直到灰度值区域窗口达到规定的大小（实验中可以选择 8 个像素点值的边宽），最后把这个规定边宽内的最亮灰度值A。这种思路的算法明显消除了大部分近白色物体的和强烈光照的影响，进而精确地求得图像的。本节改进的半逆去雾复原算法示意图如图 3-6 所示。

(a) 雾天图像　　　　　　　　　　　　　　(b) 半逆图像

(c) 雾区图像　　　　　　　　　　　　　(d) 雾区灰度图像

(e) 雾区上方1/10区域　　　　　　　　　(f) 区域分割求 A

图 3-6　改进的半逆去雾复原算法示意图

由图 3-6 分析可知，通过改进的半逆去雾复原算法检测雾区，可以精确地求取 A。

3.2.2.2　大气光幂估计和降质图像复原

根据物理模型属性，Tarel 等[3]提出大气光幂 $V(x)$ 满足两个约束条件。

①大气光幂的灰度为正值。

②对于图像中的每一下像素点，该像素点的 RGB 通道中最小灰度值都大于该点的大气光幂的灰度值 $\min\limits_{c\in\{R,G,B\}} I^c(x)$，而且其大气光幂 $V(x)$ 的公式可表示为

$$V(x) = A(1 - e^{-\beta d}) \tag{3-19}$$

Tarel 等提出大气光幂求解问题可以表示为如下数学公式：

$$\arg\max_V \int_{x,y} V(x,y) - \lambda\varphi\big(\|\nabla V(x,y)\|\big)^2 \tag{3-20}$$

式中，$V(x,y)$ 的取值范围为 $[0,\ \min\limits_{c\in\{R,G,B\}} I^c(x)]$；$\lambda$ 为控制图像平滑的系数；φ 为控制图像边缘突变的函数，因为这个公式是一个欠约束条件的公式，所以直接求解计算量大、耗时长。

　　带颜色的图像的 RGB 通道中的最小值图像包括图像本身的深度信息和边缘信息，求最小值图像的公式为

$$I_{\min}(x) = \min_{c \in \{R,G,B\}} I^c(x) \tag{3-21}$$

　　大气光幕中包括图像本身的深度信息和边缘信息，本节算法假设大气光幕可以从最小值图像中获得，而且大气光幕除了在一些边缘部分出现不连续突变的情况，在大部分区域都是连续平滑的。本节算法提出一种新的通过图像融合的方法获得大气光幕，这种融合的思路基于这样一个先验知识：图像的边缘就是亮度变化较大的位置的像素点。在平滑滤波窗口采用中心输出方式，中间像素不是边缘点，其像素会受到邻域像素的影响，而中间像素是边缘点，周围像素对中间点像素没贡献。因此可以先对最小值图像进行高斯和均值平滑滤波，得到包含背景深度信息的图像 I_{smooth}，在边缘处引入最小值图像的像素 $I_{\min}(x)$。把两幅图像按照梯度关系进行权重融合，最后得到优化后的大气光幕图像，其合成流程图由图 3-7 所示。

(a) 提供边缘细节信息

(b) 提供深度信息

(c) 合成条件

(d) 合成后的大气光幕

图 3-7　合成流程图

　　本节的算法思想是利用亮度突变剧烈的位置来判定边缘，利用邻域和中心像素点的相互作用和梯度关系来形成合成条件，从而计算出既包括边缘又包括景深信息的大气光幕图。大气光幕 $V(x,y)$ 的合成公式可以定义为

$$V(x,y) = \min\left[\sum_{x=i-N/2}^{i+N/2} \sum_{y=j-N/2}^{j+N/2} G(x,y)H(x,y)f(x,y), C \right] \qquad \Delta B = 0 \tag{3-22}$$

$$V(x,y) = \min\left\{\left[\sum_{x=i-N/2}^{i+N/2}\sum_{y=j-N/2}^{j+N/2} G(x,y)H(x,y)f(x,y)+f(x,y)\right]/2,C\right\} \qquad \Delta B \neq 0$$

式中，ΔB 表示融合相关系数；$f(x,y)$ 表示最小值图像；$G(x,y)$ 表示低通高斯核函数；$H(x,y)$ 表示均值核函数。$H(x,y)G(x,y)$ 的平滑效果取决于模板窗口大小。再以 $f(x,y)$ 为引导图像，对 $V(x,y)$ 进行导向滤波，最后合成得到：

$$V(x,y) = \max\left\{\min\left[K*V(x,y),I_{\min}(x)\right],0\right\} \qquad (3\text{-}23)$$

式 (3-22) 中的融合相关系数 ΔB，可以用梯度关系模板对最小值图像 $I_{\min}(x)$ 滤波获得。黄剑玲等[6]提出的高斯 Laplace 模板是一种良好边缘维持去噪滤波模板，表示为如下形式：

$$L=\begin{bmatrix} 0.0225 & 0.2049 & 0.4203 & 0.2049 & 0.0225 \\ 0.2049 & 1.0821 & 0.0651 & 1.0821 & 0.2049 \\ 0.4203 & 0.0651 & -8.0000 & 0.0651 & 0.4203 \\ 0.2049 & 1.0821 & 0.0651 & 1.0821 & 0.2049 \\ 0.0225 & 0.2049 & 0.4203 & 0.2049 & 0.0225 \end{bmatrix} \qquad (3\text{-}24)$$

这种梯度关系模板的系数为 1，其在 16 个方向上的权重值的设置都不一样，权值无零值点，而且 16 个方向上都保持相同对称，能够使所有方向上的边缘都能被检测到，而不会产生边缘过检测和误检测。ΔB 的公式可表示为

$$\Delta B = \nabla\left[\sum_{x=i-N/2}^{i+N/2}\sum_{y=j-N/2}^{j+N/2} L(x,y)\min_{c\in\{R,G,B\}}I^c(x,y)\right] \qquad (3\text{-}25)$$

式 (3-22) 和式 (3-23) 中的参数 C 和 K，在实验中可以取 C=0.95，K=0.75，获得的图像处理结果较为自然。C 和 K 是用来调节大气光幕对比度的两个参数。

根据 Tarel 的研究，基于已经得到的 $V(x,y)$ 和 A，利用后文式 (2-38) 和式 (3-19) 可以把大气散射模型改写为

$$I(x,y) = J(x,y)\left[1-\frac{V(x,y)}{A}\right]+V(x,y) \qquad (3\text{-}26)$$

再进一步把式 (3-26) 变形可得

$$J(x,y) = \frac{I(x,y)-V(x,y)}{1-V(x,y)/A} \qquad (3\text{-}27)$$

式中，$J(x,y)$ 表示复原后的图像，$I(x,y)$ 表示降质图像。本书利用改进的半逆检测算法估算 A，再用基于合成算法得到 $V(x,y)$ 的估计图，最后根据式 (3-27) 得到复原图像 $J(x,y)$。

3.2.3　色调调整和细节增强

本节对初步复原的图像进行色调调整和细节增强处理，对算法的具体流程进行描述和分析。

3.2.3.1　色调调整

由式(3-27)得到的复原图像通常偏暗，而降质图像整体偏灰白，如图 3-8 所示，因此需要对本节的复原结果做增强处理，使得复原结果的颜色和细节更加真实。

图 3-8　(a)和(d)为雾天图像、(b)和(e)为初步处理后的图像(C=0.95，K=0.95)、
(c)和(f)为色调调整后的图像(C=0.95，K=0.75)

基于物理模型复原的去雾算法通常采用对比度拉伸曲线函数对图像的亮度和细节进行调整，但是本节算法 C 和 K 的取值决定了复原图像的亮度和细节，C 控制了雾的浓度，而 K 决定了图像整体的对比度，取值越大，对比度就越高，反之就越小。根据图 3-8 所示，直接调整 C 和 K 后，图像的色调和对比度发生了明显的改变，但是 C 和 K 的取值范围是有一定限制的，为了使得复原图像的对比度得到进一步的改善，利用改进的低照度视觉增强算法可以更好地处理图像的对比度，从而达到视觉和对比度增强的效果，其算法流程可描述为

(1)求复原结果三通道中的最大值图像 $I_{\max}(x,y)$ 和最小值图像 $I_{\min}(x,y)$；

(2)以 15×15 的窗口，对 $I_{\max}(x,y)$ 做最大值滤波，得到 $I_{\max}^{E}(x,y)$，对 $I_{\min}(x,y)$ 进行最小值滤波，得到 $I_{\min}^{E}(x,y)$；

(3)以 $I_{\max}(x,y)$ 为引导图像，对 $I_{\max}^{E}(x,y)$ 进行导向滤波，得到 $F_1(x,y)$。以 $I_{\min}(x,y)$ 为引导图像，对 $I_{\min}^{E}(x,y)$ 进行导向滤波，得到 $F(x,y)$。

(4) 由公式：$I_{c\in R,G,B}(x,y)=\dfrac{J_{c\in R,G,B}(x,y)-F_1(x,y)}{F_1(x,y)*\max\left[1-F(x,y),0.1\right]}+1$，得到视觉增强后的图 $I_{c\in R,G,B}(x,y)$。

改进的低照度视觉增强算法处理图像的结果如图 3-9 所示。

图 3-9　(a)和(d)为雾天图像、(d)和(e)为视觉增强前图像、(c)和(f)为视觉增强后的图像

由图 3-9 可知，在进行改进的低照度视觉增强后，图像对比度得到明显优化。利用改进的低照度视觉增强算法可以更好地处理图像的对比度，从而达到视觉增强的效果。

3.2.3.2　细节增强

色调调整过程利用了平滑滤波器，在一定程度上会使图像边缘模糊，因此需要对处理结果进行细节增强，本节加入了边缘补偿公式：

$$I_{c \in R,G,B}(x,y) = I_{c \in R,G,B}(x,y) + \left[\hat{I}_{c \in R,G,B}(x,y) - \hat{f}_{c \in R,G,B}(x,y) \right] \tag{3-28}$$

式中，$\hat{I}_{c \in R,G,B}(x,y)$ 是白平衡后的图像，$\hat{f}_{c \in R,G,B}(x,y)$ 是以方差为 20、窗口大小为 5×5 的高斯滤波核对 $\hat{I}_{c \in R,G,B}(x,y)$ 进行滤波后的图像。

细节增强示意图如图 3-10 所示。由图 3-10 分析可知，经过细节增强后的图像局部细节和边缘都得到了明显的增强。

(a) 有雾图像　　　　　　(b) 去雾图像　　　　　　(c) 细节增强后

(d) 图(a)局部放大　　　　(e) 图(b)局部放大　　　　(f) 图(c)局部放大

图 3-10　细节增强示意图

3.2.4　实验结果分析和客观评价

在配置为 Pentium（R）D、3.30 GHz CPU、8 GB 内存的计算机上采用 MATLAB7.0 软件环境对本节算法进行了验证，He 等的算法[2]，Tarel 等的算法[3]和 Fattal 的算法[7]是图像复原中比较经典的算法，而带颜色恢复的多尺度 Retinex 去雾算法（MSRCR）[8]是目前效果较好的图像增强算法。因此，本节算法分别和 He 等的算法、MSRCR、Tarel 等的算法及 Fattal 的算法进行对比。下面给出实验结果和分析。为了更好突出本节算法的特点，本书进行了算法性能对比，又与文献[4]中的算法进行了比较，并给出了数据分析结果。

3.2.4.1　主观视觉

图 3-11～图 3-14 给出了不同算法的去雾结果，图 3-11～图 3-14 场景依次为：公路（尺寸为 600×400）、森林（尺寸为 377×253）、城市（尺寸为 260×147）、山地（尺寸为 670×502）。

(a) 原雾天图像　　　　　　(b) He等的算法　　　　　　(c) MSRCR算法

(d) Tarel等的算法　　　　　(e) Fattal的算法　　　　　(f) 本节算法

图 3-11　本节算法和其他四种算法的复原结果（公路）

(a) 原雾天图像　　　　　　(b) He等的算法　　　　　　(c) MSRCR算法

(d) Tarel等的算法　　　　　　　(e) Fattal的算法　　　　　　　(f) 本节算法

图 3-12　本节算法和其他四种算法的复原结果(森林)

(a) 原雾天图像　　　　　　　(b) He等的算法　　　　　　　(c) MSRCR算法

(d) Tarel等的算法　　　　　　　(e) Fattal的算法　　　　　　　(f) 本节算法

图 3-13　本节算法和其他四种算法的复原结果(城市)

(a) 原雾天图像　　　　　　　(b) He等的算法　　　　　　　(c) MSRCR算法

(d) Tarel等的算法　　　　　　　(e) Fattal的算法　　　　　　　(f) 本节算法

图 3-14　本节算法和其他四种算法的复原结果(山地)

根据对图 3-11～图 3-14 的观察可知，He 等的算法处理后亮度效果偏暗，Fattal 的算法处理结果大部分区域出现了一定程度的失真。MSRCR 算法处理结果具有较好的对比度，但是颜色发生了严重的偏移，细节也过增强，人眼视觉感受到不真实的场景，Tarel 等的算法的处理结果边缘遭到了严重的破坏，而且在边缘处引入了大量的光晕。

3.2.4.2　客观评价

本节的客观评价指标利用了信息熵、视觉信息保真度(visual information fidelity，VIF)、平均梯度三个图像质量常用评价指标。根据评价指标原理分析，图像的平均梯度越大，说明图像细节越多，层次鲜明，细节越突出。信息熵指示图像中的信息量，信息熵越小，图像有用信息就越少，图像质量就越差，反之越好。VIF 是由 Sheikh 等[9]提出来的，VIF 指标包括自然图像统计分析、图像失真对比、人眼视觉系统三大框架的视觉保真度指标，与峰值信噪比(PSNR)和结构相似性(SSIM)相比，在主观视觉保真度上更加精确。各指标统计如表 3-3～表 3-5 所示。

表 3-3　各种算法平均梯度指标

去雾算法	平均梯度			
	图 3-11	图 3-12	图 3-13	图 3-14
原图	5.7717	6.6002	8.2700	5.0227
Tarel 等的算法	6.6474	6.8797	12.8667	10.1609
He 等的算法	6.5528	6.9994	9.8382	11.0193
MSRCR 算法	13.5423	17.0007	20.3225	12.0949
Fattal 的算法	8.5543	7.4302	12.5391	10.4037
本节算法	11.4227	12.0067	17.5090	11.0389

表 3-4　各种算法信息熵指标

去雾算法	信息熵			
	图 3-11	图 3-12	图 3-13	图 3-14
原图	7.3339	7.3380	7.2574	6.8291
Tarel 等的算法	7.4074	7.3849	7.3907	6.9856
He 等的算法	7.3754	7.3652	6.9648	7.5523
MSRCR 算法	7.6880	7.5459	7.4964	7.0027
Fattal 的算法	3.5273	7.2360	4.0249	6.8223
本节算法	7.6089	7.7516	7.4148	7.5604

表 3-5　各种算法 VIF 指标

去雾算法	VIF			
	图 3-11	图 3-12	图 3-13	图 3-14
原图	—	—	—	—
Tarel 等的算法	1.8702	1.0046	1.4555	1.8220
He 等的算法	2.4236	1.1128	1.3634	2.6791
MSRCR 算法	2.0244	1.6772	1.5373	3.5247
Fattal 的算法	3.0577	1.7516	1.9272	2.6473
本节算法	3.7872	2.2225	2.2578	2.9551

从平均梯度和信息熵两个指标来看,对图3-11~图3-14进行分析,本节算法和MSRCR算法去雾后的指标数据是几种算法指标数据中最高的两种,因此这两种算法明显提高了雾天图像的对比度,但是MSRCR算法虽然提高了雾天图像的对比度,由于其VIF指标数据偏低,由此分析这种算法处理后视觉保真性能较差,图像容易产生色彩失真现象。本节算法处理后的复原结果的指标数据都明显较高,所以本节算法不仅能够增强图像的细节,还能够改善图像的对比度,同时也具有良好的视觉保真度。

算法的实时性能也是评价算法的一项重要客观评价,由实验分析可知,MSRCR使用了三个尺度的高斯卷积核,并且利用了时域和频域变换来提高算法效率。Tarel等的算法中的中值滤波的时间复杂度为$O(N)$。而He等的算法利用软抠图来计算透射率,耗时较长。Fattal采用了独立成分分析法来做优化。统计比较五种算法的运行时间,本节算法在运行时间上体现出高效率性能。对于600×400的图片,He等的算法所用平均时间为20.23s、Tarel等的算法为2s、Fattal的算法为33.4s、MSRCR为1.6s、本节算法为4.13s。若对本算法图像采样插值和硬件GPU加速优化,可达到实时处理雾天视频的目的。

3.2.4.3 局限性分析

为了区别本节算法与Codruta等提出的半逆算法,进一步说明本节采用的半逆去雾复原算法,将本节算法与Codruta等文献中半逆算法进行了原理比较。在算法过程中,两种算法都是采用的半逆雾区检测算法求取A,但是本节算法采用的四叉树分割算法,进一步避免了白色物体的干扰,再从原始有雾图像中提取出无雾场景下的景深信息和边缘信息,最后融合景深和边缘信息得到大气光幕。这种方法参数设置简单,复原图像的有雾和无雾区域的对比度都得到了较好的改善。而Codruta等的算法通过图层权重融合来得到包括无雾环境下的景深信息和边缘细节信息,但是由于图像环境的不确定性,图层权重的比例不具有自适应性,若图层比例选择不恰当,容易导致复原结果出现条纹现象,也会使得整幅图像的对比度降低。两种算法比较结果如图3-15所示。但是本节算法也存在一定程度的局限性,实验中从1000张雾天图像中随机选择250张雾天图像,用本节算法处理后,观察统计得出,背景浓雾的图片或大片天空区域图片而前景清晰少雾的图片,去雾效果不太明显。因为当把大气光幕的系数K增大后,去雾效果并没有明显改善,分析原因可知,这种雾分布不均的情况会导致估测的大气光幕出现突变或者层级现象,即使提高K,对大气光幕这种突变层级现象依然存在,所以说明了K对大气光幕调节的适应性能力不足。本节算法实验中,$K=0.75$,可取得较好的实验结果。

由图3-15观察可知,本节取$K=0.75$,得到的实验的结果显得自然,更加符合人眼视觉特性。

(a) 原雾天图像　　　　　　　(b) Codruta等的算法　　　　　　　(c) 本节算法

(d) 原雾天图像　　　　　　　(e) Codruta等的算法　　　　　　　(f) 本节算法

图 3-15　两种算法的对比复原结果

3.2.5　小结

3.2 节提出了一种利用半逆探测雾区的方法求取 A 和图像信息融合估计大气光幕的算法。这种算法不仅能够排除近白色饱和物体对估测 A 的影响，还能够充分保持图像的边缘信息和深度信息。不需要任何其他先验信息便可以通过大气光幕模型自动地复原无雾图像，本节算法的时间复杂度也相比其他几种算法低。3.2 节算法的优点首先在于利用改进的雾区检测算法，分割出浓雾区域，再根据递归分割确定整体大气光值的区域，进而求得 A，其次从最小值图像中提取边缘和深度信息，根据融合判定条件，精确地获取了大气光幕。本节算法虽然取得了一定效果，但是也存在一定的局限性，由于雾天情况的不确定性，还有采集设备的质量等因素，去雾工作仍有进步的空间。

3.3　面向大面积天空区域图像的去雾算法

含有大面积天空区域的有雾图像，经过 He 等的基于暗原色先验去雾算法恢复的图像，天空部分经常会出现色块色斑现象，严重影响去雾效果(如图 3-16 所示，天空区域出现了明显的 Halo 效应)。因此，如何消除天空区域的色斑问题，一直是去雾领域的研究热点。

有雾图像中会有一部分区域，如接近天空颜色的明亮区域，其暗通道值很大，这些区域不管是不是真实存在大量雾，都会被误认为含有很高浓度的雾，在利用暗原色原理进行去雾处理时会导致这些区域出现严重的色彩失真，如大面积的分块和纹理。

实际上，在这些明亮的局部区域中，几乎找不到暗通道值很小甚至接近 0 的像素值，也就是不满足暗原色先验，所以如果再对这些区域使用同样的去雾方法，将会产生错误结果。从雾天图像可以观察发现，雾浓度越大，图像细节信息丢失越严重，透射率越小。

(a) 原图　　　　　　　　　　　　　　　　(b) 去雾后的图

图 3-16　He 等的算法的去雾效果图

可以看出，这些明亮区域的像素亮度值接近白色，其三个通道的亮度值之间的差异很小。由于这些明亮区域的透射率要小于实际透射率，由式(2-66)可知，当 $I(x)$ 大于 A 时，式(2-66)计算后的取值会被截至最大值 255，此时明亮区域不会出现严重的色彩失真。但是，当 $I(x)$ 小于 A 时，即使只相差几个亮度值，在除以很小的 t 后，三个通道的亮度值的差异将会被放大很多倍，所以明亮区域会出现色彩失真的现象。

通过上面的分析可知，包含大范围天空区域的图像经过暗原色先验去雾后往往会出现严重的纹理和色块现象。本节针对暗原色先验去雾算法对天空区域估计透射率偏小、导致复原无雾图像色彩失真、存在不均匀色块等问题，提出了一种基于天空区域分割的图像去雾算法。通过改进的阈值分割方法对图像进行分割，在天空区域使用四叉树模型得到准确的 A，并且使用导向滤波和天空透射率补偿方法对透射率图像进行优化，分别对天空及非天空区域进行去雾处理，既保留了暗原色先验算法的良好效果，又解决了天空区域不适用暗原色先验规律的问题。同时，本节提出了一种融合处理方法，消除了融合后分界处的明显的"白边"效应，使得天空与非天空区域处理后融合效果更加自然。该算法延续了 He 等的算法的去雾效果，同时针对含有大范围天空区域有雾图像有较强的处理能力。

本节算法主要步骤包括：

(1) 对有雾图像根据最大类间方差法求得阈值，初步分割；

(2) 利用改进的处理算法对分割结果进行细化，得到天空区域 S_1；

(3) 在天空区域 S_1 采用四叉树方法分割求得平均值和标准差之差最大的块；

(4) 重复步骤(3)直到区域大小小于给定阈值，其均值为 A；

(5) 使用导向滤波算法细化透射率图；

(6) 使用提出的补偿公式对天空区域透射率进行优化；

(7) 根据式(2-66)分别还原无雾图像，利用其融合方法融合天空与非天空区域得到最终还原的无雾图像。

3.3.1　暗原色先验原理

He 等经过大量统计，发现在大多数非天空的区域内，图像中总是存在一些至少有一个颜色通道值很低的像素，即 J^{dark} 趋向于零，表示如下：

$$J^{dark}(x) = \min_{y \in \Omega(x)}\left[\min_{c \in \{R,G,B\}} J^c(y) \right] \tag{3-29}$$

式中，J^c 表示彩色图像 J 的各个色彩通道，$\Omega(x)$ 表示以像素 x 为中心的窗口。

首先假设在每一个窗口内透射率 $t(x)$ 为常数，然后由式(3-29)得

$$\frac{I^c(x)}{A^c} = t(x)\frac{J^c(x)}{A^c} + 1 - t(x) \tag{3-30}$$

对式(3-30)两边求最小值运算，即

$$\min_{y \in \Omega(x)}\left[\min_c \frac{I^c(y)}{A^c} \right] = \tilde{t}(x) \min_{y \in \Omega(x)}\left[\min_c \frac{J^c(y)}{A^c} \right] + 1 - \tilde{t}(x) \tag{3-31}$$

即

$$\tilde{t}(x) = \frac{1 - \min\limits_{y \in \Omega(x)}\left[\min\limits_c \dfrac{I^c(y)}{A^c} \right]}{1 - \min\limits_{y \in \Omega(x)}\left[\min\limits_c \dfrac{J^c(y)}{A^c} \right]} \tag{3-32}$$

由暗原色先验规律可知：

$$J^{dark}(x) = \min_{y \in \Omega(x)}\left[\min_{c \in \{R,G,B\}} J^c(y) \right] = 0$$

即通过式(3-32)可求得

$$\tilde{t}(x) = 1 - \omega \min_{y \in \Omega(x)}\left[\min_c \frac{I^c(y)}{A^c} \right] \qquad \omega \in [0,1] \tag{3-33}$$

引入参数 ω 是为了保留一定程度的雾气，让图像看起来更加自然真实。由式(3-33)得到的透射率比较粗糙，所以使用 He 等提到的导向滤波方法可以获得更为精细的透射率[10]。

由大气散射模型可推出，

$$J(x) = \frac{I(x) - A}{t(x)} + A \tag{3-34}$$

目前透射率 t 已经求得，下一步是求取 A，然后求解出无雾图像 $J(x)$。但是，在天空区域并不能找到像素值接近 0 的暗原色像素点，即天空区域不满足暗原色先验规律，式(3-32)中分母变小，按照暗原色先验规律所求得天空区域透射率要小于实际的透射率，因此在式(3-34)中，除以一个较小的 t，会导致通道间色彩的差异被放大，造成色彩失真。

3.3.2　天空区域分割与融合

观察多数存在天空区域的有雾图像，其天空与非天空区域有明显的结构特征。天空区

域的分割方法众多[11-15]：文献[11]先求梯度图，再进行边缘跟踪，标记连通区确定天空区域；文献[12]利用改进的均值漂移算法；文献[13]将均值漂移算法与嵌入置信度的边缘检测方法相结合；文献[14]利用边缘检测方法；文献[15]利用紫外线图像分割出天空区域。以上方法原理复杂，算法复杂度高，计算时间长。最大类间方差法处理速度快，阈值选取结果准确，在很多情况下都可以取得良好的分割效果。但是在实际应用中，由于噪声等因素的存在，尤其是在有雾图像中，天空与非天空交界处存在大量的噪声，灰度直方图不一定存在明显的波峰和波谷，此时利用灰度直方图来确定阈值往往会造成错误分割，所以需要再对分界处细节分割进行优化处理。

3.3.2.1　最大类间方差法

基于图像的灰度直方图，可以将图像分为两类，即前景和背景，以两类的类间方差最大或类内方差最小作为阈值的选取准则[16-17]。

设数字图像的灰度级为 $L=(1{\sim}L)$，n_i 表示处在灰度级 i 的所有像素点个数，N 表示总的像素点个数，则 $N=n_1+n_2+\cdots+n_L$。P_i 表示图像中灰度级为 i 出现的概率，即 $P_i=\frac{n_i}{N}$，则有 $P_i{\geqslant}0$，$\sum_{i=1}^{L}P_i=1$。将图像中的像素按照灰度级用阈值 k 分为两类 C_0 和 C_1，即 $C_0=\{1,2,\cdots,k\}$，$C_1=\{k+1,k+2,\cdots,L\}$。

则两类出现的概率分布为

$$\omega_0=P_r(C_0)=\sum_{i=1}^{k}P_i=\omega(k) \tag{3-35}$$

$$\omega_1=P_r(C_1)=\sum_{i=k+1}^{L}P_i=1-\omega(k) \tag{3-36}$$

两类灰度均值为

$$\mu_0=\sum_{i=1}^{k}iP_r(i\,|\,C_0)=\sum_{i=1}^{k}iP_i\,/\,\omega_0=\frac{\mu(k)}{\omega(k)} \tag{3-37}$$

$$\mu_1=\sum_{i=k+1}^{L}iP_r(i\,|\,C_1)=\sum_{i=k+1}^{L}iP_i\,/\,\omega_1=\frac{\mu_{\mathrm{T}}-\mu(k)}{1-\omega(k)} \tag{3-38}$$

式中，$\mu(k)=\sum_{i=1}^{k}iP_i$，$\mu_{\mathrm{T}}=\sum_{i=1}^{L}iP_i$。

对于任意 k，$\omega_0\mu_0+\omega_1\mu_1=\mu_{\mathrm{T}}$，$\omega_0+\omega_1=1$ 均成立。

各类方差：

$$\sigma_0^2=\sum_{i=1}^{k}(i-\mu_0)^2P_r(i\,|\,C_0)=\sum_{i=1}^{k}(i-\mu_0)^2P_i\,/\,\omega_0 \tag{3-39}$$

$$\sigma_1^2=\sum_{i=k+1}^{L}(i-\mu_1)^2P_r(i\,|\,C_1)=\sum_{i=k+1}^{L}(i-\mu_1)^2P_i\,/\,\omega_1 \tag{3-40}$$

设定一些判定函数：

$$\lambda = \sigma_B^2 / \sigma_W^2, \kappa = \sigma_T^2 / \sigma_W^2, \eta = \sigma_B^2 / \sigma_T^2$$

式中，σ_T^2、σ_W^2、σ_B^2 分别表示总体方差、类内方差和类间方差。即

$$\sigma_B^2 = \omega_0 \left(\mu_0 - \mu_T \right)^2 + \omega_1 \left(\mu_1 - \mu_T \right)^2 = \omega_0 \omega_1 \left(\mu_1 - \mu_0 \right)^2 \tag{3-41}$$

$$\sigma_W^2 = \omega_0 \sigma_0^2 + \omega_1 \sigma_1^2 \tag{3-42}$$

$$\sigma_T^2 = \sum_{i=1}^{L} \left(i - \mu_T \right)^2 P_i \tag{3-43}$$

所以分割准确的关键在于选取最优阈值 k，使得三个判定函数最大。

式 $\sigma_W^2 + \sigma_B^2 = \sigma_T^2$ 成立，所以下列关系式成立：

$$\kappa = \lambda + 1 \tag{3-44}$$

$$\eta = \frac{\lambda}{\lambda + 1} \tag{3-45}$$

由上述等式可知 λ、κ、η 单调性一致，又因为 σ_T^2 总体方差为可求得常量，且与 κ 无关，所以判定函数中选择最简单的 η 作为判定函数，即

$$\eta(k) = \sigma_B^2(k) / \sigma_T^2 \tag{3-46}$$

即用类间方差作为分类性能的判定函数：

$$\sigma_B^2(k) = \frac{\left[\mu_T \omega(k) - \mu(k) \right]^2}{\omega(k) \left[1 - \omega(k) \right]} \tag{3-47}$$

最优阈值 k^* 为

$$\sigma_B^2\left(k^* \right) = \max_{1 \le K < L} \sigma_B^2(k) \tag{3-48}$$

选定最优分割阈值后，按照阈值对图像进行分割，生成二值图及腐蚀处理后的结果，如图 3-17 所示。

(a) 原图　　　　　　　(b) 阈值分割图　　　　　　　(c) 处理后

图 3-17　单一阈值分割效果图

由图 3-17 可知，在天空与非天空交界线明显的情况下，分割结果相对令人满意，但是遇到交界处噪声较多时候，简单单一阈值分割并不能保证分割的准确性，可以看到第二行处理后图像边缘锯齿块较大，这样直接导致图 3-17(a)中"白边"交界处的存在。为了尽可能将天空与非天空区域分割精确，我们要对粗分割结果进行再次优化。

3.3.2.2　改进的分割算法

为了使得分割结果准确快速，经过大量实验数据处理对比，本节改进了阈值分割方法，即将阈值分割结果做形态学膨胀处理，用最大值运算替代卷积求和，用加法运算替代卷积乘积，即

$$(f \oplus B)(s,t) = \max\left[f(s-x,t-y) + b(x,y)\,|\,(s-x),(t-y) \in D_f,(x,y) \in D_b\right] \tag{3-49}$$

式中，D_f 和 D_b 分别表示图像 f 和结构元素 b 的定义域；并且 $(s-x)$ 和 $(t-y)$ 都属于图像 f 的定义域；(x,y) 在结构元素 D_b 的定义域内。

为后续操作消除非天空区域噪声影响后，再将此时的天空区域做叠加运算，此时满足：

$$\begin{cases} \min\limits_{c \in \{R,G,B\}} I^c(x) \geqslant 255 & x \in \text{sky} \;\;(\text{天空区域}) \\ 0 \leqslant \min\limits_{c \in \{R,G,B\}} I^c(x) < 255 & x \notin \text{sky} \;\;(\text{非天空区域}) \end{cases} \tag{3-50}$$

然后将满足条件的天空区域(sky)置 0，非天空区域置 1，得出细分后的二值图。

至此，可以将天空与非天空区域精确分割开来。部分实验结果如图 3-18 所示，从图中可以看出细分后较单一阈值分割，在天空与非天空交界处有较多噪声情况下仍能分割准确，本节算法与文献[11]算法分割结果对比如图 3-19 所示，其他更多实验结果如图 3-20 所示。从图中可以看出本节算法分割结果精细，效果较好。实验结果表明，本节方法原理简单，分割快速有效，结果令人满意。

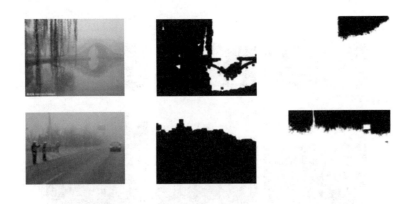

(a) 原图　　　　　(b) 单一阈值分割图　　　　(c) 改进方法

图 3-18　改进方法效果对比图

(a) 原图　　　　　　　　(b) 文献[11]算法　　　　　　　(c) 本节算法

图 3-19　算法效果对比图

图 3-20　本节算法效果图

3.3.3　求取全局 A

按照 He 等的算法,首先从暗通道图中取亮度值大的前 0.1%的像素,然后在这些位置的原始有雾图像中找到最高亮度的点的值作为 A。实际处理中,A 可能受到非天空区域或者天空区域白色亮点噪声影响导致 A 计算结果偏大,造成整个图像偏色严重。为了更准确地估算大气光照值,我们在分割出的天空区域采用四叉树方法[18],如图 3-21 所示。

图 3-21　四叉树方法

(1)将分割出的天空图像均分为四块区域(图 3-21)。

(2)计算每块区域的平均值和标准差之差。

(3)将(2)中计算结果最大的区域再重复进行(1)~(3)直到区域小于设定的阈值,即最终选定的区域。

(4)计算最终选定区域亮度平均值,即为估算的大气光照值 A。

3.3.4　天空区域补偿

天空区域亮度值相近且平滑,暗原色原理不适用于天空区域,所以在使用导向滤波优化透射率图之后对其进行天空补偿,设定天空补偿阈值为 α,利用公式 $t^* = 2\alpha - t$,也就是用透射率递增来抵消由于天空区域透射率过小造成式(3-32)分母变小从而导致的通道间色彩差异变大,消除天空色彩失真。其中,t^* 是补偿后天空区域透射率,t 为导向滤波优化后的透射率,即图像透射率:

$$t(x)=\begin{cases}2\alpha-t & x\in\text{sky}\\1-\omega\min_{y\in\Omega(x)}\left[\min_{c\in\{R,G,B\}}\dfrac{I^c(y)}{A^c}\right] & x\notin\text{sky}\end{cases} \tag{3-51}$$

式中,α 为 0.4。

然后根据透射率及前面所求得的 A,由下式复原无雾图像:

$$J(x) = \frac{I(x) - A}{\max\left[t(x), t_0\right]} + A \tag{3-52}$$

式中，t_0 设为 0.1，为防止透射率值取值过小。

3.3.5　图像融合

在有雾图像中，天空与非天空区域的交界处在实际情况下应该有不同的透射率值，但是在上述去雾处理过程中不可避免地要选择运算窗口，如暗通道图像的最小值计算窗口、透射率细化窗口、腐蚀窗口等，这样会造成图像边缘部分具有相同的透射率值，导致图像边缘残留。这种情况会使得在天空与非天空区域分割不准确时，基于暗原色先验原理处理非天空区域的情况下边缘的"白边"效果更加明显，另外，天空区域与非天空区域分别做去雾处理后，两部分亮度值不能保持一致，尤其是在交界区域。这样，在各种因素综合影响下，处理后的天空与非天空区域若是直接拼接在一起，分界线会十分明显，如图3-22(a)所示。

为了消除拼接后分界处的"白边"，一般可以选择滤波处理，如文献[18]中对交叉区域使用归一化的权值对天空与非天空区域进行融合，很明显这样会额外增加运算步骤，本节提出了一种新的方法，不对图像像素点进行额外的操作运算，即

$$J_{\text{process}}(x) = J_{\text{dark}}(x) \otimes I(x) = \begin{cases} 0 & x \in \text{sky} \\ 1 & x \notin \text{sky} \end{cases} \tag{3-53}$$

$$J(x) = J_{\text{sky}}(x) \oplus J_{\text{process}}(x) \tag{3-54}$$

式中，$J_{\text{dark}}(x)$ 表示有雾图像经过基于暗原色先验原理处理后的无雾图像；$J_{\text{sky}}(x)$ 表示处理后的天空区域图像，其非天空区域置 0；$J_{\text{process}}(x)$ 表示分割出的非天空区域图像，其天空区域置 0；$J(x)$ 表示复原无雾图像。

这种方法可以避免对非天空区域单独使用暗原色先验原理时因为运算窗口造成的边界锯齿效应；然后再对天空和非天空区域分别进行白平衡和亮度调整，最后我们对图像进行自动色阶调整，提升图像的色彩对比度，处理后效果如图3-22(b)所示。

(a)　　　　　　　　　　　　　　　　(b)

图 3-22　锯齿效应及处理后的效果图

3.3.6　实验结果及分析

为了验证所提算法的有效性，全部选取含有天空区域的图像进行测试，分别与文献[12]和 He 等的方法进行比较，实验使用 OpenCV2.4.9 版本编写程序验证算法，运行于 Xcode7 环境中。在实验中，计算暗通道选择窗口大小为 15×15，取值为 0.8，部分实验结果如图 3-23 所示。

3.3.6.1　主观评价

从图 3-23 可以看出，通过使用 He 等的暗原色先验方法处理有雾图像，整体去雾效果良好，但是在天空区域色彩失真严重，如图 3-23（a）右半边区域存在较为严重的阴影，色彩失真，图 3-23（b）天空区域同样存在黑影，图 3-23（c）天空区域则完全被污染且边缘伪轮廓较大；图 3-23（d）上部分边缘出现了明显的偏色现象；图 3-23（e）天空与非天空交界处色块效应严重，天空区域出现明显的阶梯状色块。文献[12]的方法在天空区域色彩过于饱和，整体图像偏色严重。与之相比，本节算法天空区域分割精确，整体去雾效果较好，天空色彩复原真实，没有出现偏色以及色块伪影日晕现象，远处细节有效保留，图像整体复原效果自然。

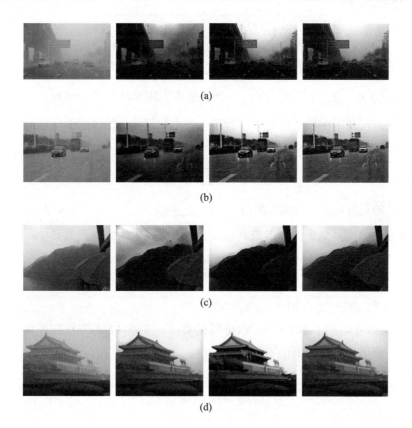

(a)

(b)

(c)

(d)

(e)

图 3-23   含天空区域去雾效果对比

注：(a)～(d) 从左到右依次为原图、He 等的方法处理图像、文献[12]的方法处理图像和本节算法处理图像

3.3.6.2   客观评价

为了更好地说明算法的有效性，本节还通过使用平均梯度、信息熵等指标对实验结果图像进行质量评价。

(1) 色调对比，即图像直方图的匹配性，反映图像的色调还原程度，原图为 1，处理结果值越大越好。

(2) 细节程度，用平均梯度反映图像的细节程度，平均梯度越大，图像层次越多，细节越清晰，公式如下：

$$A = \frac{\sum_{i=1}^{r-1}\sum_{j=1}^{c-1}\sqrt{\dfrac{\left(J_{i,j}-J_{i+1,j}\right)^2+\left(J_{i,j}+J_{i,j+1}\right)^2}{2}}}{(r-1)(c-1)} \tag{3-55}$$

式中，$J_{i,j}$ 为第 i 行、第 j 列的像素值；c 与 r 分别为图像的行数与列数。

(3) 信息熵反映了图像的信息丰富程度，信息熵越大，图像的细节信息越多，公式如下：

$$H = -\sum_{i=0}^{255} p_i \log_{10} p_i \tag{3-56}$$

式中，P_i 反映的是像素值 i 出现的概率。

(4) 峰值信噪比反映了图像的失真程度。PSNR 越大，代表失真越小，公式如下：

$$\mathrm{PSNR} = 10 \times \log_{10}\left[\frac{\left(2^n-1\right)^2}{\mathrm{MSE}}\right] \tag{3-57}$$

式中，MSE 是原图像与处理图像之间的均方误差。

表 3-6～表 3-9 给出了本节算法与 He 等的算法、文献[12]的方法在色调对比、细节程度、信息熵、峰值信噪比方面的对比结果。

表 3-6　图像的色调对比

原图	He 等的算法	文献[12]的算法	本节算法
1	0.574765	0.428721	0.637268
1	0.369476	0.370181	0.392617
1	0.441615	0.359543	0.468392
1	0.364842	0.275977	0.488291
1	0.491233	0.351815	0.558271

表 3-7　图像的细节程度

原图	He 等的算法	文献[12]的算法	本节算法
0.341192	0.537387	0.394224	0.509182
0.380718	0.527066	0.472198	0.406481
0.509913	0.596087	0.461085	0.578902
0.398454	0.353368	0.335416	0.354512
0.381973	0.424746	0.193697	0.419821

表 3-8　图像的信息熵

原图	He 等的算法	文献[12]的算法	本节算法
8.728895	10.14956	9.343632	10.72618
8.82963	10.68711	11.47284	10.98318
11.44963	12.65851	8.47216	12.23145
12.37498	14.02246	12.94521	13.81215
8.441334	10.88053	9.79564	9.474231

表 3-9　图像的峰值信噪比

He 等的算法	文献[12]的算法	本节算法
11.68438	11.83256	11.73956
12.86963	11.94532	14.72131
14.60481	13.34256	15.58342
17.12115	13.97641	17.78231
17.66522	9.939711	19.82148

从表 3-6 可以看出本节算法处理过的图像对比 He 等和文献[12]的算法有较高的色调对比度，说明本节提出的算法具有更好的色彩还原能力，复原效果相对原图没有严重偏色

现象。在表 3-6、表 3-7 中，本节算法得到的量化指标大多不如 He 等的算法，这是由于天空区域色彩单一，并没有较多信息量，He 等的方法过度还原了天空区域，虽然在图像信息量和细节程度上的量化指标优于本节算法，但是其错误地造成了不该存在的天空阴影部分，导致视觉效果较差。文献[12]方法因为同样分割天空区域估算 A，还原效果良好，但是其采用均值漂移算法分割天空和双边滤波细化透射率图所耗时间较多，并且还原图像色调过于饱和。本节算法在较好地去雾和还原色调的同时，保留了应有的图像细节信息，兼顾了实时性能。表 3-9 结果表明，本节算法与前两种算法处理图像相比较失真程度较小，具有良好的视觉效果。

3.3.7 小结

通过对暗原色先验理论的分析，针对其先验原理并不适用于天空区域的局限性，3.3 节首先使用最大类间方差法求得阈值将天空与非天空区域分割开，再对天空与非天空交界处进行细化分割，然后分别进行去雾处理，既保留了暗原色先验算法的良好效果，又解决了天空区域不适用暗原色先验规律的问题。本节还提出了一种融合拼接处理方法，在不明显增加运算量的同时，有效地解决了交界处的锯齿"白边"效应。本节也优化了 A 的估计算法，最后对图像进行白平衡和色阶调整，使得最后复原图像效果更加真实自然。

3.4 基于视觉感知的图像去雾算法

针对雾霾恶劣天气状况下获取的图像视觉效果差的问题，本节提出了一种基于视觉感知的雾天图像清晰化方法，用以估计大气光学物理模型的两个重要参量，以恢复无雾图像。该方法首先采用阈值分割结合二叉树分割的方法拟合较为精准的 A，进而采用自适应高斯型滤波优化透射率，并针对恢复图像普遍偏暗，采用色调调整方法对去雾后的图像进行增强。与同类算法相比，本节算法的去雾效果图饱和清晰，能够保留清晰的边缘细节和较高的对比度。接下来将详细介绍 A 和 $t(x)$ 的估计方法。

3.4.1 阈值分割获取 A

在很多去雾算法中，对 A 的估计往往很难避免强视觉区域所带来的镜面反射作用。例如，反射物常被错误地应用于估测 A。He 等[2]采用整幅图像中像素值大的 1%的像素作为 A，但该方法得到的 A 精准度低。本节采用阈值分割获取 A 的大致区域，进而可通过二叉树方法获得 A。

3.4.1.1　天空区域的确定

阈值分割方法的目标是把前景物从背景中分离，从而得到 A 的大致区域。因而阈值分割方法的重要步骤即阈值的选择从先验信息可得，天空模块的像素结果逼近 210，因此本节采用简单阈值分割方法能节约处理时间，并能够避免大部分阈值分割策略常见的处理效率问题。本节采用灰度阈值分割策略，即采用给定阈值把图像分割为前景与背景两个板块，将图像转化为灰度图像，再利用单个灰度级产生的概率作为直方图。将初始图像设定为 $I(x,y)$，分割图像设定为 $I_1(x,y)$，T 为设置阈值，基本计算式可表达如下：

$$I_1(x,y) = \begin{cases} 1 & I(x,y) > T \\ 0 & I(x,y) < T \end{cases} \tag{3-58}$$

设置阈值为 150、200 和 210，如图 3-24 给出，可将天空部分 s 和前景完成分离。

(a) 原始图像　　　　　　　　　　　(b) $T=150$

(c) $T=200$　　　　　　　　　　　(d) $T=210$

图 3-24　阈值分割结果

3.4.1.2　精准地估测 A

为精准地获取 A，本节进一步采用二叉树[19]模型分割，该方法的基本操作是将天空区域 s_1 分割为两个相等的部分，设定为 s_{21} 和 s_{22}，计算这两个部分的灰度平均值，对比灰度平均值，将灰度平均值较大的部分设定为 $\bar{s}_{21}$，另一个部分则设定为 $\bar{s}_{22}$，选择区域 s_{21} 进一步采用相同的过程分割为两个子部分。对比最大灰度平均值 $\bar{s}_{n1}$ 和 255 的差值 d，重复上述步骤，直到 d 满足小于给定的阈值 t，$\bar{s}_{n1}$ 即为 A。如式 (3-59) 和式 (3-60)，二叉树分割效果如图 3-25 所示。

$$d = \left| 255 - \overline{s}_{n1} \right| \tag{3-59}$$

$$\begin{cases} A = \overline{s}_{n1} & d < t \\ A \neq \overline{s}_{n1} & d \geq t \end{cases} \tag{3-60}$$

(a) 原始图像　　　　　　　　　　　　(b) 二叉树分割

图 3-25　二叉树分割效果

3.4.2　各向异性型高斯滤波优化 $t(x)$

伴随景物和观测者间的距离不断增加，A 对图像的影响也随之增加，而从人眼视觉的角度来说，表现为图像随雾气浓度增加而亮度增大。结合上述雾天图像的先验知识与 A，代入式 (3-61) 所示的数学模型，则能完成对 $t(x,y)$ 的粗估计。由于 $t(x,y)$ 随景深的变化而呈迅速变化的状态，并在边缘处迅速变化，因而在后续的去雾过程中边缘处易出现晕轮效应。对此，He 等[2]采用软抠图算法结合大型矩阵处理透射率进行处理，但整个处理过程开销大并且消耗大量处理时间。本节采用各向异性型高斯滤波方法优化透射率。

3.4.2.1　粗略估计 $t(x, y)$

从机器图学的视角而言，A 和 $I(x,y)$ 与 $J(x,y)$ 具有几何相关性，$t(x,y)$ 代表两条矢量线的比率：

$$t(x,y) = \frac{\| A - I(x,y) \|}{\| A - J(x,y) \|} = \frac{A^c - I(x,y)}{A^c - J(x,y)} \qquad c \in [R, G, B] \tag{3-61}$$

从前文介绍已知，暗通道先验假设的提出是基于对大量户外无雾图像的持续观察，发现三组颜色通道存在至少一组的颜色通道像素值极低。基于暗通道先验假设的定义，本节假定 $J(x,y)$ 是不包含天空区域的无雾图像，因而其暗通道像素值很低并接近 0。

$$J^{\text{dark}}(x,y) \to 0 \tag{3-62}$$

研究表明，图像中呈现出暗通道像素值低的现象主要包括三点：阴影(如城市中建筑物或移动车辆的影像)；彩色目标或目标物表面(如绿色植物，红色、黄色或者蓝色目标物)；暗物体，这些因素都会使得暗通道的像素值变小。

假定 A^c 的三通道像素值已经给定，那么由大气散射模型式(2-38)可通过变量 A^c 得到式(3-63)：

$$\frac{I^c(x,y)}{A^c} = t(x,y)\frac{J^c(x,y)}{A^c} + 1 - t(x,y) \tag{3-63}$$

基于像素的各个颜色通道是相互独立的，因而假定透射率在 $\Omega(x,y)$ 区间内保持不变，将透射率表述为 $t(x,y)$，对暗通道等式两端进行计算：

$$\begin{aligned}
&\min_{Z \in \Omega(x,y)} \left\{ \min_{c \in [R,G,B]} \left[\frac{I^c(x,y)}{A^c} \right] \right\} = t(x,y) \\
&\min_{Z \in \Omega(x,y)} \left\{ \min_{c \in [R,G,B]} \left[\frac{J^c(x,y)}{A^c} \right] \right\} + 1 - t(x,y)
\end{aligned} \tag{3-64}$$

由于 A^c 为正，因而由式(3-64)可推导出式(3-65)：

$$J^{dark}(x,y) = \min_{c \in [R,G,B]} \left\{ \min_{Z \in \Omega(x,y)} \left[\frac{J^c(x,y)}{A^c} \right] \right\} = 0 \tag{3-65}$$

进而，$t(x,y)$ 可以表述为

$$t(x,y) = 1 - \min_{Z \in \Omega(x,y)} \left\{ \min_{c \in [R,G,B]} \left[\frac{I^c(x,y)}{A^c} \right] \right\} \tag{3-66}$$

为使去雾结果更加自然并且在景深变化处保留好的效果，本节对远距离目标仍然保留了少量雾气，对式(3-66)引入 w_0 参数进行修正，并将 w_0 参量设置为 0.95，由此可得 $t(x,y)$：

$$t(x,y) = 1 - w_0 \min_{Z \in \Omega(x,y)} \left\{ \min_{c \in [R,G,B]} \left[\frac{I^c(x,y)}{A^c} \right] \right\} \qquad 0 \leqslant w_0 \leqslant 1 \tag{3-67}$$

采用软抠图方法得到优化之后的透射率 $t_1(x,y)$；U 和 L 是具有相同大小的矩阵，将 λ 作为修正项：

$$(L + \lambda U)t(x,y) = \lambda t_1(x,y) \tag{3-68}$$

3.4.2.2　各向异性型高斯滤波算法数学模型

双边滤波与基于各向异性的高斯滤波都能保持图像中的边缘与角点。双边滤波装置需完成加权与均值运算，算法所占用的资源过多，处理效率较低。各向异性型高斯滤波存在较好的适应性和鲁棒性，并可保留大量角点与边缘。

现有的高斯滤波模板将原点视为核心，并对 x 与 y 平面完成投影，其投影为圆，传统高斯滤波的数学模型可表示为

$$G(x,y,\delta) = \frac{1}{2\pi\delta^2} \exp\left[-\frac{1}{2}\left(\frac{x^2 + y^2}{\delta^2} \right) \right] \tag{3-69}$$

如果针对 x、y 设置不同的比值，可得各向异性型高斯滤波的数学模型，投影在坐标平面上形成一个椭圆，可用式(3-70)表达：

$$G(x,y,\delta_x,\delta_y)=\frac{1}{2\pi\delta_x\delta_y}\exp\left[-\frac{1}{2}\left(\frac{x^2}{\delta_x^2}+\frac{y^2}{\delta_y^2}\right)\right] \qquad (3\text{-}70)$$

图 3-26(c)为图 3-26(b)中的椭圆沿 x 轴和 y 轴顺时针旋转角度 θ 的状态,可将图像从时域转换到频域之上,其坐标转换模式为

$$\begin{bmatrix} u \\ v \end{bmatrix}=\begin{bmatrix} \cos\theta & \sin\theta \\ -\sin\theta & \cos\theta \end{bmatrix}\begin{bmatrix} x \\ y \end{bmatrix} \qquad (3\text{-}71)$$

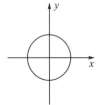 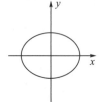 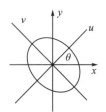

(a) 高斯滤波器　　　　　(b) 各向异性型高斯滤波器　　　　(c) 旋转之后的滤波器

图 3-26　高斯滤波器模型

将式(3-71)代入式(3-70)完成 θ 角旋转的数学模型转换,则各向异性型高斯滤波算子为

$$G(x,y,\delta_x,\delta_y,\theta)=\frac{1}{2\pi\delta_x\delta_y}\exp\left(-\frac{1}{2}\left\{\left[\frac{(x\cos\theta+y\sin\theta)^2}{\delta_u^2}+\frac{(-x\sin\theta+y\cos\theta)^2}{\delta_v^2}\right]\right\}\right) \qquad (3\text{-}72)$$

(a) 雾天图像　　　　　　　(b) 初始透射率　　　　　　(c) 改进透射率

图 3-27　改进后的透射率效果图

针对图像的各个板块,假设各向异性型高斯滤波利用确定比值的尺度因子 δ 与方向因子 θ,若边缘和短轴相一致时,图像被模糊的状态趋向于极大值。本节采用自适应各向异性型高斯滤波,即滤波尺度与方向因子随着图像的不同特征而改变。

3.4.2.3 自适应优化透射率

本节利用自适应各向异性型高斯滤波[20]处理优化透射率时，在完成平滑图像操作的同时，可有效地保留边缘细节。图 3-26(c)中长轴尺度 δ_u 可利用式(3-73)确定：

$$\delta_u{}^2(x,y) = 1/t_1(x,y) \tag{3-73}$$

式中，x 与 y 是雾天图像中的某点像素值的横纵坐标；$t_1(x,y)$ 为透射率 $t(x,y)$ 的灰度值按灰度级压缩在 $0\sim1$。

本节利用下述规则判定短轴尺寸 δ_v，平滑区域短轴、长轴比值趋近于 1；而边缘区域的短轴、长轴比值趋近于 0。因而效果图的平滑度为获取比值的关键点，式(3-74)给出的灰度方差能够表明透射图的平滑程度：

$$DC = 1/M \times N \sum_{i=1}^{M} \sum_{j=1}^{N} \left[t_1(i_0, j_0) - \overline{t_1}(i_0, j_0) \right]^2 \tag{3-74}$$

式中，$M \times N$ 是选择的小区域区间，$\overline{t_1}(i_0, j_0)$ 是该区间的灰度均值。因而，此式中的 $\overline{t_1}(i_0, j_0)$ 与 $t(i_0, j_0)$ 为 $0\sim255$。DC 为小区域间方差。由式(3-75)可获取短轴和长轴间的比值 R 为

$$R = K + DC \tag{3-75}$$

式中，K 作为比例参数，则短轴尺寸 δ_v 可表达为式(3-16)：

$$\delta_v = R \cdot \delta_u \tag{3-76}$$

自适应高斯型滤波需判定方向 θ 与比值 K 的结果，即通过转换获取方向角度 θ 的垂直角 $\theta^\perp$。即利用高斯函数获取水平与垂直方向上的导数并和雾天图像完成卷积，得到雾天图像位于 (x,y) 点的垂直梯度角 $\theta^\perp$，即

$$E_x = \frac{\partial G(x,y,\delta)}{\partial x} * t_1(x,y) \tag{3-77}$$

$$E_y = \frac{\partial G(x,y,\delta)}{\partial y} * t_1(x,y) \tag{3-78}$$

$$\theta^\perp(x,y) = \arctan\left[E_y(x,y) / E_x(x,y) \right] \tag{3-79}$$

而方向角 θ 和垂直角 $\theta^\perp$ 间可形成式(3-80)所给定的关联：

$$\theta = \theta^\perp + 90° \tag{3-80}$$

把式子(3-80)代入式(3-72)可获得式(3-81)：

$$G(x,y,\delta_u,\delta_v,\theta^\perp) = \frac{1}{2\pi\delta_u\delta_v} \exp\left\{ \frac{1}{2}\left[\frac{(x\cos\theta^\perp + y\sin\theta^\perp)^2}{\delta_u^2} + \frac{(-x\sin\theta^\perp - y\cos\theta^\perp)^2}{\delta_v^2} \right] \right\} \tag{3-81}$$

式中，δ_u、δ_v 和垂直梯度角度 $\theta^\perp$ 能够获取到，并通过反复实验可知，若 K 设定为 20，则自适应各向异性型高斯滤波能够对透射率的处理效果实现最优，获得最优解的透射率 $t_1(x,y)$。图 3-27 为改进后的透射率效果图。

3.4.3　清晰化图像复原

在 A 与 $t(x,y)$ 已知的情况下，基于式(2-38)，就能够利用式(3-82)求取无雾图 $J(x,y)$，即

$$J^c(x,y) = \frac{I^c(x,y) - A^c}{\max\left[t_1(x,y), t_0\right]} + A^c \tag{3-82}$$

式中，将 t_0 设定为下限值，本节利用经验结果将其设置为 0.1。

3.4.4　色调调整

在雾气环境下，由于大气光的存在和影响，使雾天所拍摄的图像，其整体色彩往往趋近灰白色，此外，将其像素结果和实际状态下的结果进行对比，雾天所拍摄的图像往往像素值更高，因而去雾后图像普遍偏暗，因此，我们采用色调映射方法来调整图像的亮度。

色调映射[21]常常应用于高动态图像处理中，该方法首先将高动态图像进行压缩，使之可在低动态的显示屏幕上展现出来。本节应用 Drago 对数方法完成色调调整，可提高整体图像的明度、细节完整和对比度，在该方法中，映射关系能够展现显示器亮度和场景亮度的关系，即

$$L_d = \frac{L_{d\max} \times 0.01}{\lg(L_{w\max}+1)} \cdot \frac{\ln(L_w+1)}{\ln\left\{2 + \left[\left(\dfrac{L_w}{L_w^{\max}}\right)^{\frac{\ln b}{\ln 0.5}}\right] \times 8\right\}} \tag{3-83}$$

式中，L_d 为显示器亮度，$L_{d\max}$ 则为显示器的最大亮度，设定 $L_{d\max}$ 为 100。参量 b 的设定能够体现亮度高区域像素值的压缩度与该区域细节可见度。若 b 越大，则压缩亮度的情况越严重。本节根据清晰化处理后的去雾效果较暗的状况，在尽可能避免细节丢失的情况下，提升结果图暗区域亮度与对比度。由反复实验的结果可知，b 为 1.3～1.6，处理之后的效果达到最佳。图 3-28 给出了色调映射后的效果图。从该图可以看出，色调映射后的图像亮度值增大，其细节区间更为突出，和真实环境下的无雾清晰化图像效果接近。

(a) 原始图像　　　　　　　　　　　　　(b) 色调映射后的图像

图 3-28　色调映射效果图

3.4.5　实验结果与分析

为了验证所提方法的有效性，本节将所提算法与文献[3]、文献[10]、文献[22]、文献[23]中的算法进行了对比。所有算法均在 MATLAB 12a 软件中进行验证。该软件在奔腾（R）D、E6700GHz CPU、8GB 内存的电脑上搭建实验环境。

本节创建图像数据集，其中包括 512 幅通过网络和设备采集的方法得到的户外图像，包含丰富的场景，如自然景观、建筑及航拍照片、远景和近景。

本节选取测试不同的雾天图像并将其运用在实验中。图 3-29～图 3-31 展示了不同去雾图像的效果，场景包括树木(图像大小：420×550)、桥(图像大小：320×480)及建筑物(图像大小：550×620)。

从图中可以看出，采用文献[3]的方法处理结果泛白，存在光晕现象；采用文献[10]的方法处理的图像效果较暗，并存在不同程度的图像噪声；采用文献[22]的方法处理后的图像边缘细节模糊，局部降质状况严重，出现上述问题的原因是由于获得的透射率不够准确，从而在很大程度上扩大了图像噪声和颜色饱和度；而采用文献[23]的方法处理后，色偏现象往往出现在天空和非天空交界处；采用本节方法处理后前景颜色鲜亮，并保留了很小比例的雾气使得图像更加真实，同时强调了图像细节。

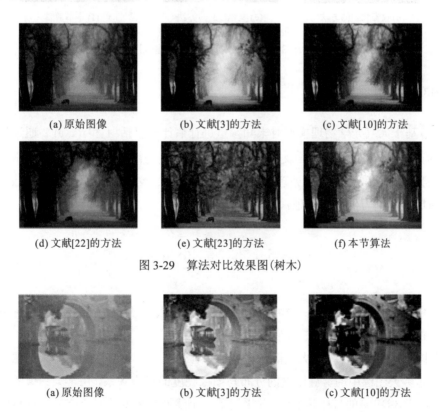

(a) 原始图像　　　　　　(b) 文献[3]的方法　　　　　　(c) 文献[10]的方法

(d) 文献[22]的方法　　　　(e) 文献[23]的方法　　　　　(f) 本节算法

图 3-29　算法对比效果图(树木)

(a) 原始图像　　　　　　(b) 文献[3]的方法　　　　　　(c) 文献[10]的方法

(d) 文献[22]的方法   (e) 文献[23]的方法   (f) 本节算法

图 3-30   算法对比效果图(桥)

(a) 原始图像   (b) 文献[3]的方法   (c) 文献[10]的方法

(d) 文献[22]的方法   (e) 文献[23]的方法   (f) 本节算法

图 3-31   算法对比效果图(建筑)

3.4.6   小结

3.4 节基于大气光学物理模型对未知参量进行估计,包括 A 和 $t(x,y)$。通过阈值分割方法得到天空区域,进而采用二叉树搜索该区域得到较为精准的大气光值。采用自适应各向异性高斯型滤波取代软抠图处理透射率。和文献[3]、文献[10]、文献[22]、文献[23]中的算法对比,本节方法更加清晰,自然、有效。

3.5   本 章 小 结

本章的核心内容是研究基于物理模型的单幅图像去雾技术,主要介绍了四种基于暗原色先验的图像去雾的改进方法。

(1)本章阐述了一种基于大气散射模型的去雾新算法,该算法利用雾天图像自身的物理特性,即雾天图像中的雾霾浓度的分布与图像亮度的对应关系,用雾天图像的亮度分量来估计雾天图像粗略的目标传输图,并采用了一个线性空域滤波对粗略的目标传输图进行保边平滑去噪,得到精确的目标传输图,最后反解大气散射模型得到复原的无雾图像;为了让复原后的无雾图像更加真实自然，具有良好的视觉效果，对复原后的无雾图像的亮度分量采用了符合人类视觉特性的图像增强拟合函数来调节图像亮度。实验结果表明，该算法能有效恢复雾天图像，更好地增强图像的对比度，复原图像更加自然、真实，具有良好的视觉效果。

(2) 本章介绍了一种利用半逆探测雾区的方法求取 A 和图像信息融合的估计大气光幕的算法。该算法优点在于首先利用改进的雾区域检测算法分割出浓雾区域，再根据递归分割确定整体大气光值的区域，进而求得整体大气光值。其次从最小值图像中提取出边缘和深度信息，根据融合判定条件，精确地获取了大气光幕。实验表明，该算法不仅能够排除近白色饱和物体对估测 A 的影响，还能够充分保持图像的边缘信息和深度信息，不需要任何其他先验信息便可以通过大气光幕模型自动复原无雾图像。

(3) 本章针对暗原色先验去雾算法对天空区域估计透射率偏小，导致复原无雾图像色彩失真、存在不均匀色块等问题，给出了一种面向大面积天空区域图像的去雾方法。首先通过改进的阈值分割方法将图像分成天空区域和非天空区域，在天空区域使用四叉树模型得到准确的 A，并且使用导向滤波和天空透射率补偿方法对透射率图进行优化；然后利用暗原色先验原理分别对天空及非天空区域进行去雾处理；最后，在融合阶段，给出了一种融合处理方法，消除了融合后分界处的明显的"白边"效应，使得天空与非天空区域处理后融合效果更加自然。实验表明，该算法对处理含有大面积天空区域的有雾图像具有良好的效果。

(4) 本章针对雾霾恶劣天气状况下获取的图像视觉效果差，给出了一种基于视觉感知的快速雾天图像清晰度复原方法，测算大气光学物理模型的两个重要参量。首先采用阈值分割结合二叉树分割的方法拟合较为精准的 A，进而采用自适应高斯型滤波与色调调整方法优化透射率。实验表明，该算法的去雾效果饱和清晰，能够保留清晰的边缘细节和较高的对比度。

参 考 文 献

[1] Narasimhan S G, Nayar S K. Vision and the atmosphere [J]. International Journal of computer vision，2002，48(3)：233-254.

[2] He K M, Sun J, Tang X O. Single image haze removal using dark channel prior[J]. IEEE Transactions on Pattern Analysis and Machine Intelligence，2011，33(12)：2341-2353.

[3] Tarel J P, Hautière N. Fast visibility restoration from a single color or gray level image[C]. IEEE International Conference on Computer Vision，2009，2201-2208.

[4] Codruta O A, Cosmin A, Chris H, et al. A fast semi-inverse approach to detect and remove the haze from a single image[C]. Asian Conference on Computer Vision. Springer Berlin Heidelberg/2010：501-514.

[5] Narasimhan S G, Nayar S K. Vision and the atmosphere[J]. International Journal of Computer Vision，2002，48(3)：233-254.

[6] 黄剑玲，邹辉. 基于高斯 Laplace 算子图像边缘检测的改进[J]. 微电子学与计算机，2007，24(9)：155-161.

[7] Fattal R. Single image dehazing [J]. ACM Transactions on Graphics，2008，27（3）：1-9.

[8] Watanabe T. An adaptive multi-scale Retinex algorithm realizing high color quality and high-speed processing[J]. Journal of Imaging Science and Technology，2005，49（5）：486-497.

[9] Sheikh H R，Alan C. Image information and visual quality [J]，IEEE Transactions on Image Processing，2006，15（2）：430-444.

[10] He K M，Sun J，Tang X O. Guided image filtering[J]. IEEE Transactions on，Pattern Analysis and Machine Intelligence，2013，35（6）：1397-1409.

[11] 李加元，胡庆武，艾明耀，等. 结合天空识别和暗通道原理的图像去雾[J]. 中国图象图形学报，2015，20（4）：514-519.

[12] 胡平. 基于图像分割的交通图像快速去雾算法[J]. 计算机系统应用，2014，23（9）：134-138.

[13] 雷琴，施朝健，陈婷婷. 基于天空区域分割的单幅海面图像去雾方法[J]. 计算机工程，2015，41（5）：237-242.

[14] 李坤，兰时勇，张建伟，等. 改进的基于暗原色先验的图像去雾算法[J]. 计算机技术与发展，2015，25（2）：6-11.

[15] Stone T，Mangan M，Ardin P，et al. Sky segmentation with ultraviolet images can be used for navigation[C]. Proceedings Robotics：Science and Systems，2014.

[16] Otsu N. A threshold selection method from gray-level histograms[J]. Automatica，1975，11（23）：285-296.

[17] 徐长新 彭国华. 二维 Otsu 阈值法的快速算法[J]. 计算机应用，2012，32（5）：1258-1260.

[18] Kim J H，Jang W D，Sim J Y，et al. Optimized contrast enhancement for real-time image and video dehazing[J]. Journal of Visual Communication and Image Representation，2013，24（3）：410-425.

[19] 卜丽静，张过，陈亚欣. 二叉树分层和稀疏约束的 SAR 图像伪彩色编码[J]. 遥感信息，2017，4（3）：25-32.

[20] 高银，云利军，石俊生，等. 基于各向异性高斯滤波的暗原色理论雾天彩色图像增强算法[J]. 计算机辅助设计与图形学学报，2015，27（9）：1701-1706.

[21] 芦碧波，李玉静，王玉琨，等. 亮度分区自适应对数色调映射算法[J]. 计算机应用研究，2018，35（9）：277-279，283.

[22] 肖进胜，高威，邹白昱，等. 基于天空约束暗通道先验的图像去雾[J]. 电子学报，2017，45（2）：98-105.

[23] Galdran A，Vazquez-Corral J，Pardo D，et al. Fusion-based variational image dehazing[J]. IEEE Signal Processing Letters，2017，24（2）：151-155.

第4章 图像去雾的快速实现方法

第 3 章介绍了基于物理模型的单幅图像去雾技术,本章主要讨论图像去雾的快速实现方法,包括两方面的内容。①快速算法及其 DSP 实现。针对目前的去雾算法实时性较差、对天空等区域的处理不理想以及去雾后图像偏暗等问题,本章提出一种实时、有效的去雾算法,并将该算法在 DSP 上实现,主要以 DM642 为处理平台,完成了视频的采集、清晰化处理和回放。该技术可广泛应用于交通安全领域、视频监控领域等。②去雾算法的 GPU加速。考虑到图像去雾使用的暗原色先验算法耗时长、运算量大,很难达到对高清雾天图像实时去雾,有人提出使用 GPU 对该算法进行加速,但受限于加速设备和采用的并行方法,并不能对高清图像实现实时去雾。针对该问题,本章以图像去雾为例,研究图像处理的 GPU 加速策略,以期达到对高清图像去雾的实时处理。

4.1 实时图像去雾算法

由第 2 章对图像增强和图像去雾算法的理论分析和仿真实验可以看出,图像增强的方法能够较好增强图像对比度,而基于图像复原的去雾算法凭借其内在的优势,得到的去雾结果更为理想,相对而言也更加稳定可靠。因此,本节所提算法基于图像复原进行去雾,具体而言是以大气散射模型为框架进行去雾。为了追求更为卓越的去雾效果,该算法也保留图像增强方法的优点。算法流程如图 4-1 所示。该算法首先利用暗原色先验初步估计透射率图 $\tilde{t}(x)$;其次,下采样 $\tilde{t}(x)$ 并用优化的导向滤波得到改善的透射率图,以能够实时处理更高分辨率的图像;然后,上采样改善的透射率图,并对其进行修正,得到优化后的透射率图 $t(x)$,以克服暗原色先验不适于处理含有天空等大面积亮区的图像;最后,经过颜色保持的自适应亮度调整,得到最终去雾图像。

4.1.1 参数 A 的估计

对 A 的估计值影响图像在无穷远处的浓雾区域的细节信息。若 A 估计过小,复原后远处浓雾区域过亮,图像动态范围被压缩;若 A 估计过大,近处的物体将会很暗。作为大气光的像素点,各个通道的强度值必定都较高。另外,在雾气最浓的区域,A 的估计值对应于天空或者无穷远处,而这些区域通常都位于图像上部分。因此,本节算法对大气光值的估计过程如下。

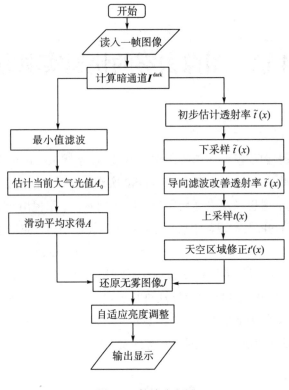

图 4-1　算法流程图

（1）对图像各像素点求 RGB 三个通道最小值，得到暗通道图 $\boldsymbol{I}^{\text{dark}}$。公式表示为

$$\boldsymbol{I}^{\text{dark}}(x) = \min_{C \in \{R,G,B\}} \left[\boldsymbol{I}^c(x) \right] \tag{4-1}$$

（2）对 $\boldsymbol{I}^{\text{dark}}$ 前 height/3 行进行半径为 height/3 的最小值滤波，这是为了去除明亮细节干扰，其中 height 表示 $\boldsymbol{I}^{\text{dark}}$ 图像矩阵的行数。

（3）在滤波后前 height/3 行求灰度值最高的像素点位置，将该位置对应原图像素点取 RGB 三通道中最大值作为 A。

这种方法既减少了运算量，又完全避免了近景中可能存在的稍大的白色物体对 A 估计的干扰。通过大量实验证明了这种简化方法的合理性以及适用性。

图 4-2 展示了两幅图像 A 的获取位置。图 4-2（a）中包含白色的车辆和文字，图 4-2（b）中包含白色建筑。其中，黑色方框的中心位置是直接利用 $\boldsymbol{I}^{\text{dark}}$ 估计的大气光所在位置，此时估计的 A 偏高。本节算法自动估计的 A 所在位置用白色椭圆标出。可以看出本节算法能很好地抵抗白色建筑物或汽车等明亮物体的干扰，在雾气最重的区域估计 A。

(a) 车辆   (b) 建筑物

图 4-2 A 的获取位置

另外，在雾天视频处理过程中，由于 A 影响了图像的动态范围，A 的波动可能会造成复原结果出现明暗跳变现象，影响视觉效果。本章采用滑动平均的方法，将当前帧估计的 A_0 与前 7 帧图像估计的 A 求平均数，得到当前帧的最终 A，可以使得 A 平稳。

4.1.2 导向滤波改善 $t(x)$

对于透射率的初步估计步骤，前面的章节中已经做出描述。由于 I^{dark} 中包含原图像中丰富的边缘特征和纹理细节，但对于透射率而言，大部分区域是平滑的，只在景深改变的边缘发生变化。因此，本节需要改善透射率图，在保留边缘的同时去除纹理细节，使得同一个区域内部具有相同的透射率值。

导向滤波包括引导图像 I、输入图像 p 和输出图像 q。其中，I 和 p 可以是相同的图像。

导向滤波基于局部线性模型的假设推导，即在以像素 k 为中心的窗口 ω_k 中，输出图像 q 是输入图像 p 的线性变换，如式 (4-2) 所示。局部线性模型保证了输入图像 p 中存在边缘的地方在输出图像 q 中也有边缘。

$$q_i = a_k I_i + b_k, \quad \forall i \in \omega_k \tag{4-2}$$

式中，a_k、b_k 是假定在窗口 ω_k 中为常量的线性系数，可以通过使输入图像 p 与输出图像 q 的差异最小化来解得。具体而言，可以最小化以下代价函数：

$$E(a_k, b_k) = \sum_{i \in \omega_k} \left[(a_k I_i + b_k - p_i)^2 + \varepsilon a_k^2 \right] \tag{4-3}$$

式中，系数 ε 是为了防止 a_k 太大。式 (4-3) 可以通过线性回归的方法解出：

$$a_k = \frac{\dfrac{1}{|\omega|} \sum_{i \in \omega k} I_i p_i - \mu_k \overline{p_k}}{\sigma_k^2 + \varepsilon} \tag{4-4}$$

$$b_k = \overline{p_k} - a_k \mu_k \tag{4-5}$$

式中，μ_k、σ_k^2 是引导图像 I 在 ω_k 内像素的均值和方差。$|\omega|$ 是 ω_k 的像素数。$\overline{p_k} = \dfrac{1}{|\omega|} \sum_{i \in \omega_k} p_i$ 是输入图像 p 在 ω_k 内像素的均值。计算出每一个窗口中的 a_k、b_k，就可得到输出图像 q。在不同窗口中计算的 q_i 不同，可以简单取所有包括像素 i 的窗口的像素值的平均得到 q_i，

如式(4-6)所示：

$$q_i = \frac{1}{|\omega|} \sum_{i \in \omega_k} (a_k I_i + b_k)$$
$$= \bar{a}_i I_i + \bar{b}_i$$

(4-6)

采用一般的计算方法，随着窗口 ω_k 半径的增大，算法复杂度会增加。这里使用算法复杂度为 $O(1)$ 的 BoxFilter 方法来求解以像素 k 为中心的窗口 ω_k 内的均值 μ_k 和方差 σ_k^2。BoxFilter 类似积分图方法，积分图常应用于子区域的快速求和。二者都是充分利用窗口在移动过程中有大部分元素是重合的特点进行的优化。与积分图不同，BoxFilter 的数组中的每个元素的值是该像素邻域内的像素值之和。通过 BoxFilter 的优化方法，导向滤波的时间复杂度为 $O(N)$。

为了使同一景深的区域内部尽可能平滑以及保留景深发生突变的边缘，通过大量实验发现，ε 取值为 0.01，r 取图像宽高较小者的 $\frac{1}{30} \sim \frac{1}{20}$ 时平滑效果最佳并有较强的适用性，由此得到的去雾结果也更清晰自然。

估计出 A 和 $t(x)$，即可解出无雾图像 $J(x)$：

$$J(x) = \frac{I(x) - A}{\max[t(x), t_0]} + A$$

(4-7)

至此，本节得到了初步去雾后的图像。

4.1.3 自适应亮度增强

由于图像中绝大部分区域的像素强度值小于 A，由式(4-7)得到的无雾图像通常偏暗，因此需要将初步去雾图像做进一步亮度调整，使其更适合人的视觉特性。

在 RGB 空间，如果两像素点 $[R_2, G_2, B_2]$ 和 $[R_1, G_1, B_1]$ 各通道值对应成比例，即

$$\frac{R_2}{R_1} = \frac{G_2}{G_1} = \frac{B_2}{B_1} = k$$

(4-8)

那么这两点具有相同的颜色，且亮度增量为 k [1]。本节对初步去雾后的图像各像素点 RGB 三通道做同比例增强，以保持物体颜色：

$$\begin{cases} R'(x) = R(x) \cdot k(x) \\ G'(x) = G(x) \cdot k(x) \\ B'(x) = B(x) \cdot k(x) \end{cases}$$

(4-9)

本节 $k(x)$ 根据输入图像三通道均值 B_{avg}、G_{avg}、R_{avg} 得到。又考虑到实际情况，RGB 范围通常为 $0 \sim 255$，若直接将大于 255 的值赋为 255，将不满足式(4-8)所示比例关系，颜色也会出现一定偏差。本节先对输入图像每个像素点取三通道最大值，记为 $J_{max}(x)$：

$$J_{max}(x) = \max_{c \in \{R, G, B\}} \left[J^c(x) \right]$$

(4-10)

并将该点增强的比例限制在 $\dfrac{270}{J_{\max}(x)}$ 以下，以保持颜色，这也在一定程度上减少了对亮区过增强而造成的细节丢失。这里分子取 270 而不是 255，相当于增加了一定裕量，目的是使原本就相似的像素在提升亮度后更趋近于一致，减少噪声。$k(x)$ 计算表达式如下：

$$k(x) = \min\left[\frac{128}{\max(B_{\mathrm{avg}}, G_{\mathrm{avg}}, R_{\mathrm{avg}})+10}, \frac{270}{J_{\max}(x)}\right] \tag{4-11}$$

经过调整后图像亮度适中，有更好的视觉效果。实验表明，此方法操作简单并有较强的适应性。

4.1.4　大面积灰白区域的处理

需要特别指出的是，对于尺寸较大的灰白色区域(常见的情况是天空、水面、路面和建筑物墙体)，这些区域本身偏白，暗原色先验假设不成立，因此由暗原色先验假设得到的透射率将会偏小并接近 0。由于尺寸过大，前面章节中描述的对透射率的改善也难以很好地将其平滑。那么该区域优化后的透射率也将会被低估。由式(4-7)可知，若像素强度值小于 A，除以一个很小的透射率，去雾后的像素强度大大下降，各通道值的差异也会被错误地放大，导致该区域变得昏暗并出现颜色偏移，如图 4-3(c) 所示。

(a) 雾天图像

(b) 未修正的透射率

(c) 图(b)去雾结果

　　　　　(d) 改进透射率图　　　　　　　　　　　　(e) 改进去雾结果

图 4-3　对天空等区域透射率的修正

　　因此，需要对这些被低估的透射率进行修正。为此，本节先计算每个像素点 RGB 三通道与 A 距离的最大值，记为 $\varDelta_{\max}(x)$：

$$\varDelta_{\max}(x) = \max_{c \in \{R,G,B\}} \left\{ \left\| I^c(x) - A \right\| \right\} \tag{4-12}$$

　　若像素点三个通道强度都接近 A，即 $\varDelta_{\max}(x) < D$（D 为常量），则认为该点属于天空等亮区，并对该点的 $t(x)$ 进行如下修正：

$$t'(x) = \min\left[\frac{D}{\varDelta_{\max}(x)} \cdot t(x) , 1 \right] \tag{4-13}$$

　　对于这部分区域，使用修正后的透射率 $t'(x)$，同样按式(4-11)恢复无雾图像即可。图 4-3 给出了对透射率修正前后的对比。其中，D 取值为 50。

　　由图 4-3 可以看出，经过修正后的去雾结果更加真实自然。需要说明的是，对于没有大面积亮区的雾天图像，由于图像灰度分布聚集，若仍然进行这种修正，会导致大部分区域没有去雾效果。因此，在实际应用中，本节内容作为可选操作，可以人为地根据是否有大面积天空或者浓雾情况下是否出现大量噪声来决定是否进行此种修正。

4.1.5　速度上的进一步优化

　　本节方法耗时最多的是导向滤波改善透射率部分。为了在现有基础上实现实时处理更高分辨率图像，本节将初步估计的透射率 $\tilde{t}$ 进行下采样，下采样得到的透射率图通过导向滤波优化后，再用线性插值的方法得到原来分辨率的透射率图。

　　图 4-4 给出了不同透射率图和与之相对应的去雾结果。

　　　(a) 雾天图像　　　　　　(b) 初步估计 $\tilde{t}$　　　　　(c) 导向滤波优化 t

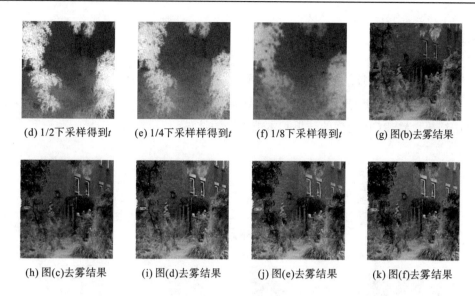

(d) 1/2下采样得到t　　(e) 1/4下采样得到t　　(f) 1/8下采样得到t　　(g) 图(b)去雾结果

(h) 图(c)去雾结果　　(i) 图(d)去雾结果　　(j) 图(e)去雾结果　　(k) 图(f)去雾结果

图 4-4　透射率图与去雾结果

从图 4-4(g)可知，结果出现了颜色过饱和的情况。对比图 4-4(b)、图 4-4(c)可以看出，导向滤波在平滑区域内部时，较好地保留了边缘，使得去雾结果图 4-4(h)清晰自然。由于图 4-4(c)所示的透射率很精细，经过下采样和插值后，虽然透射率图质量有所降低，但是从图 4-4(i)、图 4-4(j)、图 4-4(k)来看，去雾后图像质量并未明显降低，同样有较好的去雾效果。

表 4-1 给出了下采样尺寸为 256×256、128×128、64×64、32×32 时对应的导向滤波耗时情况以及算法总耗时情况。从表 4-1 可以看出，对下采样后的图像进行透射率优化操作可以显著提升处理速度。通过这种方法优化速度后，对标清雾天视频的处理速度可达 25fps。

表 4-1　算法处理时间

下采样尺寸	441×450(原图)	256×256	128×128	64×64	32×32
导向滤波耗时/ms	49.58	25.44	8.36	3.15	1.13
去雾总耗时/ms	76.64	49.75	36.36	23.10	19.32

4.1.6　实验结果及分析

在操作系统为 Windows XP，配置为 Intel(R) Core(TM) i3-3220 CPU @ 3.3GHz 内存的计算机上使用 VS2010+OpenCV2.4.3 软件环境对本节算法进行了验证。Tarel 等的算法[2]、He 等的算法[3]是图像复原中最新的去雾算法，而带颜色恢复的多尺度 Retinex 算法(MSRCR)[4]是目前效果较好的图像增强算法。因此，本节算法与 Tarel 等的算法、He 等的算法以及 MSRCR 算法进行了比较。下面给出实验结果和分析过程。

4.1.6.1　主观视觉

图 4-5 给出了不同算法的去雾结果，其中，图(a)为原雾天图像，(1)～(4)依次为薄雾、中雾、浓雾以及重度霾。图 4-5(b)～图 4-5(e)分别为采用 Tarel 等的算法结果、He 等的算法结果、MSRCR 处理的结果和本节算法的结果。

(a) 原雾天图像

(b) 采用Tarel等的算法结果

(c) 采用He等的算法结果

(d) 采用MSRCR处理的结果

(e) 采用本节算法的结果

图 4-5　去雾算法结果比较

从图 4-5 可以看出，Tarel 等的算法处理的结果整体泛白，边缘细节不够清晰，且在景深发生突变的边界有光晕现象[图 4-5(b)(2)牦牛四周]。He 等的算法得到的图像相对偏暗，不当的参数选择也会导致光晕现象产生[图 4-5(c)(3)电网处]。MSRCR 算法较好地提高了雾天图像的对比度，但不够稳定，常有增强不足[图 4-5(d)(2)背景变得更灰暗，没有到达视觉上的增强效果]或过增强[图 4-5(d)(4)引入大量噪点]的现象。增强后也常常出现一定程度的颜色偏移[图 4-5(d)(1)]。而本节算法处理的边缘、细节更加清晰，对各种浓度的有雾图像有较强适应性，严重雾霾情况下也能较好地恢复图像中的文字等细节信息。由于本节算法对图像做了进一步的亮度调整，处理后的图像更具层次感，色彩自然，有相对较好的视觉效果。

4.1.6.2　客观评价

对去雾后图像质量的客观评价，本节使用平均梯度、信息熵和视觉信息保真度三个指标。其中，平均梯度是对图像细节清晰度的反映。一般而言，平均梯度越大，图像层次越多，也就越清晰。信息熵也是图像质量评价的常用指标，它从信息论的角度反映图像信息丰富程度。通常情况下，图像信息熵越大，其信息量就越丰富，质量越好。VIF 是 Sheikh 等结合自然图像统计模型、图像失真模型和人眼视觉系统模型提出的图像质量评价指标，与峰值信噪比(PSNR)、结构相似性(SSIM)等指标相比，VIF 与主观视觉有更高的一致性。其值越大，表明图像质量越好。各指标统计结果如表 4-2～表 4-4 所示。

表 4-2　算法平均梯度比较

算法	平均梯度			
	图(1)	图(2)	图(3)	图(4)
原图	5.9540	3.9867	3.2531	0.9169
Tarel 等的算法	9.0605	6.9211	3.8448	2.0811
He 等的算法	6.6247	6.2975	8.2703	1.9774
MSRCR 算法	10.7541	7.3870	11.1955	8.7662
本节算法	8.9239	7.8677	12.706	4.8599

表 4-3　算法信息熵比较

算法	信息熵			
	图(1)	图(2)	图(3)	图(4)
原图	6.5345	6.6739	5.8664	5.7445
Tarel 等的算法	7.0653	6.9039	5.9707	5.3090
He 等的算法	7.3530	7.2196	7.3592	6.6667
MSRCR 算法	7.3420	7.0540	7.1533	6.7302
本节算法	7.3633	7.3195	7.6699	7.2951

表 4-4　算法 VIF 比较

算法	VIF			
	图(1)	图(2)	图(3)	图(4)
原图	—	—	—	—
Tarel 等的算法	0.3315	0.4579	0.4670	0.3875
He 等的算法	0.3032	1.2223	0.6637	1.2689
MSRCR 算法	0.1793	0.2827	0.3186	1.1504
本节算法	0.8559	1.4329	1.4244	2.2454

从平均梯度和信息熵两个指标来看，Tarel 等的算法对图(3)和图(4)几乎没有改善，说明该算法在雾气较重时去雾效果不明显。He 等的算法、MSRCR 算法和本节算法去雾后平均梯度和信息熵都有较大提高，说明较好地改善了雾天图像对比度。从 VIF 指标来看，Tarel 等的算法 VIF 整体偏低，说明其去雾效果相对较差。MSRCR 算法虽然有较高的平均梯度和信息熵，但是其 VIF 很低，这说明其图像质量也不够高。这是由于这种增强方法容易增加噪声，同时存在一定的颜色偏移。本节算法平均梯度和信息熵整体较好，且 VIF 都高于对比算法，说明本节算法在提高图像细节清晰度和可见度的同时有相对较好的视觉效果。

4.1.6.3　运行时间比较

测试时，Tarel 等的算法采用复杂度为 $O(N)$ 的中值滤波方法进行优化。MSRCR 算法使用了 3 个尺度的高斯核，并利用快速傅里叶变换在频域内进行卷积运算以提高速度。He 等的算法使用导向滤波的方法与文献[5]软抠图的方法相比运行时间也大大缩短。但是这三种方法都不是实时算法。对于分辨率为 600×400 的图片，Tarel 等的算法处理时间为 3s、He 等的算法为 2s，MSRCR 算法为 1.6s。而本节算法只需 80ms，达到实时处理雾天视频的目的。图 4-6 给出了本节算法对一段雾天交通监控视频去雾效果的部分截图。其中，图 4-6(a)是原雾天视频序列，图 4-6(b)是本节算法所得结果。对雾天视频的有效处理(对大面积路面的处理也没有出现失真)进一步表明本节算法具备一定的自动性、鲁棒性以及实用性。

(a) 雾天视频序列

(b) 去雾视频序列

图 4-6　视频去雾效果截图

4.1.7　小结

　　针对目前去雾算法实时性较差的问题，4.1 节基于大气散射模型，使用优化的导向滤波方法，以及下采样的加速方案，有效完成了对较高分辨率雾天图像、视频的实时处理；其次，针对去雾后图像普遍偏暗的情况，提出一种自适应的亮度调整方法；最后，对暗原色先验规律不成立的大面积白色区域进行了详细分析，并提出修正方案。通过与目前最新算法的比较可以看出，本节算法去雾效果细节清晰、色彩真实自然，且算法具有较为广泛的适用性。

4.2　去雾算法的 DSP 实现

　　数字信号处理器(DSP)芯片，是一种专门用于多媒体处理的微处理器，其主要应用是实时地实现各种数字信号处理算法。本节所涉及的 DSP 实现部分所用芯片是 TI 公司的一款经典多媒体处理芯片 TMS320DM642(简称 DM642)。

4.2.1　DSP 硬件开发平台

　　本次开发所用的 DSP 系统开发平台是 DM642 评估板，实物展示如图 4-7 所示。

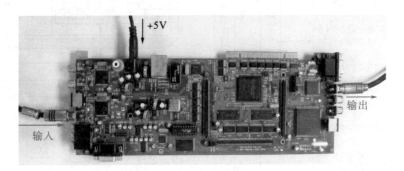

图 4-7　DM642 评估板实物图

DM642 是属于 TI 公司 C6000 系列的高性能定点 DSP。C6000 系列 DSP 最主要的特点是采用 VLIW(very long instruction word，超长指令)结构，另外，其还具有以下突出的特点：

(1)改进的哈佛结构；

(2)内部集成大容量静态随机存取存储器(static random-access memory，SRAM)；

(3)具有丰富的片上外设；

(4)使用 DSP/BIOS 实时操作系统；

(5)拥有芯片支持库(chip support library，CSL)。

一个 C6000 的系统要能够正常运行程序，并能通过联合测试工作组(joint test action group，JTAG)调试，它的最小系统包括：DSP 芯片、电源模块、时钟模块、复位电路、扩展存储模块、JTAG 电路以及配置设置电路。

4.2.1.1　DM642 介绍

DM642 采用了 VelociTI.2 结构(改进的第二代高性能 VLIW 结构)的 DSP 核，其并行机制也得到增强。当工作在 600MHz 时，处理性能最高可达 4800MIPS。它不仅具有阵列处理器的数字处理能力，还有较高速度控制器操作的灵活性。作为数字媒体解决方案的首选，DM642 的外围设备集成了完整的网络通信接口、视频和音频，能够满足用户的大多数需求。其功能框图如图 4-8 所示。

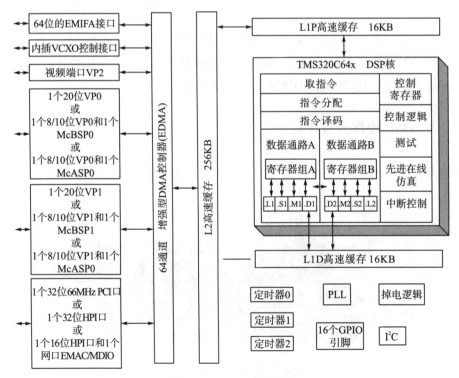

图 4-8　DM642 功能框图

DM642 使用两级缓存，第一级缓存分为程序缓存 L1P 和数据缓存 L1D 两部分，各有 16KB。二级缓存 L2 有 256KB，它可以被配置成 SRAM、Cache 或者是 SRAM 与 Cache 的组合。外围设备包括：10/100Mb/s 的以太网控制器(ethernet access controller，EMAC)1 个、管理数据输入输出口(management data input/output，MDIO)1 个、可配置的视频端口 3 个、多通道音频串口(McASP0)1 个、内插 VCXO 控制接口(VIC)1 个、多通道缓冲串口(McBSPs)2 个、I^2C 总线 1 个、用户配置的 16 位或 32 位主机接口(HPI16/HPI32)1 个、32 位通用定时器 3 个、通用输入输出口(general-purpose input/output，GPIO)引脚 16 个(具有可编程中断/事件产生模式)、PCI 接口 1 个、64 位 IMIFA1 个(可以与异步和同步存储器和外围设备相连)。

4.2.1.2　硬件系统总体结构

从硬件结构来看，本系统主要由 3 个模块构成：视频采集模块、视频处理模块和视频显示模块。

摄像头采集的视频信号是标准 PAL/NTSC 制电视模拟信号，经过 SAA7115 解码芯片转换成 BT.656 格式数字信号，送入视频端口缓冲区 FIFO。缓冲区中的图像会以 EDMA 的方式传到 SDRAM 存储。在视频处理模块中，CPU 访问保存在 SDRAM 的图像中，即可进行相关的数据处理。与视频输入类似，视频输出缓冲区 FIFO 通过 EDMA 方式从 SDRAM 中取得处理后的数据，以 BT.656 格式输出到视频编码芯片 SAA7105，编码后形成 PAL/NTSC 信号输出，并在液晶显示器上显示。硬件结构如图 4-9 所示。

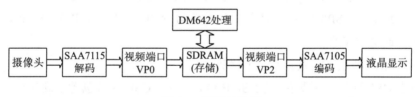

图 4-9　硬件结构图

4.2.2　DSP 软件开发环境

4.2.2.1 CCS　集成开发环境

软件的开发是在 Code Composer Studio 2.2(以下简称 CCS)中进行的。CCS 是 TI 开发的一个完整的 DSP 集成开发环境，开发界面如图 4-10 所示，主要包含可视化代码编辑界面、代码生成工具、断点工具、探针工具、代码剖析工具、数据的图形显示工具以及 DSP/BIOS 工具等。该集成开发环境具有可视化、多任务、实时的特点，是进行 DSP 程序设计、代码仿真调试和性能优化的有力工具。

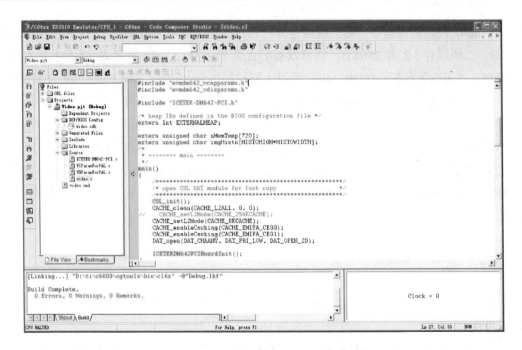

图 4-10   DSP 集成开发环境 CCS2.2 界面

4.2.2.2   DSP/BIOS 实时操作系统

DSP/BIOS 是一个简单的实时嵌入式操作系统，主要面向实时调度与同步、主机/目标系统通信，以及实时监测等应用。它具有较为完善的实时操作系统的功能，如内存管理、中断服务管理、调度管理、外设驱动管理、任务间同步与通信、实时时钟管理等。DSP/BIOS 由 3 个部分组成：DSP/BIOS 实时多任务内核与 API 函数、DSP/BIOS 配置工具以及 DSP/BIOS 实时分析工具。

使用 DSP/BIOS 进行开发具有以下优势。

(1)由于 DSP 硬件资源繁多,而 DSP/BIOS 提供的 CSL 函数包含了硬件相关的所有操作,可以省去直接对硬件资源进行控制带来的烦琐流程。通过 CCS 提供的图形化界面工具,开发者就可以在 DSP/BIOS 配置文件中进行设置,当然在代码中通过调用 API 进行动态设置也可以。

(2)在传统的 DSP 程序开发过程中,DSP 的运行需要用户自己控制,程序按照逻辑顺序依次执行。当采用 DSP/BIOS 进行开发时,程序是建立在 DSP/BIOS 操作系统上的,运行过程中按中断或任务设定的优先级来执行。

(3)该操作系统还提供了可视化的实时分析工具,如查看 CPU 负载图等,可以达到辅助 CCS 进行程序实时调试、直观了解程序性能的目的。

对 DSP/BIOS 进行配置可在一个扩展名为.cdb 的配置文件中进行,其界面如图 4-11 所示。

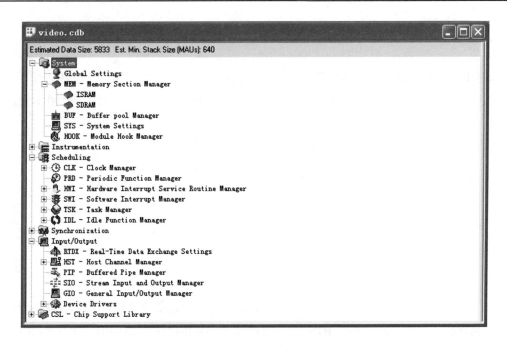

图 4-11 DSP/BIOS 配置界面

（1）用配置文件（图 4-11）添加程序将要使用的对象。具体如下：使用 Global Setting 设定模块的全局属性；使用 Memory Section Manager 设置存储器空间分配；使用 Hardware Interrupt Service Manager 设置模块的中断；使用 Task Manager 创建主线程。注意中断名称和任务名称前必须加下划线，如创建"_mainTask"；使用 Chip Support Library 配置芯片的外设。

（2）配置完成后，为应用程序编写一个程序框架：

```
void main()
{
…/*用户初始化代码，程序中只执行 1 次*/
}

Int mainTask()
{
…/*主任务*/
}
```

（3）在开发环境下编译链接程序。

（4）通过仿真器，使用 DSP/BIOS 分析工具对程序性能等进行测试。

（5）重复以上步骤直到达到要求。

可以看到，系统软件使用了 DSP/BIOS 实时操作系统，降低了开发难度。

4.2.2.3　软件结构

对于嵌入式系统而言，其软件结构通常包括：应用层、操作系统层和设备驱动层。本章在熟悉设备驱动程序和平台操作系统的基础上，完成了应用层的软件设计(图 4-12)。

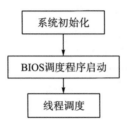

图 4-12　应用层软件

TI 公司为开发 DSP 的外设驱动程序定义了标准的设备驱动模型(IOM 设备驱动模型)，视频的采集和显示用到了 IOM 设备驱动模型。DM642 视频驱动结构如图 4-13 所示。

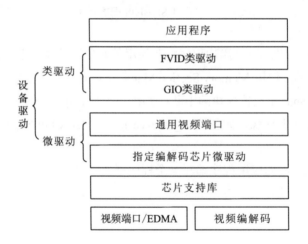

图 4-13　DM642 视频驱动结构

设备驱动分为类驱动和微驱动，分别对应不依赖硬件层和依赖硬件层。它们之间经过通用接口进行数据通信，并提供了一系列的 API 函数。应用程序通过调用 API 来访问相应的外部设备。DM642 有三个可配置的视频端口，通过编写相关驱动程序，可方便地实现图像的采集和显示。

DM642 视频驱动程序设计步骤如下。

(1) 在 DSP/BIOS 配置文件中注册微驱动、设置属性。

(2) 编写类驱动代码。基本流程为：定义视频采集/视频显示句柄；FVID_creat () 创建采集/显示通道；FVID_control () 配置编解码芯片、执行采集/显示开始命令；FVID_alloc ()

分配缓冲区；将数据从采集缓冲区复制到显示缓冲区或 SDRAM；FVID_exchange () 交换
缓冲区，更新数据。

4.2.3　去雾算法的 DSP 实现

4.2.3.1　算法流程

以基于暗原色先验的去雾算法为例，本节实现了去雾算法的 DSP 移植。针对 DSP 平
台，该算法具体实现流程如图 4-14 所示。

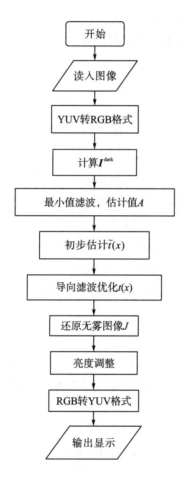

图 4-14　基于暗原色先验去雾算法流程

4.2.3.2　DSP 优化方法

DSP 优化是 DSP 开发过程中的重要环节，关系 DSP 性能的发挥。一般而言，DSP 优
化有三层策略：①系统级优化，即调整算法框架使之更适合在 DSP 上运行，如 CPU 访问

的数据放片上处理等；②算法级优化，即变通改写算法，使之更有效地形成软件流水；③模块级优化，即将常用模块用汇编优化。针对去雾算法，本次 DSP 优化工作主要从降低算法本身复杂度和 C 代码的优化两个方面进行。

1. 降低算法本身复杂度

(1)求半径为 r 的最小值滤波时，可以采用文献[6]提出的复杂度为线性的快速方法。

(2)在导向滤波中求取均值、方差时，使用 BoxFilter 的方法，快速计算邻域内像素和，使得算法具有 $O(N)$ 的时间复杂度。

(3)去雾过程是在 RGB 颜色空间进行的，因此首先需要将视频解码器输出的 YUV 格式的数据转换成 RGB 格式。对于颜色空间的转换，直接使用转换公式至少需要 4 次乘法和 6 次加法。实际过程中，对每个像素点都进行这样的运算，计算量很大。可使用部分查表法，以查表代替乘法运算。

2. C 代码的优化

(1)程序中影响性能的主要代码是循环，优化一个循环时，可以抽出这个循环放在单独的文件中，重新编写、重新编译和单独运行。

(2)对浮点型数据的处理，采用 Q 格式定标的方法，浮点小数以定点小数形式运算。

(3)使用关键字 restrict 消除存储器相关性，利于指令并行操作。

(4)利用 C64x 的双 16 位扩充功能，可以在一个周期同时完成两个 16 位数据的运算。优化时，应该将连续的短整型数据流转换成整型数据流操作。

(5)使用内联函数和循环展开。内联函数[如_add2()等]直接与 C64x 汇编指令映射，循环体内加入内联函数不影响程序流水执行；而展开循环可以使 CPU 的寄存器和 8 个功能单元得到充分使用，使得流水线操作最佳。

(6)乘除运算用逻辑运算来代替。

(7)把程序和经常要用的数据放入片内 RAM。

(8)通过 EDMA 技术搬运片内片外的数据。EDMA 不占用 CPU 时间，可提高运行速度。

(9)使用 C64x 编译器提供的若干优化选项，如-O3 程序级优化等。

(10)使用 TI 提供的优化好的库函数，如 DSPLIB、IMGLIB 等。

4.2.3.3 DSP 实现结果

本算法在 DSP 上处理完成后结果可以直接输出到显示器上实时显示，方便查看。也可以通过 CCS 的图形功能在界面窗口中查看分析当前帧处理效果。摄像头采集图像分辨率为 720×576，图 4-15 是基于暗原色先验去雾方法的 DSP 实现。

图 4-15　基于暗原色先验去雾方法的 DSP 实现

通过 CCS 上的图形显示功能，我们将图像采集的原始图像、图像暗通道图、透射率图以及去雾结果显示在软件开发界面中，效果见图 4-15。其中，左上、右上、右下、左下图像即分别对应原始图像、图像暗通道图、透射率图以及去雾效果图。

图 4-16 给出了 DSP 实验结果。其中，图 4-16 (a)给出了摄像头采集雾天图像后，进行实时处理过程中的屏幕截图，图 4-16 (b)展示了当时的测试环境。为了方便效果对比，只处理了图像中间一部分(352×288)。可以看出，经过处理后可以达到较好的清晰化效果。

(a) 处理效果对比　　　　　　　　(b) 实验环境

图 4-16　DSP 仿真实验效果

图 4-17 是户外雾天场景的去雾效果展示，可以看出去雾处理后图像颜色更佳。

图 4-17　户外雾天场景 DSP 实际效果

4.2.4　小结

4.2 节采用 DM642 平台对去雾算法进行移植和优化，在熟悉该平台硬件系统结构以及软件开发环境的基础上，对去雾算法进行了移植。另外，4.2 节也介绍了一些实用的 DSP 优化技巧，并在 DSP 上处理分辨率为 352×288 的视频图像，去雾算法满足实时要求。

4.3　去雾算法的 GPU 实现

因为传统的去雾算法多采用串行处理，具有耗时、运算量大的缺点，根据当前的计算机性能，很难达到对高清图像实时去雾的效果。本节针对传统去雾算法运行效率低、复杂度高的问题，提出对去雾算法中的数据并行加速处理。通过对算法加速以减少去雾算法运行时间。本节首先对已有的去雾算法进行总结并分析其优劣势，指出目前的去雾算法需要改进的步骤以及算法中存在的问题。本节将介绍基于 CUDA(common unified device architecture) 平台使用 GPU(graphic processing units) 对数据进行并行加速计算的知识，以及对 CUDA 编程模型进行详细的介绍；然后，针对传统去雾算法中的耗时问题，提出了使用 CUDA 平台对去雾算法进行并行化加速。首先对传统去雾算法的每个小过程进行并行性分析，分配适当的线程资源进行并行计算；再根据 CUDA 平台的特点及优势，对已并行实现的去雾算法提出优化，使算法的并行效率更高；最后，通过实验结果证明，与传统使用 CPU 串行实现的去雾算法相比，本节使用的去雾算法可以满足对含有天空部分的雾天图像去雾，而并行加速后的去雾算法也具有可以解决传统算法中时间复杂度问题。对高清的雾天视频图片，本节算法基本上可以达到实时去雾的效果。

4.3.1　GPU 并行计算

GPU 并行计算即使用 GPU 对算法的计算数据进行并行化加速，随着计算数据量的提升，传统的使用 CPU 处理算法数据的方法，已不能满足那些需要及时处理得到结果的情景，寻找高效率的算法变得越来越重要。而使用 GPU 并行计算可以大幅度地提升算法的运行效率。因此，使用 GPU 并行计算已成为当下研究的一个重点方向。

4.3.1.1　GPU 发展简介

GPU 是一种用来扩展的计算设备，又称为协处理器，一般是外接在 PCI-E 接口上。协处理器实际上是一种用来辅助的处理器，主要用来实现某种特定功能，如数据的计算。生产 GPU 设备的主要厂商有 NVIDIA 和 ATI 两家公司。GPU 概念第一次出现是 SGI 公司把当时计算机处理图形的硬件设备当作一个图形工作站，当时所使用的技术为以后的图形处理和 GPU 技术的发展提供了基础,当时主要是使用计算机的图形硬件设备弹道的轨迹进行模拟,可以说这就是最初的 GPU 通用计算[7]。

1999 年,NVIDIA 发布了 GeForce 256 型号的图形硬件,这就是第一颗 GPU,该颗 GPU 意味着图像流水线的功能在 GPU 上正式实现;2001 年,NVIDIA 发布了可以使用顶点着色器进行代码编程的 GPU-GeForce 3;2006 年,NVIDIA 发布了采取统一渲染构架的 GeForce 8;2008 年正式推出了支持 CUDA 编程的 GeForce 9 以及代号为 GT200 的 GPU,因为该 GPU 有更高的计算处理能力和存储器带宽,所以该 GPU 的通用计算能力更加强大[8]。此后,GPU 开始处理一些原本需要 CPU 进行的计算任务。GPU 最初的设计是专注于处理一些显示和输出类的工作,其设计的目标不同于 CPU 采用复杂的控制逻辑和分支预测,以及大量的缓存提高运行效率,而是在有限的面积上实现高速运算和拥有超高的数据吞吐量,故 GPU 有较多的执行单元可以使其运行更多的简单线程。如图 4-18 所示,将 GPU 和 CPU 中部件的数量和用途进行对比。

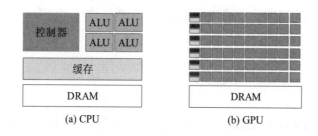

图 4-18　CPU 与 GPU 晶体管结构对比

图 4-18 中,DRAM(dynamic random access memory,动态随机存取存储器)为常见的系统内存;ALU(arithmetic logic unit)是算术逻辑单元。通过与 CPU 进行对比,GPU 拥有更多的算术逻辑单元和更高的数据计算能力,从 2003 年起,GPU 的运算能力开始和 CPU 拉开差距,由最初的持平到现在几十倍的差距。由于 GPU 是由多个核心构成的,相比于 CPU,GPU 有更好的并行性。目前 GPU 已经具有高度并行、多线程、多个处理器的特性,其用途范围也不仅限于图像处理方面了。

4.3.1.2　GPU 编程方法

由最开始的不可以编程到可以使用着色语言进行编程,再到支持 DirectX 10.0 且可以使用 CUDA 编程,GPU 变成了以编程计算为主、图像处理为辅的形式。随着 Brook、OPENACC 等编译器的提出,以及 OPNECL、CUDA 等模型的广泛使用,GPU 可编程性能得到了极大的提高。下面对可用于 GPU 编程的方法进行简单介绍。

1. 图像学 API 编程

在图像渲染中，GPU 中的可以编程和运算的部分被称为着色器(shader)，其计算的能力主要通过 DirectX 中规定的 shader model 决定。GPU 中的编程部分主要包括顶点着色器和像素着色器。为得到比较好的图像显示，GPU 的体系构架发生了很大的变化。GPU 在最开始的使用中只能固定地用于积累操作，并没有对 GPU 进行编程的需求，利用 OpenGL 和 DirectX 等 GPU 的 API 对程序进行映射，将需要使用 GPU 计算的问题转化为图像处理的问题，再调用适当的 API 接口，完成数据的计算。

2. Brook 源到源编译器

本方法是在 2003 年由斯坦福大学的 Ian Buck 等开发的，也是对 ANSI C 的一种扩展，将类似于 C 语言的 Brook C 语言通过 brcc 编译器编译为 Cg 代码，可以对图像学的中 API 进行掩饰，简化了 GPU 编程开发的复杂性，由于在开始的 Brook 语言中只能通过着色器进行数据计算，且数据之间也不能进行通信，造成数据处理的效率低下，故对 Brook 语言进行了优化，即 Brook+语言被提出。

3. Brook+

Brook+是 AMD/ATI 在 Brook 的基础上结合 GPU 的计算抽象层提出的。其利用流和内核的编程，通过编译器完成数据和 GPU 之间的数据通信，在运行时会主动加载内核到 GPU 执行数据的计算。虽然 Brook+有了较大的改善，但是仍然存在数据传输慢、程序优化困难的缺点。

4. OpenACC

OpenACC 是由 PGI 公司提出的，其提供了各种编译指导指令，通过在代码的并行区域指定编译指导指令，利用编译器对该部分的代码进行分析，编译为需要的代码。OpenACC 掩藏了主机和 GPU 设备端的数据的传输及执行细节，使异构的编程进一步得到简化。

5. OpenCL

OpenCL 是最早用于异构架构的通用编程平台，由苹果公司提出。OpenCL 构架包括用户机器和一些 OpenCL 设备，用户机器与 OpenCL 设备相互连接合并成一个整体的并行平台，可以为用户提供 API 和运行库。

6. OpenMP5.0

OpenMP5.0 是对标准的共享存储编程模型 OpenMP 的进一步提升，其增加的内容主要是支持异构组成的计算机平台，该编程方法通过在指导命令层指定数据传输和描述加速任务区，利用异构平台进行计算，目前 Inter 的 ICC 编译器已经可以实现 OpenMP4.0 的编程，该编程语言主要支持 Intel Xoen Phi 加速器。

若存有多个数量的 GPU 设备或者是在 GPU 集群中，可以把 OpenMP、MPI 与 GPU 的编程语言进行代码结合，再进行混合语言的编程。

7. CUDA

CUDA 是由 NVIDIA 公司在 2007 年提出的一种 GPU 可编程的构架，不需要图形学 API。CUDA 使用的是类 C 的语言，开发人员能够从已经熟练掌握的 C 语言直接转到熟练使用 CUDA C 语言，即从 CPU 开发转到 GPU 开发，而不需要再次学习新的开发语言。与其他的 GPU 相比，支持 CUDA 开发的 GPU，其构架在设计时就研究进行了改进：一方面使用统一设计的处理构架，能够更加高效率地利用分布在顶点与像素渲染器中的数据资源，另一方面则是在 GPU 的片上设计共享存储器，支持数据的随机写入，以及线程中数据之间的相互访问。

CUDA 有完整的软硬件体系，是一种把 GPU 作为数据并行计算的设备，目前已经更新到 CUDA10.0。其也支持其他种类的开发语言，并不断地更新高效率的数学函数库，如 CUBLAS CUFFT 等。其通过结合 GPU 的底层结构，使用户可以通过代码获得底层的控制，便于对程序进行进一步优化。

4.3.1.3　CUDA 相关技术

虽然 GPU 的数据运算吞吐量很大，但是早期的 GPU 编程方法对开发人员来说有各种各样的局限性，如有严格的模型资源限制，最初的可编程 GPU 程序只能把颜色值或者是纹理单元等形式的数据格式作为输入的数据；计算结果存入内存的方式和位置也都有严格的规定，如果需要把数据写到分散的位置处，就不能使用 GPU 处理数据；没有办法确定用来处理数据的 GPU 是否能够处理浮点类型的数据；在程序代码出现问题时，程序无法直接结束；不能够对运行在 GPU 上的代码进行调试，因此并没有使得 GPU 加速技术得到快速的发展。除了上述问题，我们想要使用 GPU 执行加速通用计算，仍需要学习 OpenGL 或者是 Direct X 知识[8]，因为这是与 GPU 进行交互的唯一方式，而且也意味着必须使用特殊的编程语言编写代码。因此，开发人员在使用 GPU 加速功能之前首先要考虑模型的各种限制，还要学习计算机图形学和用来编程的着色语言，这对于开发人员来说是个负担。直到 2006 年 11 月，NVIDIA 公司公布了第一个支持 DirectX 10 的 GPU，即 GeForce 8800

GTX，第一个使用 CUDA 架构构成的 GPU。CUDA 架构是为 GPU 的并行计算设计的全新模块，有效地解决了最初 GPU 计算中的局限性，在这之后，GPU 的通用计算得到了快速发展。

1. CUDA 的异构计算平台

现在主流计算机处理数据的功能都是由 CPU 和 GPU 共同提供，即所说的异构平台。一般通过使用北桥连接 AGP(accelerated graphic ports)或者 PCI-E 总线连接 CPU 和 GPU，GPU 和 CPU 都是作为一个独立的处理器，所以都有各自独立的外部存储器，即我们常说的内存和显存。一个典型的异构构架应该包括一个多核的 CPU 和多个多核的 GPU。GPU 不是作为一个独立运行的平台，而是作为 CPU 的协处理器，其结构示意图如图 4-19 所示。

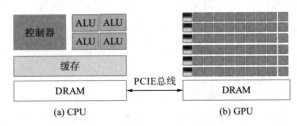

图 4-19　异构架构

其中，CPU 的位置称为主机端(host)，GPU 所在的位置称为设备端(device)。

CUDA 作为一种通用的并行计算平台和一种可编程的 GPU 模型，NVIDIA GPU 中的并行计算是通过运行其内的引擎，高效率地处理计算较为复杂的问题。CUDA 提供了两层 API 来管理设备和组织线程，即 CUDA 驱动 API 及 CUDA 运行时 API，该构架的示意图如图 4-20 所示。

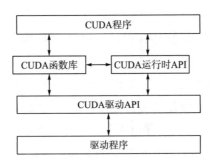

图 4-20　CUDA 构架软件构成

CUDA 驱动 API 是一种较为低级的 API，通常不进行编程直接调用，而且编程难度也比较大，主要是对 GPU 设备使用提供较多的控制，其运行函数命名为 cu*()；而 CUDA 运行时 API 是较为高级的 API，在驱动上层实现，通常函数命名为 cuda*()。在调用函数进行计算时，API 函数都会被分解成多个驱动 API 的运算。

2. CUDA 编程模型

CUDA 程序是通过 GPU 和 CPU 相互协助实现的，实现程序的代码分为主机端代码和设备端代码，其中 CPU 上运行的代码就称为主机端(host)代码，而 GPU 上运行的代码叫作设备端(device)代码。主机端(CPU)主要是负责逻辑运算和对数据量比较小的数据进行串行处理；设备端(GPU)则主要是负责运算量较大的数据处理以及大规模的数据并行计算。一个完整的计算设备，主机端只有一个，设备端可以有多个。GPU 和 CPU 中的内存是相互独立的，每次 GPU 处理数据任务，都需要与 CPU 进行数据通信。

串行代码即是在主机端 CPU 上运行的代码，而运行在 GPU 上的代码被称为核函数。图 4-21 中的内核(Kernel)函数就是我们使用的并行代码。其中，串行代码使用 C 语言编写，而并行代码使用的是基于 C 语言的 CUDA C 语言编写。

图 4-21　CUDA 编程模型

核函数中需要为线程分配要进行的计算以及要访问的数据。当被调用时，可以分配大量的线程同时执行同一个计算任务。在定义核函数时需要使用__global__函数类型对其进行定义：__global__ void Kernelname<<<, >>>。其返回类型为必须为 void 类型。具体编程模型如图 4-21 所示。

在 CUDA 中需要根据不同的调用设备添加相应的限定符，在 CUDA C 中的限定符如表 4-5 所示。

表 4-5   函数类型限定符

限定符	执行设备	调用设备	备注
__global__	设备端	可在主机端,也可在设备端	必须有 void 返回类型
__device__	设备端	只能在设备端	—
__host__	主机端	只能在主机端	可不写

<<<, >>>是核函数的执行配置,即 Kernelname <<<grid, block, sizeofSM, stream>>>,参数可以使用 dim3 类型或者整形的数据类型,一个核函数可以同时调用多个线程块执行,所以每次调用的线程个数为线程块×块中线程。gird 又可以是一维、二维、三维的,同 block 一样;sizeofSM 指定了核函数中内存的大小;stream 则是流的索引,通常默认为 0。

核函数主要是用来处理代码中的并行任务。在核函数中可以将一个复杂的任务分解为多个简单的可并行执行的任务,拆分后的每一个任务都可以使用一个线程(thread)执行。CUDA 为每一个线程都建立一个唯一的索引号,以保证每一个线程都可以正确地执行计算任务;多个线程可以组成线程块,即 CUDA 中的 block;一个核函数启动调用的所有线程被称为一个 grid。grid 是由线程块组成的,一个 grid 包含多个线程块。线程块是 Kernel 函数的最小执行单元,不同线程块之间的并行在运行时间内没有先后顺序,且不同的线程块之间不能进行信息交流。线程块中的线程可以同时并行执行,同一个线程块内的线程,可以通过同步或者是共享内存实现块中线程之间的通信。CUDA 中的线程结构图如图 4-22所示。

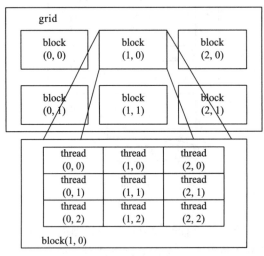

图 4-22   线程结构

3. CUDA 内存模型

CUDA 对计算机内存的操作同一般的 C 程序一样,但是增加了新的 pinned memory;

当调用 GPU 上的显存时，需要使用 CUDA API 中的存储器管理函数，该步骤主要包含空间位置的建立、释放及对分配的空间进行初始化操作。对内存的访问与管理是所有程序的重要组成部分。在 GPU 加速器中，合理内存的管理和分布可以大大提高计算机的计算性能。大多数的任务处理都会受限于加载和存储数据的速度，通常都会有大量的延迟，而较高的内存带宽可以提高数据的读写效率，所以较高的内存带宽就意味着较大的数据吞吐量，这对提高计算性能十分有利。但是受材质及技术的影响，大容量、高带宽的内存价格都较为昂贵，且不容易大规模生产。为降低该问题的影响，在现有的存储体系下，通常会通过计算机的内存模型选择合适的内存方式以求得最合适的延迟和带宽。CUDA 的内存模型通过结合主机端和设备端的内存系统，体现出一个完整的内存层次结构。我们可以自主地对数据的内存进行分布及对性能做出优化。CUDA 中存储器的结构如图 4-23 所示。

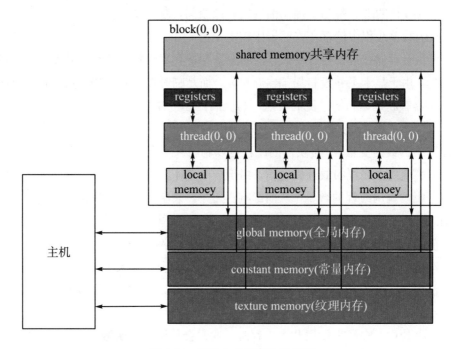

图 4-23　CUDA 内存层次结构图

在 CUDA 编程过程中，储存器的类型一般分为两类：

(1)可以编程的存储器，即需要对处理的数据进行分类，选择合适的数据放到可编程内存中；

(2)不可以编程的存储器，只能通过程序代码自动地分配存储位置，不能主动给数据分配存储位置。

内存模型中有多种可以进行编程的内存类型，下面分别对其进行简单的介绍。

寄存器：寄存器是 GPU 上访问速度最快的存储器，通常位于 GPU 芯片(SM)上，一般用来储存核函数中的自变量或者是局部变量。每一个 SM 上都有大量的 32 位寄存器，当调用核函数时，寄存器就会被分配给相应的线程。寄存器的使用数量会导致占用率的变化，每一个 SM 中的存储器数量是一定的，如果一个线程使用的寄存器较多，相同的 SM 硬件资源中可调用的线程数量就越少，这样就不能完全地发挥 GPU 的性能。寄存器中存储的变量对线程来说是私有的，不能随意访问。其生命周期和运行的核函数是相同的。

全局存储器：全局存储器的存储空间是最大的，其延迟最高、访问速率最慢，但其使用率却是最高的，其大小等同于 GPU 的显存空间，其中核函数的输入和输出的数据都是缓存在全局内存中的。缓存中的数据由内存控制器直接控制访问，所以会有较高的带宽。全局内存一般是通过 cudaMalloc() 函数申请内存；使用 cudaFree() 函数释放掉申请的内存空间。

局部存储器：局部存储器在 GPU 中没有指定的存储单元，是通过 GPU 的显存虚拟的存储单元。其设计的理念是为了提供需要的存储空间，为寄存器存储空间不够时的数据准备的，如核函数单线程中储存在寄存器中较多变量，由于没有多余的空间分配存储在寄存器中，该变量会存储在局部内存中。其内的变量同寄存器一样对线程来说都是私有的，线程间不可见。由于显卡上并没有局部内存单元，而是临时在显存中申请的空间，所以局部内存的存储器有高延迟和低带宽的特点，与全局内存特性相似。

共享存储器：在 GPU 芯片上，其访存延迟时间仅仅落后于寄存器。一个块内的线程共享存储器中的数据变量，一个块内的线程可以利用共享存储器共享内存中的数据以做到相互合作，实现块中线程的低开销通信。由于一个 SM 上的共享存储空间也是一定的，其使用量也会影响调用线程的数量，从而影响占用率。共享存储空间有两种分配方法：静态分配和动态分配。

（1）静态，使用 __shared__ 前缀的变量分配在共享内存中。

（2）动态，当共享内存的空间发生变化或者是不能确定其大小时，必须通过动态申请空间。其需要用 extern 限定__share__，也可以使用<<<，>>>中的第三个参数，指定共享内存的大小。

在同一个块中，在线程使用共享内存时，通常会使用同步函数__syncthreads()，避免在使用共享存储器时产生的数据调用冲突。共享存储器有较高的带宽和较低的延迟，访问速率仅次于寄存器。

常量/纹理存储器：纹理存储器位于设备内存中，不能单独存在，需要与具体的存储单元相结合，可以分为 1D 纹理、2D 纹理、3D 纹理、1D 分层纹理和 2D 分层纹理，有缓存、读取速度快的特点。常量存储器相似于局部存储器，是利用全局内存虚拟出来的空间。储存在 GPU 的板载内存上，只有只读缓存。但是该存储类型的使用频率较高，通常存放一些需要频繁利用的常量数据。

表 4-6 分别给出了各种类型存储器的主要特性。

表 4-6　存储器的特性

存储器类型	存储器位置	是否有缓存	读写的权限	使用范围	生命周期	访问的速度
寄存器	GPU 片上	无	读/写	一个 thread	thread	很快
局部存储器	GPU 片外	*	读/写	一个 thread	thread	慢
共享存储器	GPU 片上	无	读/写	一个 block	Block	很快
全局存储器	GPU 片外	*	读/写	所有线程及主机	整个程序	慢
常量存储器	GPU 片外	有	读	所有线程及主机	整个程序	快
纹理存储器	GPU 片外	有	读	所有线程及主机	整个程序	快

注：*表示 GPU 的计算能力超过 2.0 则可以缓存

4.3.2　去雾算法的 CUDA 并行实现

在通过 PC 端对有雾图像进行去雾时，通常都只是使用 CPU 运行去雾算法，当我们需要较快速地得到复原的图像或者是需要较快地分析图像中的信息时，若只是用 CPU 运行去雾算法的方法则不能达到要求。为解决传统的去雾算法在 CPU 上运行效率低下的问题，本节在基于第 3 章介绍的去雾算法的基础上，提出使用 CUDA 平台对基于暗原色先验的去雾算法进行并行加速，以降低算法的时间复杂度。

4.3.2.1　算法的并行分析

并行性是计算机系统具有的一种特征，即计算机能够同时执行数据的运算或者是对指令进行操作，即同一个时间段内可以完成两种或者两种以上任务。并行性有两种定义，即同时性和并发性。同时性是指许多任务在一个时间段内共同发生。并发性指多个任务在一个时间段内发生，其本质就是一个 CPU 或者几个 CPU 在多个程序中分多个线程重复利用 CPU，主要是使用多个用户强制共享资源的方法以提高计算机性能，实现这种方法的关键技术是对系统内的多个任务进行合理的切换。

计算机中提高并行性效率的方法有很多，通常基于三种方法。

（1）时间重叠。在处理相邻的任务时，尽量在时间上错开，尽可能地使用该硬件系统中的每一个部分。

（2）资源重复。重复使用计算机硬件资源以增加计算机的可靠性和提高计算能力。

（3）资源共享。使多个用户按照任务的分配，有序地使用同一套资源，以提高系统中资源的使用率。

并行性通常会分为 4 个级别：作业级、任务级、指令之间级及指令内部级。其中，作业级和任务级称为粗粒级，又叫过程级；指令之间级和指令内部级又叫作细粒级或指令级。

而在 GPU 中的并行通常是指对数据或者是任务的并行。一般包含三种并行方法。

(1)线程并行。因为线程在 CPU 进行时间调度中作为最小单元存在，故认为线程也是执行 CUDA 程序的最小单位。GPU 中线程没有定义执行顺序，所有的线程都有同等被调用概率，线程通常处于等待资源和执行资源两种状态，如果任务没有准备好，线程就处于等待的状态，准备好后，就会开始执行。当 GPU 任务很多时，GPU 中的线程都可以并行运行，可以达到理论状态下的加速比，而 GPU 中的任务比线程总数少时，有一些线程就需要等正在执行的线程结束后释放资源，再执行资源。这样就会导致部分的资源串行调用，即使数据有部分串行，其执行速度也远远高于 CPU 的执行效率。

(2)块并行：把每一组线程都组织到一起形成一个个的线程块，对每一个线程块分配部分的资源，然后内部调度执行，且每个块之间的数据不能相互交流。

(3)流并行：流并行与线程并行、块并行的并行方式不同，流并行中的核函数可以是不同的 Kernel 函数，也可以是对原调用的核函数传递不同的参数，以达到任务级别的并行。

当我们在使用 CUDA 对算法进行并行加速时，首先要对使用的算法进行深入的理解，要熟悉每一步算法中数据的处理方式。本节在第 3 章的基础上对使用的去雾算法进行并行性分析。对暗原色先验算法的过程进行分析，可以把该去雾算法分成 5 个小步骤，对算法中每一步骤进行数据分析，根据算法中数据运算的结合性，可以得出该算法的最大并行效率，对一幅大小为 $P \times Q$ 的雾天图像去雾，其最大并行化效率如表 4-7 所示。

表 4-7　去雾算法并行性分析

	暗通道图	A	初始透射率	精细化透射率	复原图
运算类型	求最小值，比大小	求和，求平均值	分块求最小值，四则运算	求平均值、卷积	四则运算
最大并行度	$P*Q$	天空图像素点个数	$P*Q$	P 或者 Q	$P*Q$

求暗通道图即是对窗口内像素点的 RGB 三个通道求最小值，由于是对当前像素值的周围像素值做对比并求最小值，与周围像素值的关联度不大，故其并行度为整幅图像的像素值 $P*Q$；在求 A 时是对分割后的天空区域的所有像素点求和并求平均值，即可以使用规约法进行计算，所以其每一个像素的强度值都可以同时计算，故该步骤的算法的并行度为天空区域的像素点个数，而在原算法中的最大并行性则是 $\log_2(P*Q*0.001)$；在求初始透射率过程中，也只是涉及求最小值、比值等简单的四则运算，数据之间的关联性不大，所以其最大并行度也是图像的像素点个数；而在求精细化透射率过程中使用的是导向滤波，因为该滤波有多个 box_filter 滤波函数需要调用，且该滤波函数有一定的时序性，故其并行度为 P 或 Q；而图像复原仅仅是四则运算，所以并行度也为像素点个数。

4.3.2.2　去雾算法的并行实现

根据第 2 章我们知道，整个暗原色先验去雾算法主要包括计算暗通道图、计算大气光值、求初始透射率、对初始透射率进行精细化、复原雾天图像五个步骤。

1. 计算暗通道图

由第 2 章计算暗原色图的过程可知，求暗通道图需要对原始的雾天图像进行通道分离，然后对窗口函数中的像素点在窗口内三通道中的像素值进行比较。该步骤可以为一个像素点分配一个线程，每一个线程是求窗口函数内三通道中的最小值，并作为窗口中心点像素的暗原色值，得到最终的暗通道图。把需要处理的数据分配给各个线程块进行运算，从而实现各个块中的线程同时计算，达到并行加速处理的效果。以金色点为中心点的 15×15 的矩形窗口中有 RGB 三个通道，把图像分为三种颜色表示，取矩形窗口内的 15×15×3 个像素值的最小值作为当前的暗原色值，若像素点位于图像的边缘，则通过对图像进行扩展形成矩形窗口，对图像中的每一个点都做同样的处理，产生一个暗原色值，其结构示意图如图 4-24(a)所示。

在有雾图像中以某一线程 thread 处理的点为当前的像素点，选取 15×15 大小的窗口，若选取的像素点位于图像边缘，可以通过对图像边缘的点扩展补充，同样形成一个 15×15 的窗口。由于暗原色值本来就是求暗通道图中的最小像素点，故扩展后对实际值的影响不大。通过扩展后所有的像素点都能够得到最小暗原色值。算法的并行化就是对每一个像素点分配一个线程。对窗口中的所有像素点求最小值，即可以得到最终的暗通道图。其算法的线程处理的示意图如图 4-24(b)所示。

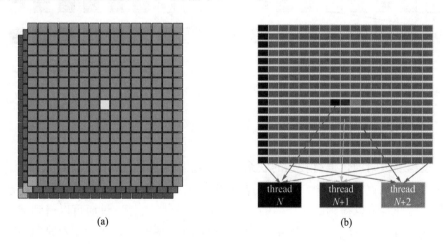

(a)　　　　　　　　　　　　　　　　(b)

图 4-24　像素点对应的窗口结构及线程处理示意图

2. 计算大气光值

Xue 等[9]虽然使用 CUDA 平台并行加速去雾算法，但是他们并没有针对原算法复原有大面积明亮部分的雾图效果不好的缺点提出解决方法，使用的仍然是原算法中求解大气光值的方法。He 等[10]的方法在求最大值时是通过排序的方法找对应雾天图像最亮的前 0.1%

的值。排序算法通常都会存在大量循环，需要通过多次判断，决定是否执行下次循环，条件的判读语句将会消耗大量时间。而本节使用的分割后的天空图的平均强度值作为最终的大气光值，除分割算法，该过程没有循环语句，而且都只是一些简单的四则运算。

由表 4-7 可知，其并行度为天空区域的像素点数，可以使用归约的方法求和后再求平均值，有效地提高算法效率，减少时间的消耗。确定大气光值只需要设计一个内核（Kernel）函数即可实现求大气光值。根据天空区域的像素点个数分配足够的线程，使每一个线程处理一个像素点，使用大量线程的并行实现算法。由第 3 章介绍的图像分割算法可知，图像分割也没有复杂的计算，都是一些四则运算，但是在求最佳阈值时，会有循环和时序问题影响数据的并行计算，且分割后的图像中的数据相对变少，有可能会导致并行优化后的运行效率低于原来的串行效率。对分割后的图像只需要进行简单的运算就可以得到大气光值，该过程中可以使用并行规约的方法对数据进行并行计算。并行规约有两种配对方式：相邻配对和交错配对。相邻配对是指当前数据直接与其相邻的数据配对，完成计算；交错配对是指提前给定一个跨度，将当前数据与指定跨度之后的第一个数据结合处理。其算法模型的示意图如图 4-25 所示。

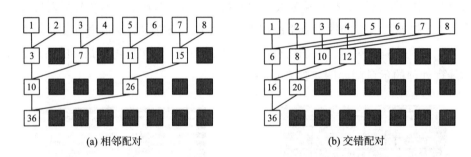

(a) 相邻配对   (b) 交错配对

图 4-25　并行规约法

3. 求初始透射率

这一过程与求暗原色值有较强的联系，可以先把图像中的所有的像素点归一化，以达到数据的显示更加直观的效果，即像素点的 RGB 三个通道内的像素点值与大气光值 A 做除法运算，这样就可以得到归一化后的 0～1 的暗原色值 J_{darkn}，进而可以得到雾天图像的初始透射率 $\tilde{t}(x)=1-\omega J_{darkn}$。由表 4-7 可知，初始透射率的最大并行度为原图中的像素点个数。该部分的计算过程可以根据数据的计算特性，设置为 3 个核函数。第一个核函数是求规则化原图中的像素点值；第二个核函数是求暗原色值；第三个 Kernel 函数是代入公式求初始透射率。具体的流程图如图 4-26 所示。

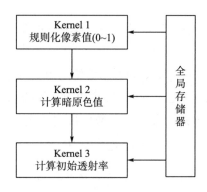

图 4-26　初始投射率流程图

4．对初始透射率进行精细化并复原雾天图像

针对暗原色先验的去雾算法的缺点，对算法进行优化主要体现在优化透射率及选择合适的大气光值方面。针对使用最小值滤波后的透射率图有斑块产生的缺点，选择对初始的透射率图再次滤波进行优化，可以选择双边滤波或者是导向滤波对初始透射率图进行细化。

双边滤波具有很好的保边效果，该滤波是基于加权平均的方法[11]。当前像素点的强度用周围的像素亮度值的加权平均值代替，在计算权重时，需要考虑像素的欧氏距离(只考虑位置对当前像素的影响)和该像素点周围区域中的色彩距离。

双边滤波和经典的高斯滤波器一样，都是利用一个卷积核(模板矩阵)，与需要处理的像素点相结合，再把相应范围内的像素点进行加权求和，把得到的结果作为新的输出像素点的值[12]。矩阵模板系数是通过高斯模板矩阵与值域系数相乘得到的。其输出像素点的值与周围像素值的加权和密切相关。$f(k,l)$ 表示在图像中 (k,l) 点处的像素值，$g(i,j)$ 表示得到的输出值。其数学表达式为

$$g(i,j) = \frac{\sum_{k,l} f(k,l) w(i,j,k,l)}{\sum_{k,l} w(i,j,k,l)} \tag{4-14}$$

权重系数 $w(i,j,k,l)$ 由定义域核 $d(i,j,k,l)$ 与值域核 $r(i,j,k,l)$ 的乘积确定。其计算如式(4-15)～式(4-17)所示：

$$r(i,j,k,l) = \exp\left[-\frac{\|(i-k) + (j-l)\|^2}{2\sigma_r^2} \right] \tag{4-15}$$

$$d(i,j,k,l) = \exp\left[-\frac{(i-k)^2 + (j-l)^2}{2\sigma_d^2} \right] \tag{4-16}$$

$$w(i,j,k,l) = d(i,j,k,l) * r(i,j,k,l) \tag{4-17}$$

由式(4-15)可知，在变化较缓和的区域，像素值差较小，值域权重 r 趋近于 1，此时的双边滤波近似于高斯滤波，故可以认为是对该区域进行高斯滤波；由式(4-16)可知，在图像物体的边缘部分，像素的灰度值的变化较急，差值大，同时值域系数就会下降，造成

该区域的卷积核函数下降（$w = r * d$），导致输出像素值的变化较小，从而有效地保留处理图像中物体边缘处的信息。

同双边滤波一样，导向滤波有更好地保留边缘信息的效果，导向滤波主要是利用输入的一幅图像（矩阵）作为导向图，通过导向图滤波器就可以确定图像的边缘位置，再进行处理，这样就可以达到很好的保边效果[11]。其数学模型如式（4-18）所示：

$$q_i = \sum_j W_{ij}(I)p_j \tag{4-18}$$

式中，I 代表导向图；i 是当前的像素点；p、q 分别为输入、输出图像；W_{ij} 这是加权因子。

由于选择的导向图和输入的图像有局部线性的关系，所以在局部窗口内，式（4-18）又可以表示为

$$q_i = aI_i + b \tag{4-19}$$

如果可以求出 a、b，就可以根据线性关系直接得到 q。根据无约束图像复原的方法可以得到式（4-20）：

$$E(a,b) = \sum \left[(aI_i + b - p_i)^2 + \varepsilon a^2 \right] \tag{4-20}$$

通过最小二乘法得到 a、b 的公式如下：

$$a = \frac{\frac{1}{|\omega|}\sum I_i p_i - \mu\overline{p}}{\sigma^2 + \varepsilon} \tag{4-21}$$

$$b = \overline{p} - a\mu \tag{4-22}$$

式中，μ 是 I 在窗口像素点的平均值；σ^2 是 I 在窗口像素点中的方差；$|\omega|$ 是窗口函数中的像素个数；$\overline{p}$ 是需要滤波的图像 p 在窗口函数中的均值，可以由式（4-23）表示：

$$\overline{p} = \frac{1}{|\omega|}\sum p_i \tag{4-23}$$

当计算每一个窗口的线性系数时会发现，每一个像素点都会被多个窗口多次使用，所以在求具体的值时，需要对包含该点的线性函数值求均值，如式（4-24）所示：

$$q_i = \frac{1}{|\omega|}\sum (aI_i + b) = \overline{a_i}I_i + \overline{b_i} \tag{4-24}$$

使用导向滤波优化后的透射率图如图 4-27 所示。

　　(a) 雾天图像(1)　　　　　　　(a) 初始透射率图(1)　　　　　　(a) 优化投射率图(1)

(b) 有天空雾图(2)　　　　　　(b) 初始透射率图(2)　　　　　　(b) 优化透射率图(2)

(c) 有天空雾图(3)　　　　　　(c) 初始透射率图(3)　　　　　　(c) 优化透射率图(3)

图 4-27　使用导向滤波优化后的透射率图

由图(4-27)可以看出，在精细化后的透射率图中，物体边缘部分的信息保留得较好，如图 4-27(a)(1)中树叶的边缘经过细化后，可以明显地分辨树叶的形状，而初始透射率图基本上看不出是什么物体。图 4-27(b)(2)中的"学校"两个字，初始透射率图只能看到一片白色，而精细化后的图，可以清晰看到文字。由此可见向导滤波的保边效果很好。

(1)双边滤波的并行处理。使用双边滤波优化透射率，由于双边滤波过程中数据的关联性低，耦合性小，适合并行加速。每一个像素点都是独立的，故其最大并行度可以达到图像中的像素点个数。

由式(4-15)可知，每一个像素点的值域系数都不同，故每一个像素点都要计算值域系数。且值域系数只与滤波窗口内的像素点值有关，下一个像素点的值域与前面已求得的值并没有关联，可知像素点值之间的关联性较小。由于所有的计算都是使用卷积核就可以编写一个 Kernel 函数，对每个像素点计算时调用 Kernel 函数既可。若处理的图像的大小为 $P*Q$，滤波窗口为 N 的共需要计算 $P*Q*(2N+1)^2$ 次。由于像素点的关联性小，可以设置 $P*Q$ 个线程同时处理 $P*Q$ 个像素点。一个线程完成一个像素点的计算，通过大量线程的并行，即可完成整个算法的运算。

(2)导向滤波。使用导向滤波[13-14]精细化透射率，在这一计算过程中多次使用盒子滤波函数 box_filter，对盒子滤波函数原理进行分析，该函数的调用可以看成有两个 Kernel 函数在并行。一个 Kernel 函数进行行累加后再进行差运算，另一个 Kernel 函数则是进行求列累加后再求差运算，这两个 Kernel 函数除运算数据不同，其他的方法都是相同的。一个线程实现一行或者是一列数据的累加和与差。优化透射率过程中的其他数据的运算类型是在矩阵之间进行的四则运算，分别用 Kernel 函数实现，根据雾天图像中像素值数据分配线程的数量，每一个线程实现一组相应数据之间的运算以达到数据并行实现的结果。

导向滤波中多次使用盒子滤波函数 box_filter，由于每次使用 box_filter 函数调用的数据都是不一样的，而且使用的数据除了要被矩阵调用进行运算，计算后得到的数据之间也有四则运算。根据计算方式的不同，把需要运算的数据分为多个小组，一组内的计算方法是相同的，只有数据不同。这样，就可以调用一组 Kernel 函数计算不同的数据。而矩阵对应元素的四则运算则可以分为多个 Kernel 函数，如一种运算对应一个 Kernel 函数。

由式(4-26)可知，在去雾这一过程中只涉及简单的四则运算，所以可以设置简单的四则运算 Kernel 函数，把求出的数据代入调用的函数中就可以得到复原后的清晰图像：

$$J(x) = \frac{I(x) - A}{t(x)} + A \tag{4-26}$$

4.3.3　实验结果及分析

为解决暗原色先验算法不适用于含有明亮区域的雾天图像处理的问题，本节采用第 3 章介绍的 OTSU 分割算法将天空和非天空区域分割开来，使用分割后的天空图的平均强度值作为最终的大气光值 A；为提高去雾算法的运行效率，本节选择 GPU 对去雾算法并行加速。该方法基于 CUDA 并行平台对初始去雾算法进行并行设计，充分使用 GPU 的并行计算优势，缩短去雾算法运行时间。

本节实验平台为 VS2013+OpenCV3.1+CUDA8.0，使用 C、CUDA C 对算法进行设计实现。该加速平台的设备清单如下：显卡(GPU)(NVIDIA GeForce GTX 1080Ti)显存为 11GB，CPU(Inter Core i7700k) 内存为 16GB 。本节用于时间结果对比的图片大小为 1280×720。

本节通过使用 CUDA 并行加速算法，既可以取得较好的无雾图像，也可以大幅提高算法的运行效率。通过利用并行加速去雾算法，可以明显发现，采用并行的去雾算法后，暗原色先验去雾算法的各个小步骤的运行效率都得到有效提高。去雾过程中的各步骤的时间数据对比如表 4-8 所示。

表 4-8　求暗原色图时间对比表   (单位：ms)

图片尺寸	He 等的算法	本节 CPU 算法	Xue 等的算法	本节 GPU 未优化算法
400×300	130	130	3	9
600×400	298	298	4	14
800×600	583	583	7	24
1000×720	1032	1032	10	32
1280×720	1290	1290	14	41

由表 4-8 可以看出：Xue 等基于暗原色先验算法使用 CUDA 并行加速，该种方法相比较于使用 CPU 运行算法，Xue 等使用的 GPU 加速算法在求暗原色图时，算法的速度有超过 40 倍的速度提升。本节算法在使用 GPU 加速未优化前只能达到 14 倍左右，说明使用

的并行加速方式并不如 Xue 等的加速方法，但是若对算法的并行处理做优化后，则可以达到更高的效率。通过第 3 章的去雾算法可以知道，下一个计算过程为求 A，时间对比如表 4-9 所示。

表 4-9　计算 A 的时间对比表　　　　　　　　　　　　（单位：ms）

图片尺寸	He 等的算法	本节 CPU 算法	Xue 等的算法	本节 GPU 未优化算法
400×300	19	102	3	11
600×400	25	158	4	16
800×600	37	219	7	21
1000×720	48	294	9	25
1280×720	65	382	12	28

由表 4-9 可以看出，本节的方法在求 A 时需要的时间更多，因为其是通过对天空区域进行分割后计算 A，图像的分割也需要较多的时间，故本节串行求 A 用的时间会明显多于 Xue 等的算法。使用 GPU 并行加速后，效率会明显提升。对含有大面积天空部分的雾天图像采用不同算法分割的时间进行对比，如表 4-10 所示。

表 4-10　图像分割时间对比表　　　　　　　　　　　　（单位：ms）

图片尺寸	本节 CPU 算法	本节 GPU 未优化算法
400×300	95	10
600×400	142	15
800×600	298	19
1000×720	240	23
1280×720	357	25

计算有雾图像的初始透射率的时间对比如表 4-11 所示。

表 4-11　计算初始透射率时间对比表　　　　　　　　　　（单位：ms）

图片尺寸	He 等的算法	本节 CPU 算法	Xue 等的算法	本节 GPU 未优化算法
400×300	313	313	2	12
600×400	460	460	3	19
800×600	726	726	4	26
1000×720	1114	1114	10	59
1280×720	1399	1399	13	70

本节的算法需要对分割后的物体区域和天空区域分别进行初始透射率估计，故其算法时间比 He 等的算法用的时间要长。

由于初始透射率有些粗糙，所以对透射率进行优化，算法运行的时间对比如表 4-12 所示。

表 4-12　精细化透射率时间对比表 （单位：ms）

图片尺寸	He 等的算法	CPU 导向滤波算法	Xue 等的算法	GPU 导向滤波算法	GPU 双边滤波算法
400×300	105	105	11	64	7
600×400	262	262	25	129	14
800×600	359	359	48	229	25
1000×720	452	452	71	331	37
1280×720	530	530	98	414	46

由表 4-12 可知，在整个去雾算法的运行过程中，精细化透射率还是比较耗时的。Xue 等通过使用 CUDA 对导向滤波进行优化，其速度大约有 5~11 倍的提升，而本节使用未优化的导向滤波算法只有 1~3 倍的提升。双边滤波的算法即可以减少去雾算法的运行时间，也可以保留雾天的边缘，但是该滤波方法在复原雾天图像的边缘部分时仍还有一些缺陷，不如导向滤波的保边效果好，所以本节最终选择导向滤波优化透射率。

在最终的去雾过程中，由于都是一些简单的四则运算，需要的时间不多，故不做运行时间对比，整个去雾算法的时间对比如表 4-13 所示。

表 4-13　整个去雾时间对比表 （单位：ms）

图片尺寸	He 等的算法	本节 CPU 算法	Xue 等的算法	本节 GPU 未优化算法
400×300	609	578	19	97
600×400	1094	1227	36	180
800×600	1776	1958	68	298
1000×720	2731	2977	100	452
1280×720	3388	3706	127	560

由表 4-13 可知，本节使用未优化的方法可以使去雾算法比 He 等的算法效率提升约 6 倍，使用 Xue 等的算法对比原方法则可以提高约 52 倍（400×300）。本节使用的去雾算法通过对上述去雾算法中的各个小步骤的时间进行对比，可以发现，使用 GPU 对算法进行加速后，可以大幅度地提升算法的运行效率，即能解决科技进步带来的数据量增多的问题，也符合本节研究的初衷，即缩短算法的运行时间，且达到对高清图像实时去雾的目的。

本节提出的使用 GPU 对去雾算法进行并行加速，对去雾算法的运行效率有较大的提高。从实验数据中可以看到，虽然在 CUDA 平台上 GPU 对初始算法进行了并行设计，提高了初始算法的性能，但是只进行并行设计的算法还需要进行优化。未优化的算法仍不能解决前文提出的问题，做到对高清图像的实时去雾。所以接下来，结合 CUDA 构架的一些特性对本节所使用的并行算法进一步并行优化，以保证该算法可以实时处理有雾的高清图像。

4.3.4　GPU 并行加速优化策略

由 4.3.3 节的实验结果可以看到，若只对算法进行简单的并行化是远远不够的。所以还要根据 CUDA 构架的特性对已经并行编写的算法进行进一步的加速优化，再一次提升算法的运行效率。本节主要是在 4.3.3 节的基础上对已并行实现的去雾算法进行优化，以达到对高清雾天图像实时去雾的效果。

4.3.4.1　CUDA 的并行加速优化方法

在使用 GPU 进行程序开发时，通常会关注程序的功能实现以及性能的提升两个方面。功能实现通过第 3 章的研究已经得到满足，本节的目的是提高算法的性能，即对并行算法进行优化。

CUDA 采用的是单指令多线程(single instruction multiple threads，SIMT)构架管理和调度线程，每 32 个线程分为一组，又被称为线程束，一组线程执行一个相同的指令，每个线程都有自己的指令地址计算器和寄存器状态，可以使用自己的数据执行当前的指令，每个 SM 把分配的线程块划分到线程束中，然后利用 GPU 的硬件资源调度执行[15]。GPU 中的优化算法如下所述。

1. 线程及线程块个数的选择

在执行 CUDA 的 Kernel 函数时，需要根据显卡的数据结合 Kernel 函数的特点。在选择线程与线程块时，应当根据以下特点选择线程和线程块数：

(1)线程块里面分配的线程个数尽量是线程 warp(32) 的倍数；

(2)若一个多核上分配有多个线程块时，其线程块内的线程个数最小是 64 的倍数；

(3)若想要在不同的线程块内分配不同的线程数，线程个数应当选择 128~256 的 32 的倍数；

(4)若 GPU 性能的受到寄存器的延时时钟影响时，可以使用多个线程块，避免只用一个大的线程块。

2. 同步

在 CDUA 中的同步有两种类型：系统(流)同步和块同步，系统同步是指等待主机与设备完成所有的工作；块同步指的是在设备的执行过程中，等待一个线程块内的所有线程完成工作[16]。

在主机端，由于有许多的 CUDA API 调用和内核函数的启动，这些函数是不同步的，可以使用 cudaError_t 函数来阻塞主机端的应用程序，已达到所有的 CUDA 执行完成。在线程块中则使用__device__ void __syncthreads(void)函数，促使线程同步。

当代码__syncthreads() 被调用时，一个线程块内线程必须等到线程块内所有线程都完成工作。

不在同一个线程块中就没有线程同步，但可以有块间同步。块间同步的安全方法是在每一个内核函数执行结束后，再使用全局同步。在全局同步后，结束当前的 Kernel 函数，开始新的 Kernel 函数。为保证最小代价在线程块中使用同步函数__syncthreads()，应保证线程块中的每一个线程都可以有效地协作，即线程块中共享内存的延迟性应该很低。所以在 GPU 上，共享内存距离执行单元的长度应尽可能小，而且一个块中所有线程都应尽量分配给相同的处理核心。

3. 指令流优化

CUDA 平台在进行数据计算时，对单精度浮点运算有较强的处理能力，所以在处理数据时尽量把需要处理的数据转化为单精度，因为使用双精度的数值会增加主机端和设备端之间的通信，同时也会增加全局内存的数据输入输出量，这都将导致算法的运行效率降低。若必须要使用双精度类型的数据，则应该使用 float 类型的数据。

CUDA 编程又支持 C、C++风格的显示控制流，如 for、while 以及 if…then…else 语句，不同于 CPU 编程。CUDA 的编程结构简单，不能执行复杂的分支预测。一个线程束(warp)中的全部线程必须执行同一个指令。若线程束中的线程执行了不同的指令，就会导致线程束分化。

通常控制流的使用过于依赖线程的索引。若出现了线程束分化，就会造成 GPU 内核的性能降低。所以，通过编写合适的数据获取方法，可以有效地减少或者是避免线程束的分化。后文将以并行规约为例，介绍如何避免分支分化。

4. 循环展开

在 CUDA 中可以把循环展开，利用减少指令的消耗和增加一些单独的指令的方式，以增强计算性能。循环展开的主要目的就是为了减少 CUDA 在循环函数时造成分支冲突，由于 GPU 中 SM 架构的特殊性及 warp(Half-warp)执行时的严格要求，CUDA 调用循环语句有分支冲突的风险，而通过循环展开，可以有效地降低分支冲突的发生。例如，在求 1～10 的和时，若有循环则需要判断 10 次，计算 10 次会产生分支，若对其循环全部展开，即分成 10 个计算式子，不需要再进行判断，可以快速地计算结果，也没有分支产生，其并行计算的效率也得到了提升。

循环展开实际上是一种通过减少分支出现的次数和循环指令来优化循环的方法。在循环展开中，如果循环主体的函数需要多次调用，就不能只写一次，然后通过另外一个函数调用该循环执行代码。所有的封闭循环都可以将其迭代次数减少或者是完全删除。

5. 动态并行

CUDA 的动态并行可以在 GPU 端创建和同步新的内核函数。有了动态并行，可以在运行时决定需要在 GPU 上创建多少个网格和块，动态地利用 GPU 硬件调度器和加载平衡器进行调整。

动态并行的内核执行分为两种：父类和子类。父线程、父线程块及父线程网格启动的一个新网格就是子网格。子线程、子线程块及子线程网格是被父类启动的，子网格必须在父线程、父线程块及父线程网格完成之前结束工作。只有所有的子网格完成后，父类才会完成。结构示意图如图 4-28 所示。

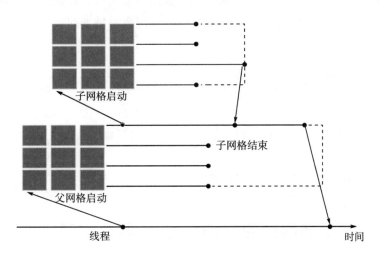

图 4-28   动态并行结构图

6. 内存访问优化

计算机的计算能力会因为存储器的带宽而受到影响，因为计算机的可用性能远远超过内存访问带宽的速率，所以在 CUDA 并行编程中，应该解决因存储器的带宽和数据之间通信而造成的计算机瓶颈，灵活地根据使用储存器的特性，对存储器带宽进行增加[17]。而在整个 CUDA 构架中有最大内存的存储单元为全局储存，基本上等同于 GPU 的显存，数据一般都存放全局显存中，但是访问速度较慢，一般会有几百个时钟的延迟。寄存器访问速度最快，其延迟一般低于一个时钟，用于存储局部变量，且寄存器的存储空间小，不能共享数据。共享存储器的访问速度仅次于寄存器，一般只有几到几十个时钟的延迟。而且使用共享内存也可以有效地避免访问冲突，共享内存的容量一般为 16KB 或 48KB。共享内存可以被一个块内的所有线程访问，减少块内线程之间通信的开销时间。

4.3.4.2　并行加速算法的优化

1. 求暗原色值优化

在计算暗原色值时，每一像素点都要有 15×15 次的访问，这就会导致时间消耗在数据的访问操作上，所以可以把图像数据按块划分好，再把数据缓存分配到共享内存中，使块中的线程直接通过窗口函数从共享内存中访问数据，从而节省时间，因为块之间不能进行数据的交流，所以要把图像所有的数据都储存在共享内存中，以方便窗口函数边缘的数据被多次读取利用。

2. 大气光值及分割优化

初始的并行算法是通过并行规约的方法对算法中求大气光值进行加速，使用并行规约法可能会带来分支分化的影响，为避免分支分化现象，需要对原始的方法进行改善，如图 4-29 所示。

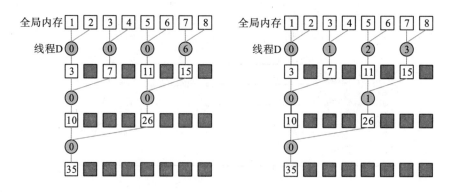

图 4-29　改善后的规约配对

在初始规约法中，只有线程索引为偶数的才执行函数主体，但是所有的线程都必须要被调用，而在第二次迭代中，只有线程为 0 和 4 的才是在使用的，其他的同样也要被调用，虽然没有用来计算数据。通过重新分配每个线程的索引来强制性使相邻的线程执行求和计算，这样就避免了线程束的分化现象。

通过对 512 个线程做并行，发现优化后的并行规约法是改善前效率的 1.5 倍。在实验中，计算前后的数据都保存在全局内存中，由于全局内存的读取速度较慢，可以为计算后的数据分配新的内存地址，如在寄存器或者共享内存中，其速度较未使用共享内存的并行规约提升了 1.4 倍，比初始的规约方法效率提升了 2.1 倍。优化后的大气光值及分割用时如表 4-14 所示。

表 4-14 大气光值及分割用时表 (单位：ms)

图片尺寸	分割	优化分割	大气光值	优化大气光值
400×300	10	3	1	0
600×400	15	4	1	0
800×600	19	5	1	0
1000×720	23	6	1	0
1280×720	25	7	1	1

在初始算法并行中写了多个核函数，而且调用的数据都是存储在全局内存中，影响访问速度，若对计算后的数据重新分配合适的内存地址，就可以看到优化后的大气光值计算效率得到了很大的提升。

3. 初始透射率优化

由图 4-30 可知，在初始的透射率计算过程中，第一个和第三个 Kernel 函数中的计算方式都是一些简单的四则运算，且需要计算的数据量也较少，调用的原始数据也都存储在全局内存中。故可以把上述的 Kernel 函数合并，即将第一个和第三个核函数合并到第二个核函数中，使用第二个核函数处理原来的数据，在合并后可以根据数据的特性改变其存储的空间。把计算后得到的需要再次调用的数据存储空间由全局内存改变为存放在共享内存中，这样可以减少调用数据时访问存储空间造成的时间浪费，以达到对并行代码进行优化的效果。Kernel 合并结构图如图 4-30 所示。

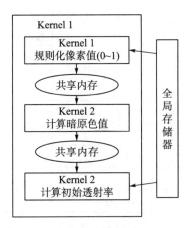

图 4-30 Kernel 合并结构图

优化后的算法运行时间对比如表 4-15 所示。

表 4-15　优化后的初始透射率时间对比表　　　　　　　　　（单位：ms）

图片尺寸	优化前	优化后
400×300	12	1
600×400	19	2
800×600	26	2
1000×720	59	3
1280×720	70	5

由表 4-15 可以看出，优化后的算法减少了 Kernel 核函数的开销，简化了主程序；使用共享内存提高了数据的访问速度，降低了算法的运行时间，优化后的初始透射率时间约提升了 9～20 倍。

4. 精细化透射率及去雾优化

由 4.3.3 节可知，导向滤波中的盒子滤波可以看作是 2 个 Kernel 函数的并行计算，根据盒子滤波原理可以对盒子滤波做以下改进：①把计算后数据保留，利用保留的数据提高算法并行效率；②合并 Kernel 函数；③使用共享内存代替全局内存。优化后的导向滤波核函数图如图 4-31 所示。

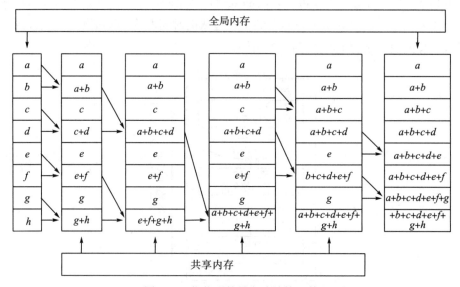

图 4-31　优化后的导向滤波核函数

由图 4-31 可知，导向滤波做累加是保留中间结果的累加方法，如果使用传统的方法，需要大量的计算步骤，且需要多次把计算结果分配在全局内存中。而使用图 4-31 的方法，即在调用数据同时把原来计算后的数据保存在共享内存中，就可以有效地减少访问全局内存浪费的时间，又因为已经计算的结果还要再次调用，保留计算的结果可以降低初始数据调用次数。使用共享内存，即把部分数据由全局内存变为共享内存，可以把数据的读写效率进行提升，同时也方便调用数据，提高效率，减少数据在访问时的运行时间。例如，$a+b+c+d$ 这个存储空间内的计算结果需要多次使用，通过保留计算结果和使用共享内存的方法，即可以减少为数据分配内存的时间，即不用多次分配内存，也易于数据的调用，减少一些数据的重复计算。

由于导向滤波需要多次调用盒子滤波，使用图 4-31 的并行算法已经可以大幅地缩减累加的时间，但是在计算过程中每次使用的数据不一样，使用的初始数据既要做累加运算，也要进行矩阵运算，根据这些运算的特性，可以把数据的调用合并到一个核函数中。而运算结果需要保留的同时，结果之间也存在四则运算，故可以使用一个 Kernel 函数，而矩阵计算则可以单独地设置一个核函数。数据的使用过程中使用共享内存，以便于数据的快速调用。

优化前后的导向滤波算法的耗时对比如表 4-16 所示，由表中可以看出，对导向滤波优化后其算法效率大约提高了 28 倍(400×300)。

表 4-16 导向滤波算法的耗时对比表 （单位：ms）

图片尺寸	优化前	优化后
400×300	84	3
600×400	129	6
800×600	224	13
1000×720	331	24
1280×720	414	31

由式(4-16)可知，在最终的图像去雾只是一些数据之间的四则运算，故不需要再次编写 Kernel 函数，调用前一步骤中的 Kernel 函数计算数据即可，减少 Kernel 函数的编写次数和代码量。

4.3.5 结果分析

4.3 节使用大小为 1280×720 的有雾图片，分别对去雾流程中的每一个小过程的算法运行时间做统计，并分别与 He 等、Xue 等的算法做比较，去雾时间对比结果如表 4-17 所示。

表 4-17 去雾时间对比 （单位：ms）

算法	图像分割	暗原色	大气光值	初始透射率	优化透射率	去雾	整个算法
CPU 端算法	362	1290	382	1399	530	104	3706
He 等的算法	0	1290	65	1399	530	104	3388
Xue 等的算法	0	12	13	12	98	0	135
本节算法	6	2	1	5	31	0	45

由表 4-17 可以看出，对大小为 1280×720 的高清图像进行去雾，本节所使用的并行优化后的去雾算法与只在 CPU 端运行的去雾算法相比，本节算法的运行效率提升了约 82 倍，而与 He 等的去雾算法对比，其效率提升了约 75 倍，与 Xue 等使用的并行算法对比，本节算法的效率也有 3 倍的提升。本节使用的并行加速算法基本上达到了对 720P 的高清图像做实时去雾处理。图 4-32 给出了本节 CPU 运行算法耗时分别与 Xue 等的算法以及本节 GPU 并行加速的算法去雾过程中各个小过程的时间加速比。

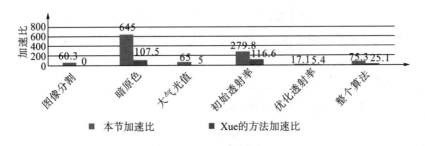

图 4-32　去雾算法加速比

加速比：加速比=He 等的算法或 CPU 运行时间/并行优化后算法运行时间。

由于 Xue 等的去雾算法只是对 He 等的算法做了并行处理，并没有分割图像，所以其分割的时间为 0ms，将加速比设置为 0。在去雾算法中的最后去雾这一过程中，并行后的算法时间相同，都为 0ms，图 4-32 中也不显示该过程的效率比。由图 4-32 可见，本节算法并行加速的效果更加明显，算法的运行时间更少。从整个算法的并行加速过程可以看出，使用算法中的计算暗原色值、大气光值、初始透射率值这三个过程中的效率比的数据较大。这三个过程的效率比高，是因为都是一些简单的四则运算，且最大并行度也是最高的。而优化透射率过程的效率比小是因为该过程中需要处理的数据多，数据的访问存储也多，所以没有得到较大的速度提升。而在分割过程中使用的是 OTSU 分割算法，而该方法的并行过程中在遍历计算最大类间方差时有一定的时序问题，所以图像的并行度也并不能达到最大。在处理一幅大小为 1280×720 的雾天图像时，不计算读取和存储图像的时间，本节算法得到复原图像的时间为 45ms，即做到接近每秒 23 帧的速度，可以说基本上达到对该类大小的雾天图像实时去雾处理的效果。通过与 Xue 等的并行加速算法耗时做比较，本节算法的并行加速效果更好。且 Xue 等的算法是通过对 He 等的算法做并行加速，并没改变算法的特性，所以去雾效果同 He 等的效果一样，仍有不适应天空雾图的缺点。通过对比，本节的复原算法效果更好，算法加速的效率也更高，更加适用于实时处理有雾图像。

表 4-18 分别给出了不同大小的图片三种去雾时间统计。

表 4-18　　三种去雾时间对比　　　　　　　　　　　　　　　（单位：ms）

图片尺寸	He 等的算法	Xue 等的算法	本节优化后算法
400×300	605	19	8
600×400	1094	36	13
800×600	1776	68	21
1000×720	2731	100	35
1280×720	3388	127	45

　　本节算法与 He 等的算法及 Xue 等与 He 等的算法相比，加速比有较大的提高。通过表 4-18 的数据可以看出，本节算法对各种大小的图片进行去雾处理的时间都远远优于 Xue 等的算法，可以表明该算法在运行速度上得到了较好的提升。

　　下面给出 Xue 等的算法和本节算法对不同大小图片去雾处理后的加速比，如图 4-33 所示。

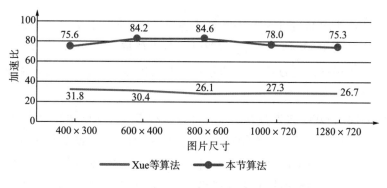

图 4-33　去雾算法的加速比

　　由并行计算的特性可知，数据量越多，其加速比越高，若数据量较小，可能会导致部分算法进行串行处理，这样就会导致加速比达不到理论值。所以在图像较小时，其加速比可能会比处理大图像的加速比小。

4.3.6　小结

　　4.3 节提出的使用 CUDA 平台，利用 GPU 对去雾算法进行并行加速，根据先前的实验数据发现，简单地对算法进行并行，并不能解决对高清图像无法实时去雾的问题。根据 CUDA 构架的内存模型以及改变算法中数据的处理方式，如循环的展开、数据由存储在全局内存中变为存储在共享内存中、对块中的线程使用同步函数、使用流并行等方法对并行后的算法进一步优化。优化后的并行加速算法，处理一幅大小为 1280×720 的雾天图像，去雾算法的运行时间为 45ms，即可以达到每秒 23 帧，基本上可以做到对 720P 的图片进行实时处理的要求。优化后的本节算法在快速复原图像的基础上，同时达到了对有天空的雾天图像去雾不失真的效果。与目前已经使用 GPU 进行加速的去雾算法相比，本节算法有更高的运行效率；与他人使用的基于暗原色先验的去雾算法相比，本节算法对有天空部分的雾天图像处理效果更好。

4.4　本 章 小 结

　　针对目前去雾算法实时性较差的问题，本章基于大气散射模型，使用优化的导向滤波方法，以及下采样的加速方案，有效完成了较高分辨率雾天图像的实时处理；其次，针对去雾后图像普遍偏暗的情况，提出一种自适应的亮度调整方法；最后，对暗原色先验规律不成立的大面积白色区域进行了详细分析，并提出修正方案。通过与目前最新算法的比较可以看出，本节算法去雾效果细节清晰、色彩真实自然，且算法具有较为广泛的适用性。

　　另外，本章采用 DM642 平台对去雾算法进行了移植和优化。在熟悉该平台硬件系统结构以及软件开发环境的基础上，对去雾算法进行了移植。另外，本章也介绍了一些实用的 DSP 优化技巧。最终，在 DSP 上处理分辨率为 352×288 的视频图像，去雾算法满足实时要求。

　　本章提出的使用 GPU 对去雾算法进行加速，对去雾算法的运行效率有较大的提升。从实验数据中可以看到，虽然在 CUDA 平台上 GPU 对初始算法进行了并行设计，提高了初始算法的性能，但简单地对算法进行并行，并不能解决对高清图像无法实时去雾的缺点。因此，可根据 CUDA 构架的内存模型以及改变算法中数据的处理方式对并行后的算法进一步优化。优化后的并行加速算法，基本上可以做到对 720P 的图片达到实时处理的要求。优化后的算法在快速复原图像的基础上，同时达到了对有天空的雾天图像去雾不失真的效果。4.3 节算法与目前使用的 GPU 进行加速的去雾算法相比，4.3 节算法有更高的运行效率。

参 考 文 献

[1] 肖进胜，单姗姗，段鹏飞，等. 一种基于不同色彩空间融合的图像增强快速算法[J]. 自动化学报，2014，40(4)：697-705.

[2] Tarel J P，Hauti N. Fast visibility restoration from a single color or gray level image[C]. Proceedings of IEEE Conference on Computer Vision. Kyoto，Japan：IEEE Computer Society，2009：2201-2208.

[3] He K M，Sun J，Tang X O. Guided image filtering[J]，IEEE Transactions on Pattern Analysis and Machine Intelligence，2013，35(6)：1-13.

[4] Rahman Z，Jobson D，Woodell G. Retinex processing for automatic image enhancement [J]. Journal of Electronic Imaging，2004，

13(1)：100-110.

[5] He K M，Sun J，Tang X O. Single image haze removal using dark channel prior[J]. IEEE Transactions on Pattern Analysis and Machine Intelligence，2011，33(12)：2341-2353.

[6] Daniel L. Streaming maximum-minimum filter using no more than three comparisons per element[J]. Journal of Computing，2006，13(4)：328-339.

[7] 桑德斯. GPU 高性能编程 CUDA 实战[M]. 聂雪军，等译. 北京：机械工业出版社，2011.

[8] 张舒，褚艳丽. GPU 高性能计算之 CUDA[M]. 北京：中国水利水电出版社，2009.

[9] Xue Y，Ren J，Su H，et al. Parallel implementation and optimization of haze removal using dark channel prior based on CUDA[J]. Communications in computer&Information Science, 2012, 207(1)：99-109.

[10] He K M，Sun J，Tang X O. Single image haze removal using dark channel prior[C]//Proceedings of IEEE Conference on Computer Vision and Pattern Recognition. Miami，FL，USA：IEEE Computer Society，2009：1956-1963.

[11] Paris S，Durand F. A fast approximation of the Bilateral filter using a signal processing approach[J]. International Journal of Computer Vision，2009，81(1)：24-52.

[12] Ali H H，Kolivand H，Sunar M S. Soft bilateral filtering shadows using multiple image-based algorithms[J]. Multimedia Tools & Applications，2017，76(2)：2591-2608.

[13] Geethu H，Shamna S，Kizhakkethottam J J. Weighted guided image filtering and haze removal in single image[J]. Procedia Technology，2016，24：1475-1482.

[14] Han Z，Wen L U，Yang S，et al. Improved natural image dehazing algorithm based on guided filtering[J]. Journal of Frontiers of Computer Science and Technology，2015.

[15] 丁毅乐. 基于 CUDA 架构的遥感图像滤波算法并行处理[D]. 郑州：解放军信息工程大学，2017.

[16] 朱旦其. 基于 CUDA 平台的机器学习算法 GPU 并行化的研究与实现[D]. 成都：电子科技大学，2017.

[17] 郭凌宇. 基于 CUDA 的连续最大流医学影像分割算法研究[D]. 哈尔滨：哈尔滨理工大学，2016.

第 5 章　低照度图像增强技术

第 1 章已经详细介绍了低照度图像增强技术的国内外研究现状。目前，低照度图像增强技术研究已经取得了一定的成果，但现存算法仍存在细节易丢失、颜色失真、算法复杂度高等各种问题，低照度图像增强技术仍然无法保证视觉系统在低照度环境下的性能。因此，低照度图像增强算法的研究是迫切且有重大意义的。此外，低照度图像增强技术的算法效率也是目前研究的重点。本章首先研究了传统的低照度图像增强算法，并分析其优缺点；然后，针对低照度彩色图像的低亮度和低对比度的特点，通过研究瞳孔及感光细胞对环境的自动调节过程，提出了一种基于视觉感知特性的低照度增强算法；最后，在分析了低照度图像和雾天图像关系的基础上，提出了一种基于物理模型的低照度图像增强算法。

5.1　低照度图像增强基本理论

低照度图像的特点是图像的灰度范围极窄，像素点主要集中在低灰度值部分，低照度图像增强算法的主要目标是扩大图像灰度值范围，进而突出图像中隐含的信息，改善视觉效果。本节将介绍几种传统的低照度图像增强算法及常用的一些图像质量评价指标。

5.1.1　低照度图像增强算法——空域法

空域法是以图像的灰度映射为基础，直接对图像中的像素点进行线性或者非线性的运算，空域增强法的表达式为

$$g(x, y) = T[f(x, y)] \tag{5-1}$$

式中，$f(x, y)$ 是输入图像；$g(x, y)$ 是处理后的图像；T 为对 $f(x, y)$ 做具体操作的变换函数。目前，低照度图像增强空域法主要有直方图均衡化法、灰度变换法、Retinex 法及基于去雾技术的低照度图像增强算法等。

5.1.1.1　直方图均衡化法

图像的直方图统计了图像内像素点的分布情况，可以反映图像内每一个灰度级在图像中出现的概率。直方图定义如下：

$$p(r_k) = \frac{n_k}{N} \qquad (k = 0,1,\cdots,L-1) \tag{5-2}$$

式中，n_k 表示图像中灰度级为 k 的像素个数；L 为总灰度级数；N 为图像总像素数；r_k 为第 k 级灰度；$p(r_k)$ 表示图像中第 k 级灰度出现的概率。

直方图均衡化是一种经典的图像增强方法。它通过灰度变换函数将原始图像的灰度直方图变成均匀分布，使图像中像素点不再集中在狭小的灰度区间内，而使像素点在整个灰度区间内均匀分布，从而提高图像的对比度，使暗区的细节得以体现。均衡变换关系为

$$s_k = T(r_k) = \sum_{j=0}^{k} p(r_j) = \sum_{j=0}^{k} \frac{n_k}{N} \qquad (k = 0,1,\cdots,L-1) \tag{5-3}$$

式中，s_k 为原始图像中像素值 r_k 所对应的均衡化后的像素值。

直方图均衡化效果如图 5-1 所示，可以看出，该算法处理后图像的灰度分布得到明显扩展，图像对比度显著提高，有效改善了图像视觉效果。

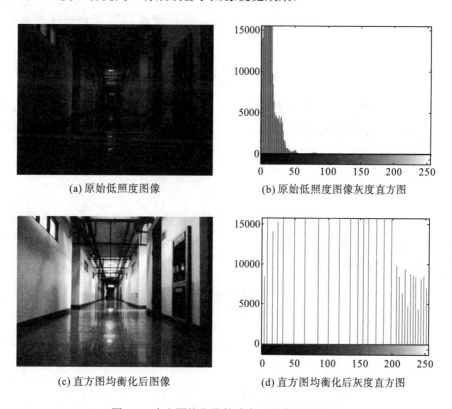

(a) 原始低照度图像　　　　　　　(b) 原始低照度图像灰度直方图

(c) 直方图均衡化后图像　　　　　(d) 直方图均衡化后灰度直方图

图 5-1　直方图均衡化算法实现图像增强效果

直方图均衡化算法简单，处理速度快，无须设置参数，但是该方法会由于灰度级过度合并而导致细节信息丢失。此外，该方法对图像内像素点不加选择地处理，不利于考虑图像内局部特征，并可能放大图像噪声。因此，一些改进的直方图均衡化算法也逐渐被提出来，如吴成茂[1]提出的可调直方图均衡化及姜柏军等[2]提出的结合了全局直方图均衡化及

局部直方图均衡化优点的改进直方图均衡化算法。

5.1.1.2　灰度变换法

灰度变换法是通过设计变换函数，直接将图像的灰度值映射到其他灰度值，从而拓宽图像动态范围，提高图像对比度。灰度变换的核心是设计效果良好的映射函数，根据映射函数的特点，目前灰度变换分为线性变换和非线性变换。

1.　线性变换

线性变换通过线性函数对灰度值进行线性映射，包括全域线性变换和分段线性变换。全域线性变换是使用一个线性函数对图像中所有的像素点做线性扩展，这种方法适用于像素值集中在非常小的灰度区间的图像。

假设原始图像 $f(x,y)$ 的灰度区间为 $[a,b]$，线性变换后图像 $g(x,y)$ 的灰度区间为 $[c,d]$，则线性变换可用下式实现：

$$g(x,y) = \frac{d-c}{a-b}[f(x,y)-a]+c \tag{5-4}$$

分段线性变换的特点是针对图像中不同的灰度区间采用不同的线性函数进行映射，它可以根据需求对图像中的感兴趣灰度区间进行增强。由于对灰度区间进行了区分处理，分段线性变换能取得更加令人满意的结果。

2.　非线性变换

非线性变换是采用非线性函数作为映射函数，常用的非线性函数有对数函数、指数函数及 Gamma 函数等。

对数变换的一般表达式为

$$g(x,y) = \frac{255\log\left[1+\dfrac{\lambda f(x,y)}{255}\right]}{\log(\lambda+1)} \tag{5-5}$$

式中，λ 为增强程度控制参数，它对函数的影响如图 5-2 所示。

指数变换的一般表达式为

$$g(x,y) = b^{c[f(x,y)-a]} - 1 \tag{5-6}$$

式中，a、b 和 c 调整曲线形状参数与对数变换相反，指数变换主要是扩展高灰度值区域而压缩低灰度值区域，如图 5-3 所示。

Gamma 变换表达式为

$$g(x,y) = cf(x,y)^{\gamma} + b \tag{5-7}$$

式中，γ 为曲线形状调整参数，当 $\gamma < 1$ 时，曲线形状与对数函数类似，会扩展低灰度值区域而压缩高灰度值区域；当 $\gamma > 1$ 时，曲线形状与指数函数类似，会扩展高灰度值区域而压缩低灰度值区域；参数对 Gamma 函数的作用如图 5-4 所示。

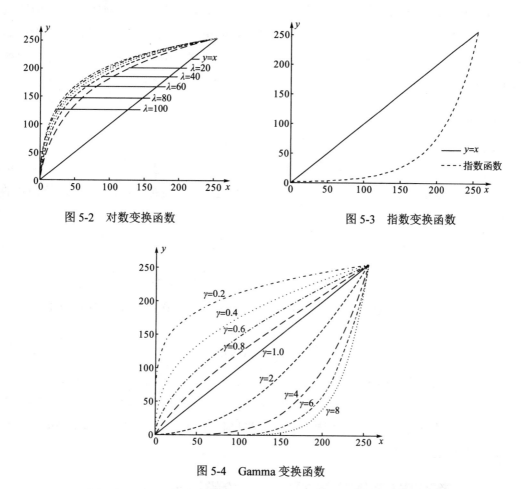

图 5-2　对数变换函数　　　　　　　　　　　　图 5-3　指数变换函数

图 5-4　Gamma 变换函数

对数变换、指数变换及 Gamma 变换都可以通过调整参数值扩展图像动态范围，从而提升图像的对比度及可见度。目前，很多基于人眼视觉特性的灰度变换算法被提出，通过模拟人眼对光照环境的调节机制来提升视觉效果。Cheng 等[3]基于低照度下的人眼视觉补偿模型进行逐像素灰度校正。李权合等[4]通过视觉机制引导对低照度图像进行二次曝光，取得了较为良好的效果。

5.1.1.3　Retinex 法

1977 年，Land[5]提出 Retinex 理论，该理论认为人眼感知到的物体亮度和色彩是由环境的照度和物体表面对照射光的反射决定的，因此可以通过去除亮度分量对视觉感受的影响还原物体表面场景。根据 Retinex 理论，一幅图像由照度分量 $L(x, y)$ 和反射分量 $R(x, y)$ 两部分组成：

$$I(x, y) = R(x, y) * L(x, y) \tag{5-8}$$

式中，照度分量 $L(x,y)$ 反映物体周围环境的照度，反射分量 $R(x,y)$ 决定了物体表面的本质特征。Retinex 图像增强算法就是从视觉感知到的 $I(x,y)$ 中估计物体周围环境照度 $L(x,y)$，然后将其去除，还原出清晰化图像。随着 Retinex 理论的不断发展，目前 Retinex 算法可以分为单尺度 Retinex 算法（SSR）算法、多尺度 Retinex（MSR）算法及其他改进的 Retinex 算法。

1. SSR 算法

SSR 算法是由 Jobson 等[6]提出的，算法表达式为

$$R_i(x,y) = \log I_i(x,y) - \log[F(x,y) * I_i(x,y)] \tag{5-9}$$

式中，i 代表 RGB 三颜色通道；$F(x,y)$ 为高斯环绕函数；$*$ 为卷积运算。高斯环绕函数的表达式为

$$F(x,y) = K \exp\left(-\frac{x^2 + y^2}{\sigma^2}\right) \tag{5-10}$$

式中，σ 是高斯环绕函数的尺度参数，当 σ 较小时，对图像细节增强力度较大，图像细节会特别突出，但易造成色彩失真；当 σ 较大时，对图像细节增强力度较小，图像不会失真，但细节不够突出。K 为归一化因子，使中心环绕函数满足：

$$\iint F(x,y)\mathrm{d}x\mathrm{d}y = 1 \tag{5-11}$$

SSR 算法的低照度增强效果如图 5-5 所示，其中图 5-5(a) 为原始低照度图像，图 5-5(b)～图 5-5(d) 分别为 σ 取 40、80、160 的增强效果。尺度参数 σ 决定了 SSR 算法的增强效果，我们发现该算法难以同时满足动态范围压缩和色调映射，且由于该算法是针对灰度图像的，彩色图像会发生色彩失真。

(a) 原始低照度图像

(b) SSR 增强效果(σ=40)

(c) SSR 增强效果(σ=80)

(d) SSR 增强效果(σ=160)

图 5-5　不同尺度的 SSR 增强效果

2. MSR 算法

影响 SSR 算法增强效果的主要参数为尺度 σ ，尺度大小的评判与输入图像的尺寸相关。算法尺度的选择将决定增强后图像的细节增强程度与色彩保持程度。当尺度较小时，SSR 增强效果能够获得极好的边缘及细节；当尺度中等时，SSR 增强效果能同时得到较好的边缘效果与色彩保持；当尺度较大时，SSR 增强效果能够保持良好的色彩。实际应用时，我们可以根据自己的需求来设定尺度。1996 年，Rahman 等[7]在 SSR 的基础上提出了 MSR 算法，表达式为

$$R_{n_i}(x,y) = \log I_i(x,y) - \log[F_n(x,y) * I_i(x,y)] \tag{5-12}$$

$$R_{m_i}(x,y) = \sum_{n=1}^{N} \omega_n R_{n_i}(x,y) \tag{5-13}$$

式中，$R_{n_i}(x,y)$ 为颜色分量 i 在尺度 n 上的增强图像；N 为尺度数目，通常 MSR 算法需要选择小、中、大三个尺度，因此 N 为 3；ω_n 为对应尺度的权值。该算法增强效果如图 5-6 所示。

(a) 原始低照度图像　　　　　　　　　　(b) MSR 增强效果

图 5-6　MSR 增强效果

该算法通过结合各个尺度的优点，将不同尺度 σ 增强过的图像进行线性融合，最终同时实现边缘细节的增强及色彩的良好保持。MSR 算法相对于 SSR 算法，其增强效果具有很大的提升，但是它仍然无法解决色彩失真的问题。

3. 其他改进的 Retinex 算法

随着学者们对 Retinex 算法的不断研究，各种改进的 Retinex 算法被提出来。为了改善 Retinex 算法的色彩失真问题，带色彩恢复的多尺度 Retinex(MSRCR)算法[8]被提出来，它不但具有 MSR 算法的优点，同时可以实现很好的色彩恢复，使处理结果的颜色更自然、更接近实际。针对 Retinex 算法大多需要用户来设置参数这一特点，汪荣贵等[9]提出一种基于无限冲激响应低通滤波的自适应 Retinex 算法，该算法可以很好地保持图像边缘细节信息且不产生光晕效应；由于传统 Retinex 算法复杂度高，难以满足实时应用需求，李明

等[10]提出了一种快速的 Retinex 增强算法，该算法采用全变分理论建立图像增强模型，有效提高了算法效率。

5.1.1.4　基于去雾技术的低照度图像增强算法

近年来，图像去雾技术快速发展，部分算法取得了较好的去雾效果。2011 年，Dong 等[11]提出了一种新颖的思想：采用去雾技术来实现对低照度图像的增强。这一思想为低照度图像的增强开辟了一条新的途径。我们发现，将夜间低照度条件下获取到的图像反转，其结果在视觉上与白天有雾条件下获取到的图像非常相似，Dong 等也曾在其论文中提及这一点。通过对低照度图像反转后进行去雾处理，得到的清晰化图像再次反转，即可得到增强后的低照度图像。

从第 2 章可知，目前效果较好的算法是从物理成因的角度出发，分析雾天图像退化的机理，并据此建立数学模型，通过对模型中其他变量的求解或估计来逆推图像退化过程，得到清晰图像的估计值。这种方法得到的去雾效果自然且信息几乎不会丢失，处理的关键点是对模型中各参数的估计。大气散射模型如下：

$$I(x) = J(x)t(x) + A[1 - t(x)] \tag{5-14}$$

式中，$I(x)$ 表示观察到的有雾图像；$J(x)$ 表示场景辐射照度，即要恢复的无雾图像；t 为透射率，反映雾的浓度。这个模型把由大气散射引起的图像降质理解为入射光衰减和大气光成像两部分共同作用的结果，并且可以恢复彩色图像。

目前基于去雾技术的低照度图像增强技术，对 A 及 t 的估计均是基于去雾技术进行的，但是低照度图像反转后具有其自身特性。在低照度场景下，尤其是光源极少的情况下，人们更容易观测到光源附件的场景，而不是距离自身较近但是缺少光源的场景。这种情况在对应的类似有雾的图像上，表现为有光源的远处雾更薄，场景衰减更少；而没有光源的近处雾更浓，场景衰减更多。因此，在对低照度图像的反转结果进行去雾时，估计透射率时不宜采用真实有雾图像的透射率估计方法，而应该更加关注图像光照情况进行估计。

5.1.2　低照度图像增强算法——变换域法

传统的变换域法是将原始图像作为信号进行傅里叶变换或者小波变换，然后将其与一个根据具体需求设计的系统函数相乘，然后将结果进行傅里叶变换或小波变换的反变换得到增强图像。其原理框图如图 5-7 所示。

图 5-7　变换域法流程图

我们以傅里叶变换为例进行分析，其表达式为

$$g(x,y) = f(x,y) * h(x,y) \tag{5-15}$$

式中，$f(x,y)$ 为输入信号；$h(x,y)$ 为冲击响应函数，$g(x,y)$ 为卷积结果。

根据信号与系统理论，在频域内：

$$G(u,v) = F(u,v)H(u,v) \tag{5-16}$$

式中，$H(u,v)$ 为系统函数；$G(u,v)$、$F(u,v)$、$H(u,v)$ 分别为 $g(x,y)$、$f(x,y)$、$h(x,y)$ 的傅里叶变换。

因此，目标函数 $g(x,y)$ 可由式(5-17)得出

$$g(x,y) = F^{-1}[F(u,v) * H(u,v)] \tag{5-17}$$

当前比较流行的变换域法是小波变换，它是继傅里叶变换后的重大研究突破，它可以有效克服傅里叶变换窗口没有适应性、不适用于分析多尺度信号和突变过程的缺点，它具有局部放大和分析的能力，其应用可以得到信号或图像的局部频谱信息，利用小波变换的多分辨率分析特性能同时体现时域和频域的特征，既能提取图像的边缘，又可提取整体结构，但是小波变换算法复杂度高，且需预先确定小波基，使得应用受到限制。

5.1.3　低照度图像增强算法——融合法

基于融合法的图像增强技术是目前比较流行的一种增强技术。通过采用不同的传感器获取同一场景的多幅图像，或者用同一传感器采用不同的成像方式或在不同的时间获取多幅图像，然后将这些图像融合为一幅图像。融合图像可以反映原始图像的多层次信息，进而全面描述拍摄场景，使得图像信息更加全面、完整，符合人眼及计算机视觉系统的需求。

图像融合中图像的来源为多源图像，大致分为遥感多源图像、多聚焦图像、时间序列图像等。遥感多源图像是远距离成像，一般采用不同的成像机理或者不同的工作模式来获得遥感图像，如卫星的多光谱图像。多聚焦图像是由同一传感器采用不同的成像方式利用不同的聚焦点获得的。时间序列图像是采用同一传感器在离散时刻获得的图像序列。通过对多源图像的研究，研究者发现，不同类型的多源图像各有特色，因此需根据多源图像的特征设计不同的图像融合算法。通常，图像融合算法的处理步骤主要为：图像配准、图像融合、特征提取识别及决策。目前一些融合算法可以取得不错的效果，但是由于该算法需要多幅图像作为基础且拍摄时间较长，其应用受到限制。

5.2　基于视觉特性的低照度图像增强算法

目前，基于视觉特性的低照度图像增强算法主要有两类：基于 Retinex 理论的低照度图像增强算法和基于视觉感知的色调映射算法。

虽然随着基于 Retinex 理论算法的不断改进，其增强效果也不断提高，但是在增强效果提高的同时，算法复杂度也因加入尺度参数而大幅度增大，该算法在处理效率上有待提高。Retinex 算法在 5.1.1.3 节中已做了详细介绍，此处不再赘述。

基于视觉感知的色调映射算法是通过研究人眼对环境光亮度的自适应调整过程而确定映射函数，Reinhard 等[12]提出一种基于 S 形曲线的映射函数，但需要手动控制参数来达到良好的增强效果。Chao 等[13]根据灰度区间的不同，设置不同的参数，使得处理过程中参数较多，增强效果不稳定。

现存的映射函数均较为简单，未能精确或近似模拟视觉感知过程实现亮度映射，从而造成细节信息丢失、降低图像对比度等问题。因此，研究更加精确的映射函数，提升图像全局亮度，改善图像对比度显得尤为重要。

因此，针对低照度彩色图像的低亮度和低对比度的特点，通过研究瞳孔及感光细胞对光照环境的自动调节过程，本节提出一种模拟视觉感知的自适应增强算法。该算法首先通过模拟瞳孔及感光细胞对环境变化的适应过程设计暗适应函数与明适应函数，并根据光照分布情况确定明暗信息融合函数，对亮度分量进行全局自适应调整；其次，针对增强后的亮度，图像局部对比度会降低，采用指数函数对邻域内像素点进行调整，提高亮度图像的局部对比度；最后，对增强图像进行色彩还原。该算法可有效提高低照度彩色图像中暗区及高光区域的细节表现力，改善视觉效果。

5.2.1　基于视觉感知的低照度图像增强算法

5.2.1.1　人眼视觉感知特性

人眼视觉系统对环境光照的变化具有一定的调控适应能力，从阳光下的 105 尼特到星光下的 4～10 尼特，人类视觉系统可以在广阔的亮度范围内发挥其功能，其中视锥细胞和视杆细胞两种感光细胞起了很大的作用。在微暗环境(亮度范围为 10^{-6}～10^{-1} 尼特)中，主要是视杆细胞起感光作用，此时人眼对光线变得敏感，但分辨色彩的能力减弱，仅能辨别白色和灰色，在这样亮度环境中的视觉特性称为暗视觉。在昼光(亮度范围在 10^{1}～10^{8} 尼特)中，主要是视锥细胞起感光作用，人眼的色觉和分辨物体的能力增强，但对亮度的敏感性降低。在这样亮度环境中的视觉特性称为明视觉。环境亮度介于两者之间时，视锥细胞和视杆细胞共同起作用，称为间视觉。

当人从明亮的环境突然进入光线较暗的环境时，最初无法看见任何东西，经过一段时间后，视觉敏感度逐渐提升，才能看见暗处的物体，这种视觉调整现象称为暗适应(dark adaptation)。这个调整过程主要通过两部分实现：首先，瞳孔放大，增加光线的进入；然后，视锥细胞敏感度降低，视杆细胞敏感度迅速提升，担负视觉功能，视觉的逐渐恢复主要依靠视杆细胞中视紫红质的大量合成。一般是在进入暗处后的最初约 7min 内，人眼感知光线的阈值出现一次明显的下降，以后再次出现更为明显的下降；大约进入暗处 25～30min 时，阈值下降到最低点，并稳定于这一状态。

当人长时间在较暗的环境突然进入明亮环境时，最初只能感受到耀眼的光亮，无法看清物体，只有稍待片刻才能恢复视觉，这种视觉调整现象称为明适应(light adaptation)。与暗适应类似，这一调整过程也主要通过瞳孔及感光细胞两部分实现：首先，瞳孔缩小，减少光线的进入；然后，视锥细胞敏感度逐渐增加，视杆细胞敏感度迅速降低。明适应的进程很快，通常在几秒钟内即可完成。其机制是视杆细胞在暗处蓄积了大量的视紫红质，进入亮处遇到强光时迅速分解，因而产生耀眼的光感。只有在较多的视杆色素迅速分解之后，对光较不敏感的视锥色素才能在亮处感光而恢复视觉。

虽然人眼可以适应较暗和较亮的光照环境，但是现有研究表明，人眼在图像灰度值较高和较低的情况下，分辨能力均会下降，而在图像灰度中等的情况下，人眼的分辨能力较强。因此在图像处理时，可以对图像进行非线性变换，将图像灰度值调整到视觉愉悦区，即人眼分辨能力较强的区域。根据感光细胞的灰度分辨特征，将低灰度和高灰度区域的间隔拉伸，使人眼更易分辨。由于人眼接收图像信号传输到大脑中有一个类似对数的环节，因此常采用类似对数变换的非线性变换来模拟人眼的自适应调整过程。

5.2.1.2　视觉模拟函数的确定

人眼视觉系统主要通过瞳孔、视杆细胞及视锥细胞来应对光照变化的环境，据此，本节通过模拟感光细胞对于光照变化的调整机制提出一种基于视觉感知特性的低照度图像增强算法。具体步骤如下：

(1)模拟瞳孔放大过程对图像整体亮度进行适当提升，然后设计暗适应函数模拟暗适应过程，主要拉伸图像低灰度区的间隔；

(2)根据暗适应函数的特性，设计明适应函数模拟明适应过程，主要拉伸高灰度区的间隔；

(3)基于图像的光照分布情况，进行明暗信息融合；

(4)对增强后的亮度图像进行局部对比度增强；

(5)色彩还原。

具体算法流程如图 5-8 所示。

5.2.1.3　暗适应调整

由于 HSV 颜色空间是直接面向用户的色彩空间，较 RGB、CYMK 模型更符合人类视觉感受，并且亮度分量 V 与色彩分量完全分离，在处理亮度分量时不会导致色彩失真，所以本节采用 HSV 空间实现色彩与亮度的分离，V 定义如下：

$$V = \max(R, G, B) \tag{5-18}$$

式中，V 为亮度分量。

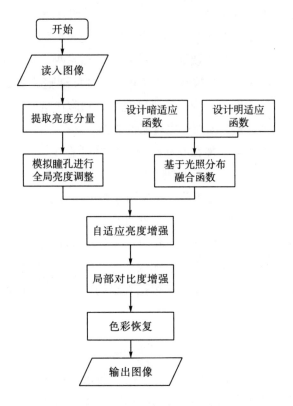

图 5-8   基于视觉感知特性算法流程图

暗适应过程中首先需要放大瞳孔，增加光线的射入，从而自适应地调节图像整体亮度水平。因此对于光线较暗且没有大面积灯光的情况，需对亮度分量进行拉伸，从整体上提升图像亮度。具体操作步骤：首先对亮度分量 V 进行中值滤波，去除少量亮度较高的杂点，得到 V_{filt}，然后将集中在暗区的像素点等比例拉伸至整个亮度区间得到 V_{str}：

$$V_{\text{filt}} = \text{medfilt}(V) \tag{5-19}$$

$$V_{\text{str}} = \frac{V}{\max(V_{\text{filt}})} \tag{5-20}$$

式中，$\text{medfilt}(V)$ 是对亮度分量 V 做中值滤波。

如图 5-9 为亮度分量 V 和拉伸后的 V_{str} 及其分别对应的直方图，可以看出，经过拉伸之后的图像可有效提高图像整体亮度，为下一步图像增强打下良好的基础，图 5-9(a) 经滤波后其最高亮度值 $\max(V_{\text{filt}})$ 为 0.2902。

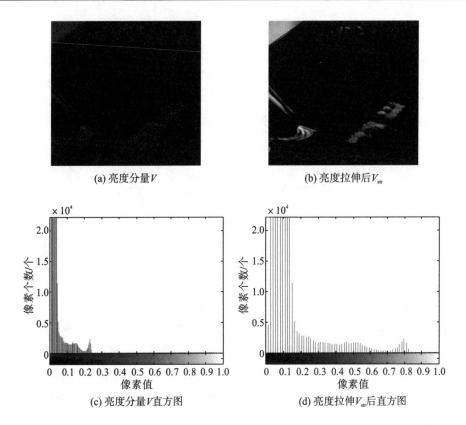

(a) 亮度分量V　　　　　　　　　　　(b) 亮度拉伸后V_{str}

(c) 亮度分量V直方图　　　　　　　(d) 亮度拉伸V_{str}后直方图

图 5-9　亮度分量拉伸前后对比图

　　暗区增强的关键是设计一个可以模拟暗适应过程的非线性映射函数 $f(x), x \in V$，而由于对数函数对暗区增强幅度较大，容易引起失真，因此大部分研究者采用增强幅度较小的非线性函数代替。王守觉等[14]、郑江云等[15]、Guo 等[16]分别设计了下面三种非线性映射函数：

$$y = 1 - (x-1)^2, \ x \in [0,1] \tag{5-21}$$

$$y = x^{a/3+1/3}, \ a \in [0,1], \ x \in [0,1] \tag{5-22}$$

$$y = \sqrt{ax}, \ a \in [0,1], \ x \in [0,1] \tag{5-23}$$

　　Mukherjee 等[17]指出对于低照度图像，式(5-21)较式(5-22)和式(5-23)具有更好的增强效果，但是式(5-21)没有调整参数，无法做到自适应调整低照度图像的亮度。基于此，本节提出一个新的非线性映射函数用来模拟视觉感知中的暗适应过程，即暗适应函数，定义如下：

$$y = -ax^2 + (a+1)x, \quad a \in [0,1], \quad x \in [0,1] \tag{5-24}$$

　　图 5-10 为本节所提暗适应函数随参数 a 的变化情况。从该图可以看出，暗适应函数具有显著的优势：暗区增强不会过快且亮区不会被过度压缩，且当 a 逐渐增大时，暗适应函数在暗区增强力度越大。

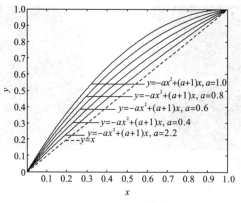

图 5-10　暗适应函数图

将式(5-24)应用到拉伸后的亮度分量 V_{str} 上，得暗适应函数 V_d 为

$$V_d = -aV_{str}^2 + (a+1)V_{str}, \quad a \in [0,1] \tag{5-25}$$

式中，a 是自适应调整参数，直接决定暗适应函数 V_d 的增强强度。

本节采用图像亮度的平均值来评估图像的光照情况，当亮度均值较小时，表明暗区在图像中所占的比例越大，需要较大的增强力度。相反，当亮度均值较大时，表明暗区在图像中所占的比例越小，需要较小的增强力度。为了满足增强力度与图像本身的亮度呈反比，本书设计了一种简单估计 a 的方法，使不同亮度的图像可以获得适当的增强力度，如式(5-26)所示：

$$a = 1 - \text{mean}(V_{str}) \tag{5-26}$$

式中，$\text{mean}(V_{str})$ 为亮度分量的均值，可有效衡量图像亮度情况。

5.2.1.4　明适应函数

由于暗适应函数可以对较暗的区域进行提升，而高亮区域求反即为暗区，于是采用暗适应函数来对高亮区域的反图像做处理，再取反，即可对高亮区域起到抑制作用。图 5-11 展示了明适应函数 V_l 与暗适应函数 V_d 的关系，明适应函数 V_l 如式(5-27)所示：

$$V_l = 1 + a(1 - V_{str})^2 - (a+1)(1 - V_{str}), \quad a \in [0,1] \tag{5-27}$$

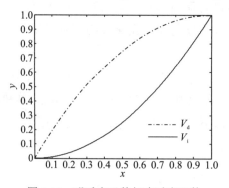

图 5-11　明适应函数与暗适应函数

5.2.1.5　明暗信息融合

低照度环境中往往同时伴有灯光等产生的高光区域,视觉系统中视锥细胞和视杆细胞共同起作用,明适应及暗适应需共同进行才能达到良好的效果,因此需要根据光照情况对明暗函数进行融合,使用融合函数对图像进行全局亮度调整。本节对明暗信息采用复杂度低的基于空间域的加权融合方式:

$$V_e = k * V_d + (1-k) * V_l, \qquad k \in [0,1] \tag{5-28}$$

式中,V_e 为明暗信息融合函数即最终亮度增强函数,k 为线性融合参数。与人眼视觉系统类似,在暗区中,主要是视杆细胞起作用,即暗适应所占的比例较高;而在亮区中,主要是视锥细胞起作用,即明适应所占的比例较高。因此,本书设计了一个随着灰度值增大而函数值逐渐衰减的抛物线函数来估计融合参数 k:

$$k = 1 - V_{str}^2 \tag{5-29}$$

最终融合后的亮度增强函数如图 5-12 所示。从图中可以看出,与直线 $y = x$ 对比,最终增强函数 V_e 可以在灰度值较低的区域进行有效增强,而对高灰度值进行抑制,更符合人眼的视觉需求,有效改善视觉效果。

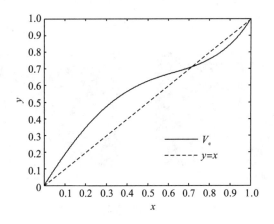

图 5-12　亮度增强函数

5.2.1.6　局部对比度增强

对亮度分量进行非线性拉伸后,图像的全局对比度会有很大的提升,但局部对比度往往会下降,而视觉系统对图像的局部对比度变化敏感度极高,它的变化可以反映图像内不同对象间的差异,局部对比度较高时可以有效提高图像的清晰度、细节表现力及灰度层次,因此需要对亮度增强后图像 V_e 进行局部对比度增强。Michelson 对比度与视觉系统中视锥细胞对视场光通量的空域频率的感受程度在理论上是一致的,其对比度定义为

$$C = \frac{I_{max} - I_{min}}{I_{max} + I_{min}} \tag{5-30}$$

式中，$I_{\max}$ 和 $I_{\min}$ 分别表示邻域中最亮的亮度和最暗的亮度。

对于低照度图像的局部对比度增强，可以采用统计学中的"期望"这一基本概念，它可以反映局部亮度的视觉特征。当中心像素点大于邻域均值时对其进行提升，而当其小于邻域均值时对其进行降低，即可有效提高局部对比度，本节采用指数函数对邻域内中心像素点进行适当拉伸，进而提升局部对比度，具体步骤如下所示。

(1) 以 $V_{\mathrm{e}}(i,j)$ 为中心，选取 5×5 窗口作为邻域区域。

(2) 计算邻域内像素点均值：

$$\mathrm{Mean}(i,j) = \frac{1}{w^2} \sum_{i=1}^{w} \sum_{j=1}^{w} V_{\mathrm{e}}(i,j) \tag{5-31}$$

(3) 使用指数函数对增强后的图像 V_{e} 在邻域中进行对比度增强：

$$\delta(i,j) = \frac{\mathrm{Mean}(i,j)}{V_{\mathrm{e}}(i,j)} \tag{5-32}$$

$$V_{\mathrm{con}}(i,j) = V_{\mathrm{e}}(i,j)^{\delta(i,j)} \tag{5-33}$$

式中，V_{con} 是局部对比度增强后的图像，δ 为增强调整参数。实验中发现，对于灰度值较小的像素点，对比度增强后会出现大量的噪声，经过分析是由于对其拉伸过量导致，因此本节中对小于阈值 θ 的像素点不进行拉伸，即设置 $\delta(i,j)=1$。经过实验统计分析，本节设置阈值 θ 为 0.2。图 5-13 所示为局部对比度增强前后效果对比图。

(a) 局部对比度增强前   (b) 局部对比度增强后

图 5-13   局部对比度增强前后效果对比图

5.2.1.7   色彩恢复

通过亮度分量的变化，可获取亮度增益 λ，对原始图像的色彩信息做线性操作以保证三个颜色通道的比例保持不变，很好地达到颜色保持的效果，避免色彩失真，具体操作如式(5-34)和式(5-35)所示：

$$\lambda = \frac{V_{\mathrm{con}}}{V} \tag{5-34}$$

$$J^c = \lambda I^c, \quad c \in (R,G,B) \tag{5-35}$$

式中，c 表示 RGB 三通道，I 为输入的低照度图像，J 为增强之后的图像。

5.2.2　实验结果与分析

在操作系统为 Windows 7、配置为 Intel(R) Core(TM) i5-2520M CPU@2.5GHz、4.0GB 内存的计算机上使用 MATLAB 2009 软件对本节算法进行验证。带色彩恢复的多尺度 Retinex 算法是目前效果较好的图像增强算法,而 Dong 等首次将去雾技术应用到低照度图像增强上,取得了不错的效果。基于式(5-21)的非线性变换是效果较好的灰度变换法。因此,本节与 Rahman 等[8]提出的基于 Retinex 的自适应图像增强算法、Dong 等[11]提出的快速有效低照度视频增强算法及基于式(5-21)的非线性变换法进行了比较,下面给出了实验结果与分析。

図 5-14　不同算法处理效果对比

5.2.2.1　主观评价

图 5-14 展示了不同算法的增强结果。从图 5-14(c)可以看出,Rahman 的算法处理效果全局亮度较高,出现一定程度的颜色偏移现象且引入了大量的噪声。从图 5-14(a)可以看出,Dong 等的算法处理效果在灰度值变化剧烈的地方会出现伪影,视觉效果不佳。从图 5-14(b)可以看出,基于式(5-21)的非线性变换算法对于亮度较低的图像增强效果不明显,视觉效果不佳。此外,从图 5-14(c)可以看出本节算法对灯光周围的信息可以有效还原。总之,本节提出的算法可以自适应对暗区进行增强,对亮区进行抑制,且克服了传统灰度变换会导致对比度降低的缺点,可达到良好的视觉效果,有效提升图像亮度,还原图

像细节信息。

5.2.2.2　客观评价

本节采用平均梯度、信息熵及结构相似性(SSIM)三个客观指标对各算法的增强效果进行客观评价,如表 5-1 所示。从表 5-1 可以看出,四种算法处理结果平均梯度和信息熵都有较大提高,说明都较好地改善了低照度图像的对比度和可见度。Rahman 等的算法增强效果明显,具有较高的平均梯度和信息熵,但其 SSIM 是最低的,这说明该算法易发生过增强现象,导致图像结构遭到严重破坏,产生较大的图像失真。Dong 等的算法处理结果平均梯度和信息熵与原图像相比都有显著提高,且结构相似性保持良好,但是各指标普遍低于本节提出的算法,而基于式(5-21)的非线性变换算法结构保持最好,但平均梯度及信息熵较低,对于暗区增强效果不明显,无法满足应用需求。综合三方面指标,本节算法在提高图像对比度和可见度的同时,很好地保持了图像的结构,更加符合人类视觉需求,这与视觉感受基本一致。

表 5-1　不同算法增强效果客观评价

算法	平均梯度			信息熵			SSIM		
	背光	傍晚	夜晚	背光	傍晚	夜晚	背光	傍晚	夜晚
原图	0.0041	0.0094	0.0126	5.2585	5.4782	6.4209	—	—	—
Rahma 等的算法	0.0141	0.0280	0.0189	7.5921	7.5624	7.6860	0.9839	0.9807	0.9796
Dong 等的算法	0.0130	0.0339	0.0275	7.0260	7.2795	7.4694	0.9920	0.9931	0.9950
灰度变换	0.0072	0.0233	0.0254	6.0709	6.3624	7.1242	0.9989	0.9992	0.9984
本节算法	0.0125	0.0461	0.0313	6.9399	7.3725	7.1720	0.9951	0.9931	0.9983

5.2.2.3　处理效率比较

表 5-2 展示了各算法的处理时间。Rahman 等的算法使用了三个尺度的高斯核,并在频域内采用快速傅里叶变换进行卷积提速,但算法复杂度高的问题仍无法避免;Dong 等的算法在处理视频时采用相邻帧信息进行加速,会导致透射率估计不准确,当场景不连续时增强效果会受影响,从表 5-2 中可以看出,对于单幅图像的处理效率低于本节算法;灰度变换算法复杂度低,是四种算法中处理效率最高的,但对极暗图像效果有待改善;本节算法复杂度较低,实验中发现算法时间主要花销在局部对比度增强部分,这部分占总处理时间的 50%左右,但局部对比度增强后更加符合人眼需求。综合考虑效率与效果,本节算法较优。

表 5-2　各算法处理效率对比 （单位：s）

算法	处理时间		
	背光	傍晚	夜晚
Rahman 等的算法	2.6419	1.6821	4.0037
Dong 等的算法	0.8859	0.5732	0.5127
灰度变换法	0.3080	0.1618	0.1798
本节算法	0.6225	0.4411	0.3657

5.2.3　小结

5.2 节在非线性亮度校正基础上，提出模拟视觉感知的自适应亮度调整算法，该算法通过模拟人眼感光细胞对光照环境变化的调节过程，设计暗适应及明适应函数，然后根据光照分布自适应确定明暗信息融合权值，得到最终的全局亮度调整函数。此外，5.2 节提出一种简单的对比度增强方法，文中使用指数函数对邻域内像素进行微调，可有效克服传统非线性变换导致对比度降低的缺点。实验结果表明，5.2 节算法在提升图像整体亮度的同时，可有效提高图像亮区和暗区的细节表现力，增强低照度图像全局和局部对比度，对后期的图像分析识别等工作具有非常重要的意义。

本算法处理效率目前还无法满足实时需求，算法效率的提升将是下一步工作的重点。其中，局部对比度增强部分复杂度较高，将是下一步研究重点。

5.3　基于去雾技术的低照度图像增强算法

5.2 节提出的基于视觉感知的低照度图像增强算法虽然可以有效提高低照度图像的对比度，增强图像细节信息，但是算法复杂度仍有些高，无法满足实时处理的要求。2011年，Dong 等[11]首次将去雾技术运用到了低照度图像增强算法上，在 Dong 等工作的基础上，本节根据低照度图像反转后与雾天图像的相似性，结合其自身的特性，基于光照情况对透射率进行重新估计，提出了一种基于物理模型的低照度图像增强算法，接下来将详细介绍该算法。

5.3.1　低照度图像与雾天图像的关系

何恺明提出在晴朗天气条件下，由于彩色、阴影等因素会导致户外图像除天空区域对应的暗原色图的灰度值均较低，而在雾天环境下拍摄的图像由于大气颗粒的影响，其暗原色图的灰度值会普遍较高。而 Dong 等的研究提出低照度图像反转之后与雾天图像视觉效果非常相似，为了测试低照度图像反转之后与雾天图像是否具有相似之处的特征，罗玲利[18]随机选取 30 张低照度图像的反转图像与雾天图像计算其暗原色图并进行统计比较，发现低照度图像反转图的暗原色直方图与雾天图像暗原色直方图具有很大的相似性，其中 70%以上的像素值均很高。因此，我们可以采用去雾技术来实现低照度图像的增强。图 5-15 所示为低照度图像反转后与雾天图像的对比效果。

(a) 低照度图像　　　　　　(b) 低照度图像反转图　　　　　(c) 雾天图像

图 5-15　低照度图像反转后与雾天图像对比效果

5.3.2　基于物理模型的低照度图像增强算法

基于低照度图像反转后与雾天图像的相似性，通过对反转图像即伪雾图进行去雾，然后对去雾结果反转得到低照度图像增强效果，最后进行细节补偿，得到最终增强结果。首先，将低照度图像反转，如式(5-36)所示，其结果与雾天图像较相似：

$$I_{\mathrm{inv}}^c(x) = 1 - I^c(x) \tag{5-36}$$

式中，c 表示 RGB 三个颜色通道；x 表示图像的坐标点；I 表示输入的低照度图像；I_{inv} 表示反转图像，即伪雾图。

根据雾天图像成像模型，可以得出伪雾图基于大气物理模型去雾后得到的无"雾"图像 J_{inv}：

$$J_{\mathrm{inv}}(x) = A + \frac{I_{\mathrm{inv}}(x) - A}{t(x)} \tag{5-37}$$

与雾天图像不同，A 被称为伪雾图的环境光值。将无"雾"图像反转即得到低照度增强之后的图像 J_{en}：

$$J_{\mathrm{en}}(x) = 1 - J_{\mathrm{inv}}(x) \tag{5-38}$$

因此，低照度图像增强的核心是准确估计出伪雾图的 A 及 t。

5.3.2.1　基于暗原色先验估计 A

经过对低照度图像反转后伪雾图的统计与测试发现，清晰无雾的图像对应的暗原色图的像素值接近 0，而有雾的图像对应的暗原色图的像素值较高，这说明低照度图像反转后的伪雾图同样满足由何凯明提出的暗原色先验规律，其暗原色图可以很好地估计雾的浓度，因此我们采用暗原色方法来对 A 进行估计。具体步骤如下：

(1) 求伪雾图的暗通道图；

(2) 从暗通道图中选取亮度值大的前 0.1%的像素点作为雾浓度最大的像素点；

（3）在原始伪雾图中寻找对应位置的最高亮度像素值作为 A。

这种方法受环境影响较小，较其他方法鲁棒性更高，同时算法简单，可以实现对 A 的快速估计。

5.3.2.2 基于亮度分量估计透射率 t

基于低照度图像取反后生成的伪雾图与雾天图像有一定的相似性，Dong 等将去雾技术直接应用于伪雾图上，估计的透射率 t_{haze} 不够准确且速度较慢，因为这种方法没有考虑伪雾图雾的浓度由光照而非景深决定这一特性。具体表现为，低照度图像中光照强度越大，经反转后其雾越淡薄；而低照度图像中光照强度越小，经反转后其雾越浓厚。因此，提出基于亮度分量来对伪雾图的透射率进行估计。首先，提取伪雾图 I_{inv} 的亮度分量

$$Y = 0.299 \times R_{inv} + 0.587 \times G_{inv} + 0.114 \times B_{inv} \tag{5-39}$$

式中，R_{inv}、G_{inv}、B_{inv} 分别为伪雾图 I_{inv} 的三个颜色通道；Y 为其亮度分量。

如图 5-16 所示，图 5-16(a)为一幅低照度图像 I；图 5-16(b)为低照度图像经反转后得到的伪雾图 I_{inv}；图 5-16(c)为伪雾图的亮度分量 Y；图 5-16(d)为将去雾技术直接应用于伪雾图上获取的透射率图 t_{haze}。

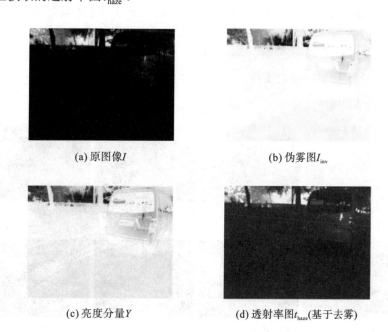

(a) 原图像I (b) 伪雾图I_{inv}

(c) 亮度分量Y (d) 透射率图t_{haze}(基于去雾)

图 5-16　低照度图像的各分量图

由于伪雾图雾的浓度由光照情况决定，因此需要观察透射率与亮度分量的关系，分别选取图 5-16(c)和图 5-16(d)两幅图像的前 1000 个像素点观察其灰度值的分布情况，如图 5-17 所示。

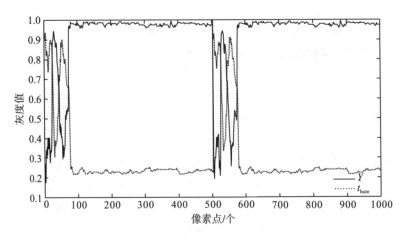

图 5-17 Y 与 t_{haze} 灰度分布图

　　图 5-17 中，实线为亮度分量 Y 的分布，虚线为将去雾技术直接应用于伪雾图上获取的透射率图 t_{haze}。经过观察发现，两幅图灰度值分布大致关于直线 $Y=l$ 对称（l 为常数），即满足：

$$Y(x)-l=-\left[t_{haze}(x)-l\right] \tag{5-40}$$

　　本书对数百幅图像做了同样的实验，统计发现这些图像均基本满足伪雾图的亮度分量 Y 与其透射率 t_{haze} 大致关于直线 $Y=l$ 对称这一规律，因此估计伪雾图的透射率：

$$t(x)=k-Y(x) \qquad k=2l \tag{5-41}$$

式中，k 的变化会直接影响透射率图 t，最终影响低照度图像的增强结果 J_{en}。图 5-18 为 k 的变化对增强效果的影响。

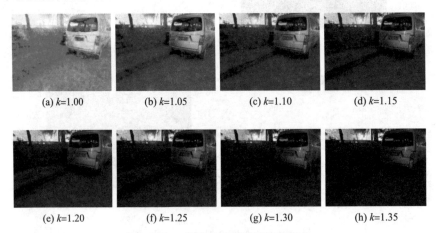

图 5-18 k 的变化对增强效果的影响

　　经过实验发现，当 k 较小时，增强后的图像会出现过饱和现象，并引入大量噪声；当 k 较大时，增强后图像亮度提升不明显，对于图像分析识别效果提升甚微。因此需要准确地估计 k 来获取最佳的增强效果。

为了保证图像在增强之后信息不丢失，具体来说需要 RGB 三通道增强之后均不存在溢出现象，为了减少计算量，我们选取 RGB 三通道的最大值分量 V，当 V 经过增强之后不会溢出时，即表明 RGB 三通道增强之后不会溢出，图像信息不会丢失且不会发生色偏，因此 k 需满足如下条件：

$$V = \max(R, G, B) \tag{5-42}$$

$$J_{en}(x) \leqslant 1, \quad x \in V \tag{5-43}$$

式中，R、G、B 分别为低照度图像 I 的三通道图像；V 为其最大值通道。结合式 (5-38) 及式 (5-39) 最终得出

$$k \geqslant 1 + Y(x) - \frac{V_{inv}(x)}{A} \tag{5-44}$$

由前文可知，k 越大，增强后亮度越低，在满足信息不丢失的情况下应选取最小的 k，所以：

$$k = \min\left[1 + Y(x) - \frac{V_{inv}(x)}{A} \right] \tag{5-45}$$

对图 5-18 中的图像采用式 (5-45) 计算得 $k \approx 1.2$，增强结果如图 5-18(e) 所示，可实现在不丢失信息的情况下，最大限度地提升图像亮度，获得较为满意的效果。这种方法可以有效提高透射率的获取效率，且更加符合低照度图像的光照特性。

此时，A 与 t 均可求得，基于物理模型，即式 (5-38) 与式 (5-39)，得到增强之后的图像 J_{en}。

5.3.2.3　边缘补偿

图像的边缘信息对视觉效果，尤其对于图像的分析识别具有十分重要的意义，所以有必要对图像的边缘进行补偿。图像的边缘信息及噪声都属于高频分量，而低照度图像大部分区域均是黑暗区域，噪声极少，因此可以通过低照度图像 I 与其高斯滤波后图像 I' 之差来获取边缘信息 D：

$$D = I - I' \tag{5-46}$$

式 (5-46) 采用 7×7 的高斯模板进行滤波。

将边缘信息 D 与增强图像 J_{en} 相加，边缘信息得到补偿：

$$J'_{en} = J_{en} + D \tag{5-47}$$

为了更好地验证其效果，对边缘补偿前后的图像进行了局部放大。图 5-19 为边缘补偿前后增强结果的局部放大区域。可以看出，边缘补偿后的图像 J'_{en} 较之前的图像 J_{en}，其边缘部分得到了明显的锐化，对比度明显提高，视觉效果更佳，可进一步提高图像分析识别等系统的工作效率。

(a) 边缘补偿前   (b) 边缘补偿后

图 5-19   边缘补偿前后对比图

5.3.3   实验结果与分析

在操作系统为 Windows 7、配置为 Intel（R）Core（TM）i5-2520M CPU@2.5GHz、4.0GB
内存的计算机上使用 MATLAB 2009 软件对本书算法进行验证。He 等[19]提出的基于暗原
色先验去雾算法是去雾领域的经典算法。Dong 等首次提出将去雾技术应用到低照度图像
增强上，而带色彩恢复的多尺度 Retinex 算法是目前效果较好的图像增强算法。因此，本
节与以 He 等的暗原色先验去雾算法为基础的低照度增强算法、Dong 等的低照度增强算
法以及带色彩恢复的多尺度 Retinex 算法（MSRCR）进行了比较。图 5-20 给出了实验结果
与分析。

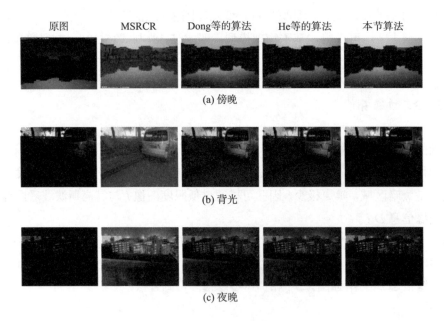

图 5-20   不同算法处理效果对比

5.3.3.1   主观评价

图 5-20 给出了不同算法的增强结果。从图中可以看出：MSRCR 算法处理结果整体亮
度较高，部分区域发生饱和现象，出现一定程度的颜色偏移且引入了大量的噪声。Dong

等的算法得到的图像光照不均，视觉效果不佳。He 等的算法得到的图像当参数选择不当时会导致光晕现象的发生。而本节提出的算法可在不发生饱和现象、不引入噪声的情况下，最大限度地提升图像亮度，还原图像细节，有效改善视觉效果。

5.3.3.2　客观评价

本节采用平均梯度、信息熵和结构相似性(SSIM)三个客观指标对各算法的增强效果进行客观评价，如表 5-3 所示。从表中可以看出，四种算法处理结果平均梯度和信息熵都有较大提高，说明都较好地改善了低照度图像的对比度和可见度。MSRCR 虽有较高的平均梯度和信息熵，但它的结构相似性 SSIM 是最低的，说明这种算法处理结果的结构遭到了严重破坏，这是由于这种增强方法会增加噪声，同时存在一定的颜色偏移。而虽然 Dong 等和 He 等的算法处理结果的平均梯度及信息熵普遍高于本节算法，但它们是以光照不均及引入噪声得到的，破坏了图像的结构。本节算法的平均梯度和信息熵整体较好，且 SSIM 都高于对比算法，说明本节算法在提高图像对比度和可见度的同时，很好地保持了图像的结构，尽可能地减少了信息的失真，更加符合人类视觉需求，这与视觉感受基本一致。

表 5-3　不同算法增强结果

算法	平均梯度			信息熵			SSIM		
	傍晚	背光	夜晚	傍晚	背光	夜晚	傍晚	背光	午夜
原图	0.0041	0.0074	0.0071	5.2585	5.0209	4.0157	—	—	—
MSRCR 算法	0.0141	0.0200	0.0275	7.5921	7.3893	7.2404	0.9839	0.9827	0.9908
Dong 等的算法	0.0130	0.0238	0.0212	7.0260	7.0348	6.4020	0.9920	0.9962	0.9975
He 等的算法	0.0119	0.0223	0.0200	6.9719	6.8641	6.2074	0.9928	0.9973	0.9982
本节算法	0.0140	0.0188	0.0166	7.2456	6.5008	5.7182	0.9939	0.9987	0.9990

5.3.3.3　处理效率比较

表 5-4 为各种算法处理效率的比较结果。测试时，MSRCR 算法使用三个尺度的高斯核，并在频域内采用快速傅里叶变换进行卷积运算以实现提速，但算法复杂度高的问题仍然无法避免；Dong 等的算法在处理视频时采用相邻帧信息来进行加速，这会导致透射率估计不准确，当场景不连续时会出现瑕疵；He 等的算法采用导向滤波代替软抠图方法加速透射率的细化，但仍然不是实时算法，在处理 720p 的标清视频时无法达到 25 帧/s；本节算法复杂度低，处理效率明显高于对比算法。此外，将该算法移植到 VS 2010 + OpenCV 2.4.9 软件环境中，对一段标清视频进行处理，平均处理速度为 33 帧/s，满足实时需求。

表 5-4　不同算法处理效率对比　　　　　　　　　　　　　　　（单位：s）

算法	处理时间		
	傍晚	背光	夜晚
MSRCR 算法	2.3097	1.3782	0.5331
Dong 等的算法	0.8607	0.3648	0.3315
He 等的算法	0.8457	0.4120	0.3457
本节算法	0.4368	0.2064	0.2079

5.3.4　小结

　　针对目前低照度增强算法处理效率低、色彩失真、引入大量噪声等问题，5.3 节基于低照度图像反转后与雾天图像的相似性，结合低照度图像自身的特性，依据透射率与亮度分量的关系，提出一种更加准确且快速的新方法估计透射率，并加入限制条件，有效避免色彩失真问题，可抑制噪声，可提高图像亮度，提高暗区及亮区的细节表现力，同时保持图像原始结构。实验表明，5.3 节提出的算法可以有效提高图像视觉效果，避免色彩失真、过增强等问题。此外，该算法处理速度快，可满足实时需求，具有非常广阔的应用前景。

5.4　本 章 小 结

　　本章在深入研究了传统低照度图像增强理论的基础上，从基于视觉感知特性和基于物理模型等角度深入研究了低照度增强算法，并在现有算法理论的基础上进行了改进，提出了基于视觉感知特性的低照度图像增强算法和基于物理模型的低照度图像增强算法完成了算法的仿真实验，并与现存的几种经典算法进行了实验比较。

　　(1)针对低照度彩色图像的低亮度和低对比度的特点，本章通过研究瞳孔及感光细胞对环境的自动调节过程，提出了一种基于视觉感知特性的低照度增强算法。该算法首先通过模拟瞳孔及感光细胞对环境变化的适应过程设计暗适应函数与明适应函数，并根据光照分布情况确定明暗信息融合函数，对亮度分量进行全局自适应调整；其次，针对增强后的亮度图像局部对比度会降低，采用指数函数对邻域内像素点进行调整，提高亮度图像的局部对比度；最后，对增强图像进行色彩还原。实验结果表明，该算法可有效提高低照度彩色图像中暗区及高光区域的细节表现力，提高图像分析识别等系统在低照度环境下的工作性能，但处理效率有待提高。

　　(2)针对目前低照度增强算法处理效率低、色彩失真、引入大量噪声等问题，本章在分析了低照度图像和雾天图像关系的基础上，提出了一种基于物理模型的低照度图像增强算法。该算法基于低照度图像反转后与雾天图像的相似性，结合低照度图像自身的特性，依据透射率与亮度分量的关系，提出一种更加准确且快速的新方法估计透射率，并加入限制条件有效避免色彩失真问题，在一定程度上可抑制噪声，提高图像亮度，提高暗区及亮区的细节表现力，同时保持图像原始结构。实验表明，本章提出的算法可以有效提高图像视觉效果，避免色彩失真、过增强等问题。此外，该算法处理速度快，可满足实时需求，具有非常广阔的应用前景。

参 考 文 献

[1] 吴成茂. 可调直方图均衡化的正则解释及其改进[J]. 电子学报，2011，39（6）：1278-1284.

[2] 姜柏军，钟明霞. 改进的直方图均衡化算法在图像增强中的应用[J]. 激光与红外，2014，44（6）：702-706.

[3] Cheng J J, Lv X F, Xie Z X. A predicted compensation model of human vision system for low-light image[C]. 2010 3rd International Congress on Image and Signal Processing（CISP2010）：605-609.

[4] 李权合，毕笃彦，马时平，等. 视觉机制引导的非均匀光照图像二次曝光[J]. 自动化学报，2013，39（9）：1458-1466.

[5] Land E H. The Retinex theory of color vision[J]. Scientific American，1977，237（6）：108-128.

[6] Jobson D J，Rahman Z，Woodell G A. Properties and performance of a center/surround Retinex[J]. IEEE Transactions on Image Processing，1997，6（3）：451 - 462.

[7] Rahman Z U，Daniel J J，Glenn A W. Multi-scale Retinex for color image enhancement[C]// International Conference on Image Processing. IEEE，1996：1003-1006.

[8] Rahman Z U，Jobson D J，Woodell G A. Retinex processing for automatic image enhancement[J]. Journal of Electronic Imaging，2004，13（1）：100-110.

[9] 汪荣贵，张璇，张新龙，等. 一种新型自适应 Retinex 图像增强方法研究[J]. 电子学报，2011，38（12）：2933-2936.

[10] 李明，杨艳屏. TV-Retinex：一种快速图像增强算法[J]. 计算机辅助设计与图形学学报，2010，22（10）：1777-1782.

[11] Dong X，Wang G，Pang Y，et al. Fast efficient algorithm for enhancement of low lighting video [C]//IEEE International Conference on Multimedia and Expo. Barcelona，The Kingdom of Spain：IEEE，2011：1-6.

[12] Reinhard E，Devlin K. Dynamic range reduction inspired by photoreceptor physiology[J]. Visualization & Computer Graphics IEEE Transactions on，2005，11（1）：13-24.

[13] Chao W，Li S. Video enhancement using adaptive spatio-temporal connective filter and piecewise mapping[J]. Eurasia Journal on Advances in Signal Processing，2008（1）：13.

[14] 王守觉，丁兴号，廖英豪，等. 一种新的仿生彩色图像增强方法[J]. 电子学报，2008，36（10）：1970-1973.

[15] 郑江云，江巨浪，黄忠. 基于 RGB 灰度值缩放的彩色图像增强[J]. 计算机工程，2012，38（2）：226-228.

[16] Guo P，Yang P X，Liu Y，et al. An adaptive enhancement algorithm for low-illumination image based on hue reserving[C]// Cross Strait Quad-Regional Radio Science and Wireless Technology Conference（CSQRWC）. Harbin，China：IEEE，2011，1247-1250.

[17] Mukherjee J，Mitra S K. Enhancement of color images by scaling the DCT coefficients[J]. IEEE Transations on Image Processing，2008，17（10）：1783-1794.

[18] 罗玲利. 低照度图像的增强及降噪技术研究[D]. 西安：西安电子科技大学，2013.

[19] He K，Sun J，Tang X. Guide image filtering [J]. IEEE Transactions on Pattern Analysis and Machine Intelligence，2013，35（6）：1-13.

第6章 单曝光HDR图像生成技术

在过去的20年中，由计算机图形学领域引入的高动态范围(HDR)图像采集在该领域及其他领域掀起了革命性的热潮，如摄影术、虚拟现实、视觉影像、视频游戏等。HDR成像可以直接捕获和利用亮度的实际物理值。在图像的成像过程中，非常暗和非常明亮的区域可能被同时记录在同一帧图像或同一个视频中，利用亮度的实际物理值来表示图像可以避免图像中欠曝光和过曝光区域的出现。传统的图像采集方法不使用亮度的实际物理值，而且受技术限制，只能处理每像素每通道8bit表示的图像。这样的图像被称作低动态范围(LDR)图像。亮度值记录方法的变化，类似彩色摄影术的引入，已经在图像处理流水线的每个阶段都引起变化。但是，直接获得HDR图像需要特定的捕获设备[1-2]，而且只能获得静态图像，动态HDR图像的获得方法仍处在萌芽阶段[3]。这就需要研究从LDR图像来获得HDR图像的方法。这些方法使得在HDR显示设备上重新利用已经存在的大量LDR图像成为可能。而且，基于LDR到HDR扩展的一些方法已经应用在HDR图像压缩以及增强等方面。

动态范围，是指环境中光照亮度级的最大值与最小值之比。在大自然中，光的亮度范围是非常广的。现实世界中最亮的物体亮度和最暗的物体亮度之比大于10^8，而人类的眼睛所能看到的范围是$0\sim10^5$，但是一般的显示器只有256种不同的亮度。正是因为这个原因，为了在普通显示器上进行HDR图像的显示，必须首先将其动态范围进行压缩，目前普遍采用色调映射算子进行图像亮度的压缩[4-5]。随着科技的不断发展，HDR显示技术越来越成熟，HDR显示屏[6-7]正进入消费级市场。然而，目前绝大多数视频图像仍为LDR格式，HDR资源匮乏，无法满足技术发展的需要。

正是因为这个原因，越来越多的研究者开始关注HDR图像的生成问题[8-9]。为了获得HDR图像，目前常用的办法主要有通过摄像设备获取和软件算法合成。摄像设备获取主要是通过摄像头拍摄同一场景不同曝光程度的多幅图像，取高曝光图像的暗区域、低曝光图像的亮区域，再通过算法将不同曝光图像的多个部分还原为一幅真实动态范围的图像。而软件算法合成的方法则在游戏领域中应用比较普遍。在3D游戏中，主要通过提高图像的亮度来制作环境光源进而对图像进行渲染，让亮的部分更亮，暗的部分更暗，同时辅以光晕效果等的增强，对光线进行实时计算合成出HDR特效。

为了更好地解决HDR图像视频资源匮乏的问题，近年来，研究者开始研究采用单幅LDR图像生成HDR图像的方式。部分学者开始将注意力放到对LDR图像视频到HDR图像视频扩展的研究上。事实上，为了尽可能地捕获到现实世界中影像的细节，相机在进行拍摄时已经将现实世界中动态范围极大的亮度进行了压缩,以在显示设备中显示更好的图像,而一些反色调映射方法也在 HDR 图像编码领域得到了应用[10-11],所以关于单曝光 HDR 图像生成技术的研究正获得越来越多的关注。

6.1 相关工作分析

目前,从单幅 LDR 图像到 HDR 图像扩展的算法主要分为 5 类[12]:外形修整函数[13]、全局模型[14-16]、分类模型[17-18]、扩展映射模型[19-20]、基于用户的模型[21]以及其他一些比较特别的方法[22-25]。文献[13]中的方法主要采用外形修整模型,将 LDR 图像和视频中 8bit 数据扩展到 10bit,同时在扩展的变换域中将伪轮廓去除。采用这种方法扩展后的图像视频为中动态范围的图像视频。该方法并没有特别关注曝光和欠曝光区域,目前该模型由于扩展范围的局限性,研究进展较缓慢。文献[14]和文献[15]中的全局模型就是对图像或视频中每个像素都运用相同的全局扩展函数,该类算法复杂度通常较低,对高质量 LDR 图像处理效果较好,但该类方法往往不对压缩或量化产生的伪像做相应处理,并不能保证对压缩过的 LDR 图像处理的质量。而在实际应用中,我们拍摄到的图像或视频通常都进行过压缩处理,这种情况下就需要更精确的扩展方法来避免压缩带来的伪像,该模型的优点在于处理效率较高,但缺点是处理图像要求高,否则成像效果不好。文献[17]和文献[18]提出的属于分类模型,该类模型是尝试对 LDR 图像中的内容进行分区,然后再对不同区域采取不同的策略进行处理。该模型通常是对图像中不同光源曝光程度进行分区。文献[17]提出一种增强 LDR 视频亮度的交互系统,该系统的主要思想就是把一个场景分成三个部分:散射区、反射区和光源区,只增强反射区和光源区部分,认为增强散射部分会产生伪像,该系统是非线性的。目前采用分类模型的算法普遍存在算法复杂度较高,需要进行额外训练的问题。为使算法效率提高,往往需要从硬件上着手解决;要扩展映射模型,首先要对输入的图像进行线性化,然后采用反色调映射算子对图像的范围进行扩展[19-20];在图像被反色调映射算子扩展之后,再采用光源采样、滤波后亮度增强等方法对图像的过曝光区域进行重建。该模型是目前研究较为广泛的一种模型,在扩展映射后还需要采用多种方法来提升图像中的信息量。该模型的主要限制在于对过曝光区域太大的图像效果不理想;基于用户模型的代表算法如文献[21],该算法基于图像中存在与过曝光和欠曝光区域类似结构的高质量块的假设,首先将 LDR 图像进行线性化,然后对图像中的过曝光和欠曝光区域的增强是通过查找该图像中相似的高质量块进行。在对过曝光和欠曝光修复的过程中,又分为自动和基于用户的两种方式,需要用户对图像进行操作来修复图像。该模型与其他模型相比,由于需要用户的参与,其只能应用于单帧图像而不能对视频进行 HDR 转换,而且存在无法找到传递图像细节信息的块的情况。

除了以上五类常见的模型,还有一些比较特别的方法,如文献[22]提出的方法,首先采用自适应直方图分离方法将原图构造出欠曝光和过曝光图像;然后分别对过曝光和欠曝光图像进行处理；最后采用多曝光图像融合的方法生成 HDR 图像。文献[24]的算法则首先利用 HVS 对光的感应及理解特性，构建 HVS 的局部自适应模型并对其求逆；然后建立图像中每个像素点的局部亮度信息求取模型；最后，将每个像素的局部亮度信息运用于局部自适应模型的反函数中实现图像比特深度扩展。该算法在保证图像对比度的同时，可实现图像细节信息增强；但值得注意的是，由于单曝光 LDR 图像本身图像信息不足，图像中的一些细节在生成 HDR 图像的过程中，仍然缺失。

综上所述，利用单幅 LDR 图像生成 HDR 图像的难点是深度挖掘图像中所隐藏的信息。基于此，本章首先提出了一种基于光源采样的单曝光 HDR 图像生成算法[25]，通过对图像中存在的可能光源信息进行采样，模拟光线衰减效应，有效地还原了高光部分的细节信息。为了进一步挖掘图像细节信息，本章又提出了一种基于细节层分离的单曝光 HDR 图像生成算法，该算法可以有效地提高图像的动态范围，并挖掘 LDR 图像中部分隐藏的细节信息，一定程度上弥补了单曝光 LDR 图像细节信息不足的缺点。

接下来，分别详细介绍这两种算法。

6.2 基于光源采样的单曝光 HDR 图像生成算法

在普通 LDR 图像中，由于像素值一般为 8 位，所能容纳的信息量比较小，图像中记录的信息有一定缺失，这就要求我们在进行单曝光 HDR 图像生成算法研究时，需要模拟一些物理场景进行图像内容的重建。

本节提出了一种将单曝光 LDR 图像转换成对应 HDR 图像的处理方法。该算法基于人眼视觉系统模型，分别提取 LDR 图像的亮度分量和色度分量。对 LDR 图像的亮度分量进行反色调映射。然后再对反色调映射后图像的高光区域进行采样，将采样结果作为图像中的光源进行扩展。在扩展过程中，为模拟光线衰减效应，尽可能地保持该区域的细节，进行高斯滤波和腐蚀操作。最后，在色度分量与亮度分量的图像融合中，对图像进行调整，进一步拉伸图像暗区域的对比度，并对暗区域噪声起到一定程度的抑制作用。实验表明，该算法能通过单曝光 LDR 图像得到 HDR 图像，处理效果较好，运行效率高，具有较好的鲁棒性。

6.2.1 算法架构

6.2.1.1 人眼视觉系统

人眼视觉系统主要由两部分组成，分别是人眼和视觉中枢神经系统[26]。人眼将光信号转换为神经元信号传送给视觉中枢神经系统，视觉中枢神经系统将传递过来的信息进行分析重构构成影像。

　　在人眼视觉系统中，人眼是外界光线的入口，对图像的获取起着极其重要的作用。人眼的生理结构如图 6-1 所示。

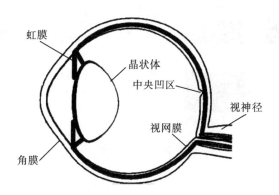

图 6-1　人眼生理结构示意图[26]

　　人眼主要由 4 部分组成，分别为角膜、虹膜、晶状体和视网膜。其中角膜具有聚光的作用。虹膜位于瞳孔的中央，控制光通量。晶状体则像是一个透镜，主要负责调节聚焦情况。而视网膜位于人眼的最里层，表面分布着大量的光敏细胞，而光敏细胞又分为锥状细胞和杆状细胞两类。位于视网膜中央的锥状细胞对亮光和色彩敏感且分辨率高，白天主要是锥状细胞在起作用。而杆状细胞主要分布在视网膜周边，其对暗光敏感，分辨率低，对色度信息不敏感，夜间起作用的主要是杆状细胞，这时人眼对物体色彩的敏感度会降低。

6.2.1.2　算法框架

　　锥状细胞和杆状细胞对于外界亮度和色度的敏感度不尽相同。而对于反色调映射而言，在 RGB 空间中对图像进行直接的反色调映射，图像色彩容易产生偏移。针对这个问题，从人类视觉系统的原理出发，本节将 LDR 图像分为亮度分量和色度分量分别进行处理，在对图像亮度进行有效转换的同时，尽可能地确保图像色彩接近人眼感知到的颜色。本节算法主要包括三个部分：对亮度分量图的反色调映射、对亮度分量求取阈值图像并进行高斯滤波保留高光部分细节、将前两部分处理得到的图像与亮度分量图像进行融合处理，在融合的同时对图像进行最后的色调调整和对比度优化，最终得到 HDR 图像。其整体框图如图 6-2 所示。

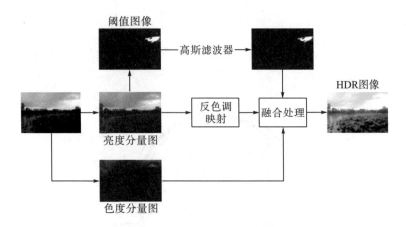

图 6-2   算法整体框图

6.2.2   算法细节

6.2.2.1   反色调映射

色调映射是将 HDR 图像数据映射成 LDR 图像数据，并尽可能在视觉上保留原来的视觉效果。而反色调映射则是色调映射的反变换，用于增大图像的动态范围。反色调映射对于 LDR 图像到 HDR 图像的转换同样非常关键。为说明本节的反色调映射算子，本节先介绍一种相机图像处理的色调映射方法[27]。将亮度信息转换成对数进行计算是符合人类视觉感受的，该色调映射算子引入几何平均亮度 $\overline{L}_w$：

$$\overline{L}_w = \exp\left\{\frac{1}{N}\sum_{x,y}\log\left[\delta + L_w(x,y)\right]\right\} \tag{6-1}$$

式中，$L_w(x,y)$ 代表现实世界的亮度值；N 是图像上的总像素数。为避免当图像中出现亮度值为 0 的点时式(6-1)出现对数奇点，加入参数 δ 并取一个极小的正数值。为了将现实世界中的光照亮度呈现在图像中，还需要将模拟信号转换成数字信号，即将现实世界中的亮度值进行量化：

$$L(x,y) = \frac{\alpha}{\overline{L}_w}L_w(x,y) \tag{6-2}$$

式中，$L(x,y)$ 代表被量化的亮度值；α 为一个量化参数，根据 $\overline{L}_w$ 不同的场景，不同的 α 取值有不同的效果，α 越大，量化后图像的整体亮度越亮。在最初，摄像领域习惯采用 S 形映射曲线，同时对较亮区域和较暗区域的图像进行压缩。但经过不断研究和改进后，现代摄像机中主要进行的是对较亮区域的压缩映射。一个简单的色调映射方法为

$$L_d(x,y) = \frac{L(x,y)}{1+L(x,y)} \tag{6-3}$$

式中，$L_d = (x,y)$ 代表经过色调映射后 LDR 图像的像素点的值。在映射过程中，高亮度值的像素点可以近似地看作被 $1/L$ 所量化压缩。与此同时，低亮度值的像素点可以看作被 1

量化压缩。这使得高亮度值像素点在被压缩的同时，低亮度值像素点的对比度得以保留。但是，在实际处理的过程中，高亮度值像素点被压缩时会损失一些信息，为了解决这个问题，将式(6-3)改进后得到

$$L_\mathrm{d}(x,y) = \frac{L(x,y)\left[1 + \dfrac{L(x,y)}{L_\mathrm{white}^2}\right]}{1 + L(x,y)} \tag{6-4}$$

式(6-4)就是将式(6-3)与一个线性映射相乘，L_white 代表将被映射为白色像素点的最小亮度值。式(6-4)为一个常用的色调映射算子。为了得到反色调映射算子，式(6-4)可转化为

$$\frac{L^2(x,y)}{L_\mathrm{white}^2} + L(x,y)\left[1 - L_\mathrm{d}(x,y)\right] - L_\mathrm{d}(x,y) = 0 \tag{6-5}$$

然后将式(6-2)代入式(6-5)得到

$$\frac{\alpha^2}{L_\mathrm{white}^2 \overline{L}_\mathrm{w}^2} L_\mathrm{w}^2(x,y) + \frac{\alpha}{\overline{L}_\mathrm{w}}\left[1 - L_\mathrm{d}(x,y)\right]L_\mathrm{w}(x,y) - L_\mathrm{d}(x,y) = 0 \tag{6-6}$$

在式(6-2)中，$L_\mathrm{w}(x,y)$ 表示现实世界的亮度值，通过反色调映射后得到的 HDR 图像是为了尽可能地贴近真实世界场景，故代入式(6-5)后，这里采用 $L_\mathrm{w}(x,y)$ 表示 HDR 图像中像素点的值。通过求解式(6-6)可以很容易地得到 $L_\mathrm{w}(x,y)$ 的解。由于 $L_\mathrm{d}(x,y)$ 在 LDR 图像中一定为正值，且 $L_\mathrm{w}(x,y)$ 扩展越大时越能更好地还原显示场景，故选用较大的 $L_\mathrm{w}(x,y)$ 得到

$$L_\mathrm{w}(x,y) = \frac{1}{2}\left\{\frac{L_\mathrm{white}^2 \overline{L}_\mathrm{w}\left[L_\mathrm{d}(x,y) - 1\right]}{\alpha} + \sqrt{\frac{\overline{L}_\mathrm{w}^2 L_\mathrm{white}^4\left[1 - L_\mathrm{d}(x,y)\right]^2}{\alpha^2} + \frac{4 L_\mathrm{d} L_\mathrm{white}^2 \overline{L}_\mathrm{w}^2}{\alpha^2}}\right\} \tag{6-7}$$

但在求解式(6-7)的过程中，存在 4 个未知参数，分别是 α、$\overline{L}_\mathrm{w}$、$L_\mathrm{d}(x,y)$、L_white。其中，$L_\mathrm{d}(x,y)$ 表示 LDR 图像中像素的值，可以直接从 LDR 图像中得到。同时，经过实验证明，在大多数情况下，单曝光 LDR 图像和 HDR 图像中的 $\overline{L}_\mathrm{w}$ 几乎是相等的[28]，故 $\overline{L}_\mathrm{w}$ 可以采用 LDR 图像中的几何平均值。

参数 α 无法通过 LDR 图像直接得到，因此这里需要构造出一个参数 L_max。L_max 表示 LDR 图像中像素的最大值映到 HDR 图像中，即扩展后图像的最大输出亮度。如果假设 LDR 图像中像素的最大值为 1，将 $L_\mathrm{d}(x,y) = 1$、$L_\mathrm{w}(x,y) = L_\mathrm{max}$ 代入式(6-7)可以得到

$$\alpha = \frac{L_\mathrm{white} \overline{L}_\mathrm{w}}{L_\mathrm{max}} \tag{6-8}$$

L_white 决定了扩展函数的扩展曲线形状，与映射后图像的对比度相关，试验结果表明当取值较大时效果较好，推荐采用 $L_\mathrm{white} = L_\mathrm{max}$，在限制伪像的同时提高对比度。

将式(6-8)代入式(6-7)进行求解，我们可以得到

$$L_{\text{w}}(x,y) = \frac{1}{2} L_{\max} \cdot L_{\text{white}} \left\{ \left[L_d(x,y) - 1 \right] + \sqrt{\left[1 - L_d(x,y) \right]^2 + \frac{4L_d(x,y)}{L_{\text{white}}^2}} \right\} \tag{6-9}$$

反色调映射处理效果如图 6-3 所示。其中，图 6-3（a）为 LDR 原图像，图 6-3（b）为经过反色调映射算子处理后的图像。经过反色调映射算子处理以后可以看出，原图像在保持较好色彩的同时，其动态范围得到了很好的扩展。但与此同时，图像的高光部分经过反色调映射处理后，产生了过曝光现象，高光区域细节有部分损失，所以需要对图像的高光区域进行处理。

(a) 原图像　　　　　　　　　　　　　　(b) 处理后图像

图 6-3　反色调映射处理效果图

表 6-1 对比了原图像与处理后图像的动态范围，动态范围的计算方法为

$$\text{Dynamic Range} = \log_{10} \left(\frac{\text{Max}\_I}{\text{Min}\_I} \right) \tag{6-10}$$

式中，Max_I 表示图像中最亮点的亮度值；Min_I 表示图像中最暗点的亮度值。由表 6-1 可以看出，经反色调映射后，图像的动态范围由 2 扩展到 7。

表 6-1　图像处理前后动态范围对比

图像对	动态范围
原图像	2
处理后图像	7

6.2.2.2　光源采样处理

我们发现，原本获得的 LDR 图像在亮区域或暗区域往往存在着细节丢失、噪声加大等情况，虽然无法完美地重现这些在拍摄过程中丢失的信息，但可以通过一些方法来尽可能地对丢失的信息进行弥补。因此，本节提出一种处理高光区域的方法，其流程如图 6-4 所示。

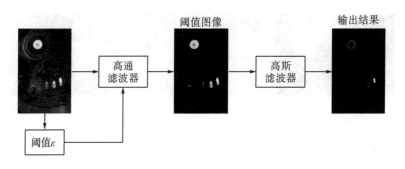

图 6-4   光源采样处理流程图

首先将待处理图像的亮度分量进行去阈值 ε 操作。我们取一幅图像最亮值的 95% 作为阈值 ε 的取值。然后将所得到的 ε 作为高通滤波器的滤波参数，高通滤波器的计算方法为

$$M(p)=\begin{cases} \max, & I(p)>\varepsilon \\ 0, & \text{其他} \end{cases} \tag{6-11}$$

式中，$I(p)$ 为各个像素点的亮度值，当亮度值大于 ε 时该像素点值取最大值 max（这里的 max 表示 HDR 显示屏中的最大亮度值），反之则为 0，由此得到 LDR 图像的阈值图像。这里的阈值图像就是对图像高光区域的提取结果。

由于提取出来的阈值图像为二值图像，在实际显示中，高光区域会与周围区域产生分离，也就是说容易出现伪影或块效应。而从光线传输的客观原理以及人的直观感觉来看，现实世界中的光源所发出的光，不会直接截断，而是随着放射距离变长而出现亮度的衰减。与此同时，人眼对于高亮度物体更为敏感，进一步增强后的图像中高光区域像素点的亮度值会影响周围低亮度值的像素点的细节表现。为解决这两个问题，我们将处理以后得到的阈值图像进行腐蚀操作，腐蚀的数学表达式为

$$\text{ero}(x,y)=\min_{(x',y'):\text{element}(x',y')\neq 0} m(x+x',y+y') \tag{6-12}$$

式中，$\text{element}(x',y')$ 表示腐蚀操作中与图像进行卷积的核，腐蚀操作即将原图像与核做卷积运算，求局部最小值，这样使图像中高光区域逐渐减小。在考虑高光区域增强效果的前提下，本节腐蚀使用参考点位于中心 5×5 的核。之后再将腐蚀后的图像输入高斯滤波器。高斯滤波器是一类根据高斯函数选择权值的线性平滑滤波器。二维高斯函数如下：

$$G(x,y)=A\mathrm{e}^{\dfrac{-(x-u_x)^2}{2\sigma_x^2}+\dfrac{-(y-u_y)^2}{2\sigma_y^2}} \tag{6-13}$$

高斯滤波器对阈值图像有模糊的效果，其模糊效果能够有效模拟光线的衰减情况和去除部分噪声，而腐蚀操作将会减少高光区域对周围像素点的遮盖效果。图 6-5 为光源采样处理效果图，其中，图 6-5(a) 为原图像，图 6-5(b) 为高通滤波得到的图像（阈值图像），图 6-5(c) 为高斯滤波得到的图像（腐蚀高斯图像）。从该图可以看出，经过上述设计方法可以很好地找到光源信息。

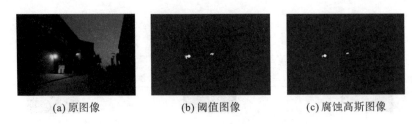

(a) 原图像   (b) 阈值图像   (c) 腐蚀高斯图像

图 6-5　高光区域处理效果图

6.2.2.3　图像融合

经过前面两部分的处理以后，我们还需要将处理得到的图像以及色度分量图进行融合，得到最终结果。图像通过反色调映射的全局映射以及高光区域的局部调整后，在中高亮度部分的表现比较优秀，但在暗区域部分并没有很好地保持其原有亮度，在减小了画面对比度的同时还引入了一些新的噪声。所以在进行图像融合的时候，我们对图像暗区域进行了简单的处理：

$$L(x,y)=\begin{cases}\sigma L_{\mathrm{H}}(x,y), & L_{\mathrm{H}}(x,y)<\beta\,\mathrm{minlumate}\\ \gamma L_{\mathrm{H}}(x,y)+\delta G(x,y), & 其他\end{cases} \tag{6-14}$$

式中，minlumate 表示图像中最小亮度值，当反色调映射图像中像素点小于最小亮度值乘 β 时，图像最终亮度为 $\sigma L_{\mathrm{H}}(x,y)$，否则为 $L_{\mathrm{H}}(x,y)$ 与 $G(x,y)$ 的加权相加（推荐采用 $\sigma=2/3$、$\beta=2$、$\gamma=0.7$、$\delta=0.02$ ）。

图 6-6 为反色调映射处理后图像与融合后图像效果。可以很明显地看到，图像中几个窗户处的高光区域细节得到了明显的增强。

(a) 反色调映射处理后图像   (b) 融合后图像

图 6-6　处理结果图

6.2.3　实验结果及分析

在配置为 Pentium(R)D、3.30 GHz CPU、8GB 内存的计算机上使用 VS2013+

OpenCV2.4.11 软件对本书算法进行了验证。Akyuz 等的算法[16]以及 Banterle 等的算法[21]是目前单幅 LDR 图像转换为 HDR 图像的经典算法。所以，将本节算法同以上两种算法进行比较，得出实验结果并给出客观分析。

6.2.3.1　主观评价

图 6-7 给出了几种算法的比较结果。为了便于与原图像进行对比，均将 HDR 图像进行色调映射到普通显示屏上。其中，每一行为同一图像不同算法的处理结果。从结果可以看出，三种算法都能对 LDR 图像进行相应的转换。Akyuz 等的算法处理结果对比度有所下降，如图(1)中暗区域对比度下降明显，图像整体偏白，对于原始图像的色度信息保持在三者中最差。而 Banterle 等的算法对图像动态范围提升明显，对暗区域和普通区域细节和对比度进行了有效保持或增强，但对于高光区域的处理容易造成高曝光的现象，如图(4)天空区域细节损失比较多，色度信息保持介于 Akyuz 等的算法与本节算法之间。本节算法对于图像颜色信息保持最好，对图像整体细节增强明显，高光区域有部分细节的丢失。

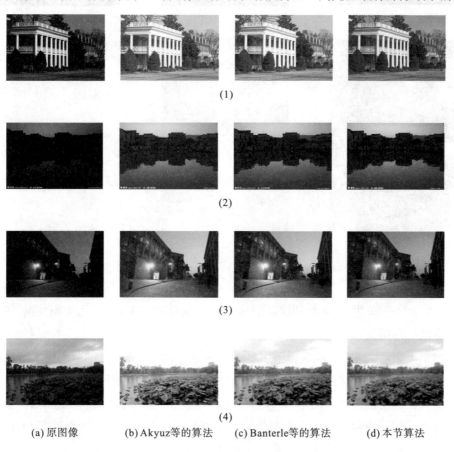

(1)

(2)

(3)

(4)

　　(a) 原图像　　　　(b) Akyuz等的算法　　　(c) Banterle等的算法　　　(d) 本节算法

图 6-7　几种算法结果比较

正如前文介绍，对于生成 HDR 图像常见的方法还有采用多曝光图像序列(图 6-8)进行合成的方法。故我们在这里采用 HDRsoft 图像处理工具对多曝光图像序列进行合成得到 HDR 图像，将获得的图像作为与真实世界动态范围相近影像的实测数据(ground truth)，并采用图像序列中的一幅图片作为本节算法生成 HDR 图像的原 LDR 图像。

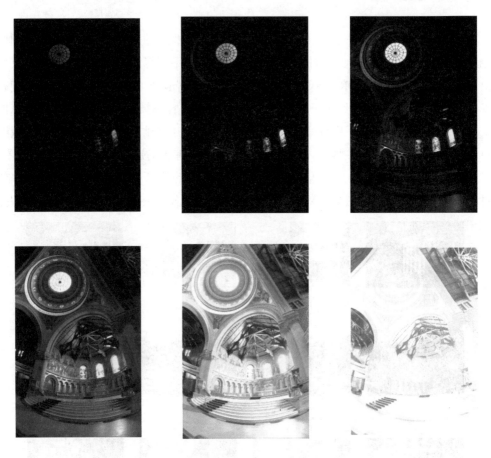

图 6-8   教堂 LDR 图像序列

图 6-9(a)为本节生成 HDR 图像时的单曝光 LDR 图像，图 6-9(b)为实测数据，图 6-9(c)为本节算法处理结果。

从结果上来看，由于实测数据采用多曝光图像合成的方法，在细节上比本节算法处理结果更丰富。但在融合多张不同曝光程度 LDR 图像时可能会导致部分色彩失真，白平衡不准，给人不真实的感觉。而本节算法只需要单曝光图像即可生成 HDR 图像，多曝光融合的方法对于原图像数据的要求更加苛刻，需要连续拍摄多张不同曝光程度 LDR 图像，并尽可能保证拍摄设备的静止，花费大量时间。

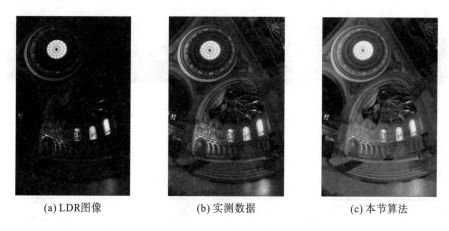

(a) LDR图像   (b) 实测数据   (c) 本节算法

图 6-9 本节算法处理与实测数据对比

6.2.3.2 客观评价

本节采用 DRIM(dynamic range independent image quality metric，动态范围独立图像质量准则)[20]对算法进行客观评价。DRIM 将原 LDR 图像与处理后的 HDR 图像进行对比，得出三种不同类型的失真，并分别用红、绿、蓝三种颜色进行表示。其中，红色表示对比度反转(HDR 图像的对比关系在该部分与对应 LDR 图像相反)，绿色表示对比度丢失(LDR 图像可见的部分信息在 HDR 图像中丢失了)，蓝色表示对比度增强(LDR 图像中不可见或不容易看见的信息在 HDR 图像中被增强为可见信息)。几种算法 DRIM 对比图如图 6-10 所示，排列方式与图 6-7 相同。同时，表 6-2 所示为图 6-10 中 DRIM 结果的红、绿、蓝各像素点所占百分比。

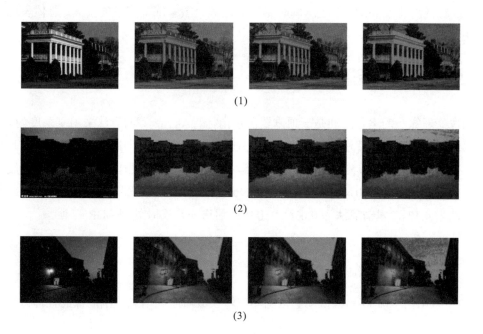

(1)

(2)

(3)

(4)

(a)原图像　　　　(b) Akyuz等的算法　　(c) Banterle等的算法　　(d)本节算法

图 6-10　几种算法 DRIM 对比图

表 6-2　DRIM 对比图中红、绿、蓝各像素点所占百分比（%）

DRIM	算法	(1)	(2)	(3)	(4)	平均
红	Akyuz 等	31.71	6.26	7.81	24.6	17.59
	Banterle 等	24.66	3.58	6.14	20.55	13.73
	本节	17.12	2.23	4.43	20.22	**11.00**
绿	Akyuz 等	11.14	48.13	0.76	1.39	15.35
	Banterle 等	7.87	34.20	1.22	0.78	11.01
	本节	2.55	17.02	0.67	0.96	**5.30**
蓝	Akyuz 等	35.59	24.19	69.96	63.70	48.36
	Banterle 等	42.26	25.61	70.85	65.79	51.12
	本节	40.41	26.87	79.44	77.42	**56.03**

　　可以直观地看出，三种算法中，本节算法在大多数测试图中蓝色像素点较多，红色和绿色像素点最少。虽然在一些测试图中，蓝色像素点稍少于对比算法，但红色和绿色像素点在三种算法中显然是最少的。DRIM 结果表明，本节算法有效地提升了图像动态范围，增强了图像的对比度和细节信息，同时尽可能地减少图像细节信息的丢失，总体表现为三种算法中最好的一种。

6.2.3.3　算法运算时间

　　图像处理算法的运行时间是一项重要衡量指标。Akyuz 等的算法采用复杂度为 $O(N)$ 的简单线性映射算法，算法实时性高；Banterle 等的算法采用了中位切割算法，复杂度较高，运行效率较低。本节测试了以上算法的运行时间，结果说明本节算法在处理速度上较快速。对于分辨率为 600×400 的图片，Akyuz 等的算法所用平均时间为 0.03s，Banterle 等的算法为 4.13s，本节算法为 0.036s，方便以后进一步实时处理 LDR 视频。

6.2.4　小结

　　6.2 节提出了一种将单幅低动态范围图像转换成对应高动态范围图像的处理方法。根据人类视觉系统原理，首先对 LDR 图像进行反色调映射处理，之后再运用高斯滤波器和腐蚀对所得到的结果进行高光区域和暗区域的细节调整，最终融合各个处理结果得到一幅 HDR 图像。

通过与文献[16]和文献[21]算法的比较，本节的算法可以有效提高图像的动态范围，避免颜色失真、过增强等问题。同时，此算法的运算速度较快，可满足未来实时处理需求，具有非常广阔的应用前景。

虽然本节算法取得了不错的效果，但在处理有大面积高光区域的 LDR 图像时，仍无法避免丢失一些细节，因此下一步需要对高光区域的反色调映射做进一步的研究。

6.3　基于细节层分离的单曝光 HDR 图像生成算法

6.2 节介绍了基于光源采样的单曝光 HDR 图像生成算法，通过对图像中存在的可能光源信息进行采样，模拟光线衰减效应，有效还原了高光部分的细节信息。但由于单曝光 LDR 图像本身图像信息不足，图像中的一些细节在生成 HDR 图像的过程中，仍然缺失。针对这个问题，本节提出一种基于细节层分离的单曝光 HDR 图像生成算法。下面将对该算法进行介绍。

6.3.1　算法框架

正如前文所提到的，在单曝光 LDR 图像中，本身存在信息不足的问题，而这种不足主要体现在正常曝光状态下，画面细节不足，以及过曝光或欠曝光环境所导致的连续像素点的饱和现象。针对正常曝光的画面细节不足的情况，可以通过构建反色调映射算法及其他常见算法来解决；而针对连续饱和区域的处理，则是单曝光 HDR 生成算法的处理难点。目前，我们常用的光学数字成像过程是将真实场景的光辐射值通过图像传感器(CCD 或 CMOS)转化为电信号，再通过 A/D(模/数转换器)转换成数字信号，并以数字图像的方式保存下来。CCD 使用一种高感光度的半导体材料制成，能把光线转变成电荷，CCD 的每个感光单位感应到的光线，都是外界光线的集合，最后反映到计算机能够处理的数字图像中的每个像素上。由于图像中每个像素点上像素值是受到映射到该点所有光线的影响，故可以确定，在单曝光 LDR 图像中包含了场景的细节信息，只是因为压缩编码和 CCD 表面感光单元数量限制等原因，部分被其他信息所掩盖。而只要能够分离出这部分细节信息，就能够更真实地还原 HDR 图像。

基于以上分析，本节提出的一种基于细节层分离的单曝光 HDR 图像生成算法，其算法总体框图如图 6-11 所示。该算法主要思路是分离细节层以尽可能多地挖掘过曝光和欠曝光区域的细节信息，之后再对各层分别进行相应操作来扩展图像的动态范围。算法包括三个部分。①由于人眼视觉系统中视网膜上锥状和杆状细胞对亮度和色度信息敏感度不同，HSV 颜色空间更符合人眼的视觉感受，因此，我们对图像进行预处理及细节层的分离，包括 RGB 空间到 HSV 空间的转变，分离出亮度分量和色度分量；然后基于某一像素点的值可能被环境光所影响的这一分析，对亮度分量进行 Gamma 校正后做保边滤波操作，提取出亮度分量的基本层来模拟环境光，再对基本层和 Gamma 校正后的亮度分量进行遍历运算，得到亮度分量的细节层。②构造反色调映射算子，对 Gamma 校正后的亮度分量和细节层分别进行亮度扩展，使亮度分量和分离的细节层的动态范围得以扩展。③由于需要将从图像中挖掘出来的细节层与其他各层融合到一起才能获得更多细节信息，所以通过最后融合扩展后的亮度分量以及色度分量得到 RGB 空间的 HDR 图像，对其进行去噪处理后得到最终的 HDR 图像。

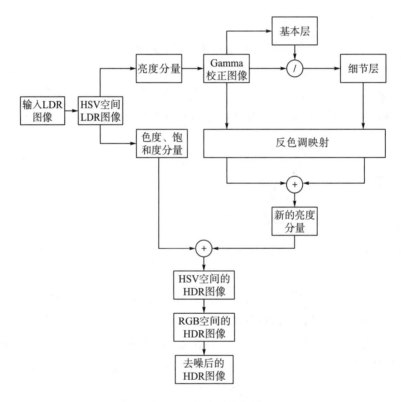

图 6-11　算法总体框图

6.3.2　算法具体实现过程

6.3.2.1　细节层分离

基于人眼视觉系统模型，首先将获得 RGB 图像转换到 HSV 颜色空间上，所采用的转换为

$$V \leftarrow \max(R,G,B)$$

$$S \leftarrow \begin{cases} \dfrac{V - \min(R,G,B)}{V}, & V \neq 0 \\ 0, & 其他 \end{cases} \tag{6-15}$$

$$H \leftarrow \begin{cases} 60(G-B)/[V-\min(R,G,B)], & V = R \\ 120 + 60(B-R)/[V-\min(R,G,B)], & V = G \\ 240 + 60(R-G)/[V-\min(R,G,B)], & V = B \end{cases}$$

式中，R、G、B 分别为 RGB 空间中三个分量的像素值，H、S、V 为 HSV 空间中三个分量的值，max 表示取括号中像素值的最大值，min 表示取括号中像素值的最小值。因为在 HSV 空间中 H 分量用角度表示，故当 $H<0$ 时，需要将 H 分量加上 360。

基于细节层分离的算法，首先需要对分离出来的亮度分量进行细节层的分离，然后对不同层进行反色调映射处理，最后再将各层及图像各个分量相融合，这就使得该算法在算法逻辑上比之前的方法更为复杂。为了保证算法运行的效率，使算法能够达到实时运行的目的，故在反色调映射函数的构建上选用了更为简单快速的方法，但这也导致在反色调映射过程中，对 LDR 图像的亮度处理更为粗糙，缺少对低亮度值像素点重新线性化的过程，影响反色调映射效果，因此需要在反色调映射之前额外增加 Gamma 校正，对图像进行预处理。

1. Gamma 校正

Gamma 校正指利用指数运算对图像亮度曲线进行校正的过程，Gamma 校正公式为

$$I'(x,y) = cI(x,y)^{\gamma} + b \tag{6-16}$$

式中，$I'(x,y)$ 表示 Gamma 校正后的图像中像素点的值；$I(x,y)$ 为输入图像的像素值；γ 为 Gamma 校正的参数；c、b 为调整参数，为常数。当 $\gamma<1$ 时，曲线形状与对数函数类似，会扩展低灰度值区域而压缩高灰度值区域；当 $\gamma>1$ 时，曲线形状与指数函数类似，会扩展高灰度值区域而压缩低灰度值区域。参数对 Gamma 校正的作用如图 6-12 所示。

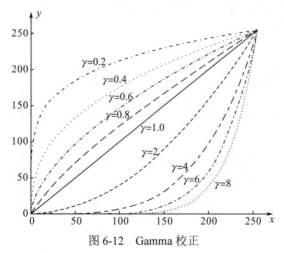

图 6-12　Gamma 校正

与此同时，人眼视觉系统对光的敏感度在不同亮度下是不同的，根据斯蒂文斯的幂定律[29]，人眼对低亮度部分更为敏感，对较亮的亮度值感知力明显减弱，人眼对亮度的感知曲线类似 γ 为 1/2.2 时的曲线，故为了贴合人眼视觉的感知程度，本节选用 1/2.2 作为 γ。

2. 细节层分离

在基于细节层分离的单曝光 HDR 图像生成算法中，很重要的一步就是选用滤波器来得到基本层，滤波器的选用直接关系细节层中所含细节的效果。不同的滤波操作得到的基本层数据也不尽相同。高斯滤波是一种线性平滑滤波，可以消除高斯噪声，广泛应用于图像处理的减噪过程中。通过高斯滤波得到的图像可以滤去高斯噪声，但同时会模糊边缘，当用于分离细节层时，分离出来的细节层会大量锐化边缘，同时引入大量噪声，不利于获得表现图像细节和纹理的信息。因此，本节采用双边滤波来对原图像进行处理。在双边滤波器中，输出像素的值不仅与像素点间欧几里得距离有关，同时也依赖邻域像素点值的加权组合，公式如下：

$$\mathrm{g}(i,j)=\frac{\sum_{k,l}f(k,l)w(i,j,k,l)}{\sum_{k,l}w(i,j,k,l)} \tag{6-17}$$

式中，i、j 为对应像素点的行列坐标；k、l 则分别为空间域和值域的邻域范围内像素点的坐标；加权系数 $w(i,j,k,l)$ 取决于空间域核和值域核的乘积，分母的计算结果为一个归一化常数。

其中空间域核表示如下：

$$\mathrm{d}(i,j,k,l)=\exp\left[-\frac{(i-k)^2+(j-l)^2}{2\sigma_{\mathrm{d}}^2}\right] \tag{6-18}$$

值域核表示如下：

$$r(i,j,k,l)=\exp\left[-\frac{\left\|f(i,j)-f(k,l)\right\|^2}{2\sigma_{\mathrm{r}}^2}\right] \tag{6-19}$$

空间域滤波和值域滤波对应图如图 6-13 所示。

	2	1	0	1	2
2	0.1	0.3	0.4	0.3	0.1
1	0.3	0.6	0.8	0.6	0.3
0	0.4	0.8	1.0	0.8	0.4
1	0.3	0.6	0.8	0.6	0.3
2	0.1	0.3	0.4	0.3	0.1

(a) 空间域滤波

0.0	0.0	0.0	0.0	0.2
0.0	0.0	0.0	0.4	0.8
0.0	0.0	1.0	0.8	0.4
0.0	0.2	0.8	0.8	1.0
0.2	0.4	1.0	0.8	0.4

(b) 值域滤波

图 6-13　空间域滤波和值域滤波对应图

两者相乘后，就会产生依赖数据的双边滤波权重函数：

$$w(i,j,k,l) = \exp\left[-\frac{(i-k)^2 + (j-l)^2}{2\sigma_\mathrm{d}^2} - \frac{\left\| f(i,j) - f(k,l) \right\|^2}{2\sigma_\mathrm{r}^2} \right] \qquad (6\text{-}20)$$

由于双边滤波的滤波器系数同时由几何空间距离和像素差值来决定，所以它是一种典型的保边滤波方法，主要对图像的内容进行滤波，而对图像的边缘滤波效果较弱。图像中的细节部分也往往出现在非边缘区域，所以采用双边滤波能够达到我们分离图像细节层的目的。

对 Gamma 校正后的图像进行双边滤波操作可以得到图像的基本层。由于为获得图像的基本层，主要是对图像包含大量细节信息区域进行滤波操作，正好保留了场景中主要光源的辐射范围，通过 Gamma 校正图像与基本层对应像素相减，我们可以将原图中的细节层分离出来：

$$I_\mathrm{d}(x,y) = I'(x,y) - I_\mathrm{b}(x,y) \qquad (6\text{-}21)$$

式中，$I_\mathrm{d}(x,y)$ 代表图像的细节层；$I_\mathrm{b}(x,y)$ 表示图像的基本层。由于直接采用 Gamma 校正图像与基本层之差得到的细节层，高光区域在融合过程中容易出现块效应，为避免块效应的出现，本节采用细节层除以基本层的方法对细节层进行压缩，因为细节层非细节部分像素值为零，除以基本层不会对细节层非细节部分产生影响。而块效应通常发生在高光区域，基本层中不同区域像素值不同，高光区域像素值更大，暗区域像素值更小，这样可以对亮暗不同区域细节进行不同比例的压缩，同时也符合人眼视觉系统对暗区域亮度更敏感的特性：

$$I_\mathrm{d}(x,y) = \frac{I'(x,y) - I_\mathrm{b}(x,y)}{I_\mathrm{b}(x,y)} \qquad (6\text{-}22)$$

式中，$I_\mathrm{b}(x,y)$ 表示基本层图像的像素值；$I_\mathrm{d}(x,y)$ 表示得到的细节层的像素值。采用双边滤波处理得到的细节如图 6-14 所示，可以看出，采用本节的算法可以很好地分离出图像的基本层和细节层。

(a) 原图　　　　　　　　　(b) 基本层　　　　　　　　　(c) 细节层

图 6-14　细节层分离结果图

6.3.2.2　反色调映射算子的构造

基于细节层分离的算法，首先需要对分离出来的亮度分量进行细节层的分离，然后对不同层进行反色调映射处理，最后再将各层及图像各个分量相融合，这就使得该算法在算法逻辑上比现存方法更为复杂。为了保证算法运行的效率，使算法能够达到实时运行的目的，故在反色调映射函数的构建上选用了更为简单的方法。因此，本节选用基于 Schlick 的色调映射方法[30]来构造反色调映射算子。其色调映射方法如下：

$$L_C = \frac{pL_w(x,y)}{(p-1)L_w(x,y)+L_{max}} \qquad p \in [1,\infty) \tag{6-23}$$

式中，L_C 和 L_w 分别表示显示亮度和现实世界的亮度值；L_{max} 表示场景中亮度的最大值；参数 p 为一个调整参数，是一个常数。由式(6-23)可知，该色调映射算法是通过某一像素点与最亮点的比值来进行压缩映射。参数 p 越大，L_{max} 在映射过程中影响越小，压缩比例越小，反之则越大。

参数 p 可由被映射的亮度范围确定，当被映射的亮度范围较小时，其亮度值的分辨率较小，需要更大地压缩亮度值，反之压缩程度较小。因此，参数 p 可以由下面公式得到：

$$p = \frac{\delta L_0}{N} \frac{L_{max}}{L_{min}} \tag{6-24}$$

式中，δ 为调整参数，取值为 1；L_0 表示背景为纯黑色时刚好可以被人眼察觉到变化的窗口的差值相加；N 为窗口的个数。换句话说，p 可以被看作在色调映射之前不是黑色的最小值。而如 Schlick 所述[30]，可以通过简单的实验来确定 L_0，利用显示在黑色背景上的随机位置处具有不同亮度的斑块，可以观察到不同于黑色的最小值为 L_0。通过试验，本节采用类似的方法来直接获取 L_0，这里采用图 6-15 来进行试验。

图 6-15　试验用图

我们首先在图 6-15 中找到能区分出来的最低亮度斑块，之后确认其像素值，得到需要的结果。经过多次试验，在未归一化的[0,255]的像素值域中，根据显示设备和观察状态的不同，L_0 约为 5～9，本节取值 5，归一化后约为 0.02。这里的 L_{max} 和 L_{min} 分别表示人眼对现实世界场景中能感知到的瞬时最大亮度和最小亮度。虽然这个值随场景而改变。但

L_{max}/L_{min} 可以看作一个场景的对比度。考虑到人眼在非极限条件下，瞬时动态范围为 3 阶，因此本节选择 L_{max}/L_{min} 为 10^3，进而可得出 p。

利用式(6-23)和式(6-24)可以直接推出反色调映射函数如下：

$$L_{w} = \frac{L_{d}L_{max}}{p(1-L_{d})+L_{d}} \tag{6-25}$$

通过前面的推导可知，目前唯一没有得到的参数为 L_{max}，在式(6-25)中，L_{max} 表示现实中某一场景的最大值，而在反色调映射函数中，则可以将之设置为 HDR 显示设备的最大像素值。经过反色调映射后的处理图如图 6-16 所示，其中图 6-16(a)为原图，图 6-16(b)为反色调映射结果图，表 6-3 展示了处理前后图像动态范围对比结果，动态范围的计算方法为

$$Dynamic\ Range = \log_{10}\left(\frac{Max\_I}{Min\_I}\right) \tag{6-26}$$

式中，Max_I 表示图像中最亮点的亮度值；Min_I 表示图像中最暗点的亮度值。从表 6-3 中可以看出，经过反色调映射后，图像的动态范围得到扩展，由低动态范围图像扩展成为高动态范围图像。

(a) 原图　　　　　　　　　　　(b) 反色调映射结果图

图 6-16　反色调映射处理对比图

表 6-3　处理前后动态范围对比

图像	动态范围
原图像	2
处理后图像	6

6.3.2.3　图像融合

将得到的新的亮度分量图像与色度、饱和度分量图像进行融合，得到 HSV 空间下的 HDR 图像，再将 HSV 空间下的 HDR 图像转化为 RGB 空间下的 HDR 图像，得到的 RGB 空间下的 HDR 图像，最后进行去噪操作，得到去噪后的 HDR 图像。在整个处理过程中，引入的噪声通常为高斯噪声或椒盐噪声，这里的去噪操作可以采用高斯去噪等常用去噪方法，当椒盐噪声占绝大多数时，则采用中值滤波。

经过前面的处理，我们还需要将处理得到的两幅反色调映射图像进行融合。由于在 LDR 图像中，暗区往往存在较多的噪声，而在分离细节层的过程中虽然进行了一定的压缩，但仍不能完全消除。因此在进行图像融合的时候，我们对图像暗区域进行了简单的处理。

基于算法计算效率的考虑，本节采用的融合方法与 6.2 节的基于光源采样的融合方法类似，但针对融合图像的不同而进行了参数的调整，以得到更好的效果。采用式(6-27)对获得的两幅反色调映射图像进行融合：

$$L(x,y)=\begin{cases} \sigma I'(x,y), & L_{\mathrm{H}}(x,y)<\beta \mathrm{minlumate} \\ \gamma I'(x,y)+\delta I_{\mathrm{d}}(x,y), & x \geqslant 0 \end{cases} \tag{6-27}$$

式中，$L(x,y)$ 为新的亮度分量图像素值；$I'(x,y)$ 和 $I_{\mathrm{d}}(x,y)$ 分别为 Gamma 校正后的亮度图像和细节层的反色调映射图；σ、β、γ、δ 为融合参数，当反色调映射图像中像素点小于最小亮度值的 β 倍时，图像最终亮度为 $\sigma I'(x,y)$，此时不融合细节层信息，以减少噪声的影响，否则为 $I'(x,y)$ 与 $I_{\mathrm{d}}(x,y)$ 的加权相加。本节取值分别为：$\sigma=0.5$，$\beta=1.5$，$\gamma=0.8$，$\delta=0.2$。图像融合结果如图 6-17 所示。

(a) 反色调映射结果图　　　　　　　　　　(b) 融合结果图

图 6-17　融合结果对比

本节算法的具体步骤如下。

步骤 1：将输入的 LDR 图像从 RGB 颜色空间转换为 HSV 颜色空间，分离出 H（色度）、S（饱和度）和 V（亮度）分量。

步骤 2：对分离出的亮度分量图像进行 Gamma 校正。

步骤 3：对步骤 2 中得到的 Gamma 校正图像进行滤波操作得到图像基本层。

步骤 4：通过对 Gamma 校正图像与基本层进行遍历运算操作，得到细节层。

步骤 5：构造反色调映射函数，分别对步骤 4 获得的细节层和步骤 2 获得的 Gamma 校正图像进行反色调映射操作，得到各自的反色调映射后的图像。

步骤 6：融合步骤 5 中得到的两幅反色调映射图像，得到新的亮度分量图像。

步骤 7：将步骤 1 分离的饱和度 S、色度分量 H 与步骤 6 新得到的亮度分量进行融合，得到 HSV 颜色空间中的 HDR 图像。

步骤 8：将步骤 7 得到的 HSV 颜色空间下的 HDR 图像转换到 RGB 颜色空间。

步骤 9：将步骤 8 中获得的图像进行去噪处理，消除噪声，得到最终的 HDR 图像。

6.3.3　实验结果与分析

在 CPU 为 Pentium（R）D、3.30GHz、内存为 8GB 的计算机上使用 VS 2013+OpenCV2.4.11 对基于细节层分层的单曝光 HDR 图像生成算法进行实验验证，并将本节算法实验结果与经典的 Akyuz 等的算法[16]、Banterle 等的算法[21]、Huo 等的算法[6]以及朱恩弘等的算法[25]进行了对比，对得出的实验结果分别给出了主观和客观评价分析。

6.3.3.1　主观评价

图 6-18 展示了几种算法的运算结果，为便于直接展示，将 HDR 图像色调映射到普通显示屏上进行比较。其中，从左到右依次为原图像、Akyuz 等的算法、Banterle 等的算法、Huo 等的算法、朱恩弘等的算法以及本节算法的处理结果。从几种算法结果中可以看到，Akyuz 等的算法和 Banterle 等的算法存在着色彩信息偏移的问题，图像整体偏白，而 Huo 等的算法在扩展过程中，色彩信息保持较好，但在图像的细节信息上有一定的损失，图像部分区域涂抹感较严重，如图 6-18 第(3)行中支架结构及穹顶内图案部分。朱恩弘等的算法色彩保持较好，但某些地方细节对比度有减弱的情况。而本节提出的算法，由于采用了细节层分离，使图像中的细节信息在图像生成过程中得到了较好还原，特别是过曝光和欠曝光区域与其他几种算法相比有了较大的进步。

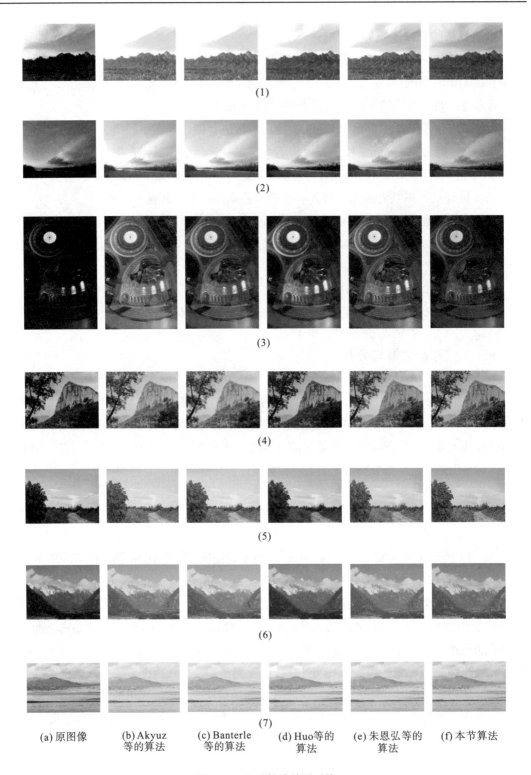

(1)

(2)

(3)

(4)

(5)

(6)

(7)

| (a) 原图像 | (b) Akyuz 等的算法 | (c) Banterle 等的算法 | (d) Huo等的算法 | (e) 朱恩弘等的算法 | (f) 本节算法 |

图 6-18　几种算法结果对比

　　对于生成 HDR 图像常见的方法，目前采用多曝光图像序列(图 6-19)进行合成的方法。故本节采用 HDRsoft 图像处理工具对多曝光图像序列进行合成得到 HDR 图像，将获得的图像作为真实世界动态范围相近的影像实测数据（ground truth）。同时，本节算法采用图像序列中的一幅图片作为原始 LDR 图像来生成 HDR 图像。

图 6-19　白顶建筑 LDR 图像序列

　　图 6-20 为本节算法与多曝光融合 HDR 图像的对比图，为便于显示，同样采用了色调映射处理。其中，图 6-20(a) 为本节算法处理的单曝光 LDR 图像，图 6-20(b) 为多曝光图像序列融合而成的 HDR 图像，图 6-20(c) 为本节算法的处理结果图。

(a)　　　　　　　　　　(b)　　　　　　　　　　(c)

图 6-20　本节算法处理与实测数据对比

　　从结果中可以看出，采用多曝光图像融合而成的 HDR 图像相较于本节提出的基于细节层分离的单曝光图像生成算法而言，其对比度更大，色彩表现力更强。但与此同时，由于采用多曝光融合的方法，在一些原本色调统一的区域，经过处理后可能出现色彩分布不均匀的现象，如白色建筑的天空区域。而两种算法除了对比度不同，在图像细节信息方面表现基本一致。

6.3.3.2　客观评价

本节采用动态范围独立图像质量准则(dynamic range independent image quality metric，DRIM)对算法进行客观评价。DRIM 将原 LDR 图像与处理后的 HDR 图像进行相应的对比，得到三种不同类型的失真，并分别用红、绿、蓝三种颜色表示。其中，红色表示对比度翻转(HDR 图像的对比关系在该部分与相应 LDR 图像相反)，绿色表示对比度丢失(LDR 图像可见的信息在 HDR 图像中丢失)，蓝色表示对比度增强(LDR 图像中不可见或不容易看见的信息在 HDR 图像中被增强为可见信息)。DRIM 对比图如图 6-21 所示，每一行从左到右依次为原图像、Akyuz 等的算法 DRIM 结果图、Banterle 等的算法 DRIM 结果图、Huo 等的算法 DRIM 结果图、朱恩弘等的算法 DRIM 结果图以及本节算法 DRIM 结果图。图 6-21 提供了一个直观的观看方法，而在表 6-4 中则列出了三种色彩所占图像像素点的比例。DRIM 结果表明，本节基于细节层分离的单曝光 HDR 图像生成算法提升了图像的动态范围，在增强图像细节信息的同时，尽可能减少了图像细节信息的丢失，在保留图像细节信息方面，总体表现为几种算法中最好的一种。

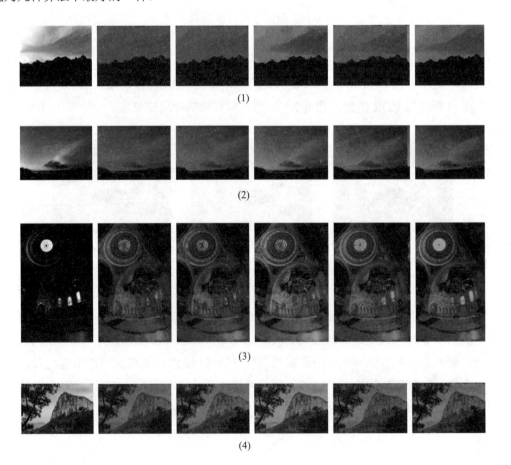

(1)

(2)

(3)

(4)

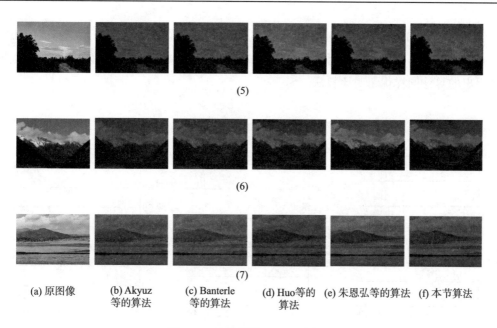

(5)

(6)

(7)

| (a) 原图像 | (b) Akyuz 等的算法 | (c) Banterle 等的算法 | (d) Huo等的算法 | (e) 朱恩弘等的算法 | (f) 本节算法 |

图 6-21　几种算法 DRIM 对比图

表 6-4　DRIM 对比图中红、绿、蓝各像素点所占百分比（%）

DRIM	算法	(1)	(2)	(3)	(4)	(5)	(6)	(7)	平均值
红	Akyuz 等	6.26	26.84	7.45	25.72	9.5	1.27	2.71	11.39
	Banterle 等	3.58	26.02	5.37	27.41	9.68	1.98	1.55	10.79
	Huo 等	1.58	20.38	8.42	10.56	4.49	5.38	1.42	**7.46**
	朱恩弘等	2.23	23.01	4.89	15.36	8.13	1.03	1.58	8.03
	本节	2.03	22.76	4.34	17.35	8.11	2.74	1.4	8.39
绿	Akyuz 等	48.13	22.78	19.1	12.84	13.53	5.27	23.34	20.71
	Banterle 等	34.2	15.98	8.02	13.99	13.25	4.32	21.34	15.87
	Huo 等	20.27	4.48	19.39	5.93	7.63	5.45	30.63	13.39
	朱恩弘等	17.02	5.72	5.3	17.47	16.38	3.21	10.23	10.76
	本节	10.83	5.16	4.34	9.74	14.64	3.47	12.82	**8.71**
蓝	Akyuz 等	24.19	42.21	16.17	10.37	8.37	9.37	3.95	16.37
	Banterle 等	25.61	37.48	24.18	12.46	9.09	10.36	5.25	17.77
	Huo 等	21.84	36.37	20.71	9.96	4.27	10.32	4.84	15.47
	朱恩弘等	26.87	37.29	33.19	13.09	10.63	15.43	5.94	20.34
	本节	28.32	38.28	32.48	12.88	10.44	19.73	5.66	**21.11**

图 6-22 展示的是 DRIM 对随机选取的 20 幅不同单曝光 HDR 生成图像的评价结果折线图，从左到右分别为红、绿、蓝三种颜色像素点所占百分比，每幅图的纵坐标为像素点所占百分比，横坐标表示每一幅生成的 HDR 图像。从图 6-32 中我们可以更详细地看到，

除了红色像素点，Huo 等的算法比本节提出的两种算法在个别图像中表现更好，对于绿色像素点，本节提出的算法所占百分比总体都低于其他三种对比算法。而对于蓝色像素点，本节提出的算法同样优于对比算法。

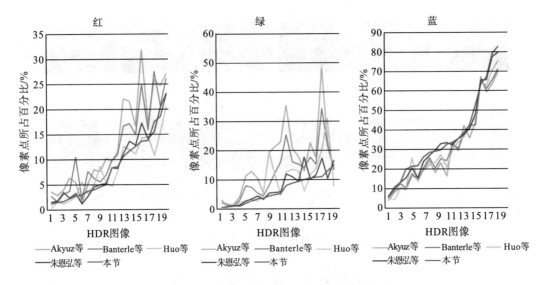

图 6-22　DRIM 红、绿、蓝百分比折线图

表 6-5 展示了五种算法对图 6-18 中的 7 幅图像处理之后图像的动态范围。由于处理结果中会出现动态范围数量级相同但具体数值不同的情况，因此为了更清晰地反映算法性能差别，在这里表达动态范围时不做对数处理。此处采用的动态范围的计算方法为

$$\text{Dynamic Range} = \frac{\text{Max}\_I}{\text{Min}\_I} \tag{6-28}$$

式中，Max_I 表示图像中最亮点的亮度值；Min_I 表示图像中最暗点的亮度值。从表 6-5 中可以看出，朱恩弘等的算法基于光源采样的单曝光 HDR 图像生成算法，由于对光源的采样和模拟，其动态范围表现最好，其次为基于细节层分离的单曝光 HDR 图像生成算法与 Huo 等的算法。

表 6-5　图像处理后动态范围对比

图像	Akyuz 等	Banterle 等	Huo 等	朱恩弘等	本节
(1)	7.8×10^4	3.2×10^5	2.4×10^6	6.7×10^6	2.5×10^6
(2)	3.2×10^4	1.2×10^5	1.2×10^6	4.5×10^6	1.1×10^6
(3)	4.3×10^5	2.1×10^6	9.4×10^6	1.6×10^7	9.8×10^6
(4)	7.1×10^4	2.7×10^5	2.1×10^6	5.3×10^6	2.0×10^6
(5)	3.5×10^4	1.5×10^5	1.3×10^6	4.9×10^6	1.2×10^6
(6)	5.0×10^4	2.1×10^5	1.8×10^6	1.9×10^6	1.7×10^6
(7)	6.8×10^4	2.9×10^5	2.1×10^6	5.8×10^6	1.8×10^6

6.3.3.3 运算时间

对于分辨率为 600×400 的图片，Akyuz 等的算法所用平均时间为 0.03s、Banterle 等的算法为 4.13s、Huo 等的算法为 0.15s、朱恩弘等的算法为 0.106s，而本节算法为 0.058s，满足了对标清图像进行实时处理的要求。

6.3.4 小结

针对单曝光 LDR 图像细节信息不足的问题，6.3 节提出了一种基于细节层分离的单曝光 HDR 图像生成算法。该算法结合 HVS 模型，将 LDR 图像分离出亮度分量和色度分量。对分离出来的亮度分量进行 Gamma 校正，之后再对 Gamma 校正后的图像采用双边滤波操作，进行基本层与细节层分离；然后将分离出来的细节层与 Gamma 校正后的亮度分量分别进行反色调映射，再融合得到新的亮度分量；最后将各图像分量进行融合去噪得到最终的 HDR 图像。通过与其他三种经典的单曝光 HDR 图像生成算法进行比较发现，6.3 节算法可以有效地提高图像的动态范围，并挖掘出 LDR 图像中部分隐藏的细节信息，一定程度上弥补了单曝光 LDR 图像细节信息不足的缺点，但对于存在极大面积饱和区域像素点的图像处理效果不佳，与此同时，为了算法效率考虑，在反色调映射过程中，牺牲了一定的扩展效果，下一步需要对算法效率进行提高，并改善反色调映射算子。

6.4 本 章 小 结

单曝光 HDR 图像生成技术相较于多曝光 HDR 图像生成技术，其优势在于不受限于拍摄场景、静态拍摄时间。因此，除了能够进行 HDR 图像视频拍摄，还可以将现有的 LDR 资源进行转换，而这是现有 HDR 图像生成技术很难办到的。与此同时，单曝光 HDR 图像生成技术目前仍存在着一些关键问题需要解决。其中的核心在于如何解决单幅图片图像信息不足的问题，这就需要在研究中在保留图像原有信息的基础上发掘出更多的隐藏信息，或者增减更多的先验信息。其次，在处理不同曝光度的单幅图像的过程中，如何尽可能地保证 HDR 图像生成质量，防止出现处理效果严重失真的现象，只有这样才能将技术更好地运用在实际中。最后，该技术的实现效率也直接影响处理的实时性，对于视频资源的拍摄和转换都具有关键性的作用。本章在深入研究了单曝光 HDR 图像生成算法的基础上，从人眼视觉系统模型出发，基于分区域和图像分层两个角度深入研究了单曝光 HDR 图像生成算法，并在现有算法理论的基础上进行了改进，提出了如下两种算法。

（1）为了将现有低动态范围图像转换为高动态范围图像，本章提出了一种将单幅低动态范围图像转换成对应高动态范围图像的处理方法。该算法基于人类视觉系统(HVS)模型，分别提取出 LDR 图像的亮度分量和色度分量。对 LDR 图像的亮度分量进行反色调映射；然后再对反色调映射后图像的高光区域进行扩展，在扩展过程中为模拟光线衰减效应，尽可能地保持该区域的细节，进行高斯滤波和腐蚀操作；最后，在色度分量与亮度分量的图像融合中，对图像进行调整，进一步拉伸图像暗区域的对比度，并对暗区域噪声起到抑制作用。实验表明，该算法能通过单幅 LDR 图像得到 HDR 图像，处理效果较好，运行效率高，具有较好的鲁棒性。

(2) 针对利用单幅低动态范围(LDR) 图像生成高动态范围(HDR) 图像细节信息不足的问题，本章提出了一种基于细节层分离的单曝光 HDR 图像生成算法。该算法基于人类视觉系统模型，首先分别提取出 LDR 图像的亮度分量和色度分量，对 Gamma 校正后的亮度分量进行双边滤波，提取出亮度分量的基本层，再对基本层和亮度分量进行遍历运算，得到亮度分量的细节层；然后，构造反色调映射函数，分别对细节层和 Gamma 校正后的亮度图像进行扩展，得到各自的反色调映图像；之后，将反色调映射后亮度分量与压缩后的细节层进行融合，得到新的亮度分量；最后，融合色度分量与新的亮度分量，并对融合后图像进行去噪，得到最终的 HDR 图像。实验表明，该算法能挖掘出部分隐藏的图像细节信息，处理效果较好，运行效率高，具有较好的鲁棒性。

参 考 文 献

[1] Spheron. Sphrton VR：SpheroCam HDR[OL]. [2011-09-13]. http://www. s p heron. com/en/intruvision/solutions/spherocam-hdr. html.

[2] Panoscan. MK-3 panoramic digital camera information [OL]. [2011-09 -13]. http://www. panoscan. com /MK3/.

[3] Borst S，Whiting P. Dynamic rate control algorithms for HDR throughput optimization[C]. Proceedings of IEEE INFOCOM '01，2001：976-985.

[4] 梁云，莫俊彬. 改进拉普拉斯金字塔模型的高动态图像色调映射方法[J]. 计算机辅助设计与图形学学报，2014，26(12)：2182-2188.

[5] 刘衡生，沈建冰. 基于亮度分层的快速三边滤波器色调映射算法[J]。计算机辅助设计与图形学学报，2011，23(1)：85-90.

[6] Huo Y Q，Yang F. High-dynamic range image generation from single low-dynamic range image[J]. IET Image Processing，2016，10(3)：198-205.

[7] Seetzen H，Heidrich W，Stuerzlinger W，et al. High dynamic range display systems[J]. ACM Trans. on Graphics，2004，23(3)：760 -768.

[8] Wan P H，Cheung G，Florencio D，et al. Image bit-depth enhancement via maximum-a-posteriori estimation of graph AC component[C] //Proceedings of IEEE Interna-tional Conference on Image Processing. Los Alamitos：IEEE Computer Society Press，2014：4052-4056.

[9] Hu J，Gallo O，Pulli K，et al. HDR deghosting：How to deal with saturation[C] //Proceedings of IEEE Computer So-ciety

Conference on Computer Vision and Pattern Recog-nition. Los Alamitos：IEEE Computer Society Press，2013：1163-1170.

[10] Mikaël L P，Christine G，Dominique T. Template based inter-layer prediction for high dynamic range scalable compression[C]. 2015 IEEE International Conference on Image Processing（ICIP）Pages：2974-2978.

[11] Mikaë L P，Christine G，Dominique T. Local inverse tone curve learning for high dynamic range image scalable coinpression[J]. IEEE Transactions on Image Processing, 2015, 24（12）：5753-5763.

[12] 霍永青，彭启琮. 高动态范围图像及反色调映射算子[J]. 系统工程与电子技术，2012，34（4）：821-826.

[13] Daly S J. Bit-depth extension using spatiotemporal micro dither based on models of the equivalent input noise of the visual system[P]. U. S. Patent 7474316，2009.

[14] Daly S J，Feng X. Decontouring：Prevention and removal of false contour artifacts[C]// Proceedings of HumanVision and Electronic Imaging IX. San Jose，California，United States，2004:130-149.

[15] Banterle F，Debattista K，Artusi A，et al. High dynamic range imaging and low dynamic range expansion for generating HDR content[J]. Computer Graphics Forum，2009，28（8）：2343-2367.

[16] Akyuz A O，Fleming R，Riecke B E，et al. Do HDR displays support LDR content? A psychophysical evaluation[J]. ACM Trans on Graphics，2007，26（3）：1-7.

[17] Hsia S C，Kuo T T. High-performance high dynamic range image generation by inverted local patterns[J]. IET Image Processing，2015，9（12）：1083-1091.

[18] Idyk P，Mantiuk R，Hein M，et al. Enhancement of bright video features for HDR displays[J]. Eurographics Symposium on Rendering，2008，27（4）：1265-1274.

[19] Martin M，Fleming R，Sorkine O，et al. Understanding exposure for reverse tone mapping[OL]. [2017-03-10]. http://www. docin. com/p-1651373591. html.

[20] Banterle F, Ledda P, Debattista K, et al. A framework for inverse tone mapping[J]. The Visual Computer, 2007, 23（7）:467-478.

[21] Banterle F，Ledda P，Debattista K，et al. Expanding low dynamic range videos for high dynamic range applications [C]//Proceedings of the 4th Spring Conference on Computer Graphics. Los Angeles：ACM Press，2008:33-41.

[22] Wei L Y，Zhou K，Guo B N，et al. High dynamic range image hallucination[P]. U. S. Patent 8346002，2013.

[23] Aysun T C，Ramazan D，Oguzhan U. Fuzzy fusion based high dynamic range imaging using adaptive histogram separation[J]. IEEE Transactions on Consumer Electronics，2015，61（1）：119-127.

[24] Huo Y Q，Yang F，Dong L，et al. Physiological inverse tone mapping based on retina response[J]. The Visual Computer, 2014，30（5）：507-517.

[25] 朱恩弘，张红英，吴亚东，等. 单幅图像的高动态范围图像生成方法[J]. 计算机辅助设计与图形学学报，2016，28（10）：1713-1722.

[26] Wei Z，Wen C Y，Li Z G. Local inverse tone mapping for scalable high dynamic range image coding[J]. IEEE Transactions on Circuits and Systems for Video Technology，2016，1-1.

[27] 吴金建. 基于人类视觉系统的图像信息感知和图像质量评价[D]. 西安：西安电子科技大学图书馆，2014.

[28] Reinhard E, Stark M, Shirley P, et al. Photographic tone reproduction for digital images[J]. ACM Transaction on Graphics, 2002, 21（3）：267-276.

[29] Aydin T O，Mantiuk R，Myszkowski K，et al. Dynamic range independent image quality assessment[C]//Proceedings of Special Interest Group on Graphics and Interactive Techniques. Los Angeles：ACM SIGGRAPH Press，2008:1-10.

[30] Schlick C. Quantization techniques for visualization of high dynamic range pictures[J]. Focus on Computer Graphics, 1995:7-20.

第7章 单幅图像能见度检测技术

7.1 研究背景及意义

  大气能见度与人们的生产生活有着密不可分的联系，近年来，随着经济迅猛发展，交通运输事业在人们的生活中扮演着越来越重要的角色，影响着国家经济的发展与社会的进步。与日俱增的交通运输量也增加了各交管部门的工作难度，给人民的生命财产安全带来了影响，其中造成公路运输阻碍的主要原因为天气的变化。四川省处于亚热带季风气候区，因其具有盆地的特殊地形，该地区风小、水汽多，加上空气污染越来越严重，雾霾天气增多，$PM_{2.5}$ 远远高出国际标准。2012 年底到 2013 年初，几次连续 7 日以上的雾霾天气笼罩了大半个中国，造成了整个交通系统的瘫痪，也使得人民的生命、财产受到了一定的威胁。2014 年 12 月 7 日，一场大雾笼罩了四川德阳整个地区，造成该地区的能见度极低，成绵高速复线上从绵阳开往成都方向距什邡北出口 6km 处出现了 53 辆车首尾连环相撞的交通事故，事故造成 2 人死亡、10 多人受伤，其中 6 人重伤。2017 年 11 月 15 日上午，滁新高速公路上因为能见度低，发生了多点多车追尾事故，该事故造成交通堵塞路程长达 3km 以上，导致 30 多辆车首尾连环相撞，20 名人死亡、19 人受伤。据有关部门对交通事故发生数量的调查统计，一年中由于雾造成的交通事故发生率已超过 40%，其中高速公路上的交通事故数量就占了 1/4 以上，同时，事故发生率呈现上升的趋势。

  目前，导致能见度低的气候现象主要是雨、雾、霾等，其中雾是导致交通事故的主要原因，受伤人数占总的交通事故受伤人数的 29.5%以上。同时，大气能见度也可以反映空气质量，能见度高则意味着空气中含有相对较少的污染物和悬浮物体，因此实时地对雾天能见度进行预测有利于人们的身体健康，而能见度的预警也可以为人们的安全出行起到提醒作用，从而缓解道路的堵塞现象。

  随着计算机技术的发展，各种智能设备进入人们的生活，高级辅助驾驶系统已经广泛应用到行驶车辆中，并引起了人们广泛的关注，如停车辅助系统、主动式巡航控制系统、盲点检测系统等为人类的安全和舒适出行提供了较为强大的保障。然而，雾对驾驶员的视程造成了极大的影响，使得相应驾驶辅助功能不能够实现良好的工作状态。另一方面，高速公路上的全封闭和限速行驶使得车辆不能随意减速和变道，雾也会造成驾驶员过高地估计能见度值，从而导致驾驶速度过快，造成交通事故。图 7-1 为公安部在不同能见度环境下对驾驶速度和车辆之间距离做出的规定。由图 7-1 可知，能见度越低，车速要求越慢，车辆间距要求越远。因此，能见度的测量在加强预测预警、快速发现、快速预警、快速提示、快速采取监控管理措施方面扮演着非常重要的角色。相关的检测设备被设计成在各种情况和条件(天气、光度等)下以规定的一组变化阈值进行操作，有效地检测何时超过给定的运行阈值是构成满足所需可靠性水平的驾驶辅助系统的关键参数。考虑到大气能见度测量系统能够量化机载外接式传感器的操作范围这一背景，利用该信息来调整传感器操作和处理，根据其检测结果进行相应的速度限制，通知驾驶员并根据当时的状态自动调整速度，减少交通事故对人们生活造成的危害。

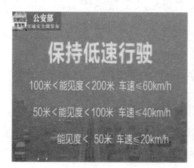

图 7-1　低能见度时对行车速度与车距的要求

　　大气能见度是一个受多种因素共同影响的物理量，它的定义随着应用领域的不同也存在着差异，各个国家对其测量也没有正式的校准标准和检测规则。目前，许多能见度测量器件机能的好坏以及测量效果都是在之前大量学者测验统计数据的分析上得出的。因此，编制一套完整、统一的能见度测量准则是目前亟待解决的问题之一。

　　能见度测量方法主要包含目测法、仪器测量法以及基于图像特征的能见度检测方法。随着智能化生活的演变，针对当下能见度测量仪器的高成本、设备维护困难等不足，考虑从现存的环境智能设备中获取相应的图片进行能见度的测量是可以实行的，因此基于图像的能见度检测已成为学者们研究的主要方向，但是由于环境的复杂性，如地形、建筑物、运动物体等因素的影响，能见度的检测尚处于理论和实验的阶段。目前，大部分检测算法都是基于简单环境如公路进行的研究，该算法的适用范围比较小，同时复杂度较高，操作起来较为复杂。因此，基于雾天图像的能见度检测方法研究在现实生活中仍具有较大的挑战和发展空间。

　　另一方面，雾天降质图像的清晰化处理是计算视觉和图像领域的研究热点之一，具有广阔的应用前景，相关研究成果可以广泛应用于航拍、视频监控、相片处理、多种交通工具的安全辅助驾驶系统等诸多领域。然而，目前针对去雾算法的性能评价尚未有统一的综合评价体系，各研究者大多采用自己的评价指标衡量所提算法的性能，造成了算法与算法之间不具备良好的可比性。不能对去雾效果进行客观、定量评价的主要原因有三点。①缺乏理想的晴天图像作为参考标准。对去雾效果的评价不同于图像质量评价，对于一幅有雾图像，很难获得与当前图像中场景完全相同的晴天参考图像。②去雾效果主要由人眼视觉感受决定，而人眼视觉感受因人而异，主观性强，设计能够完全仿真人眼视觉感受的测试值几乎不可能。③目前常用的评价手段主要借鉴图像质量评价中的相关指标，如均方差、信息熵、峰值信噪比等，而直接用这些评价指标来评价去雾图像的效果，往往无法得到一致性的评价结论。

以上种种原因使得图像去雾算法的性能评估问题一直没有得到很好的解决。而对于雾天图像，雾的浓淡程度决定了能见度的高低，使得能见度值成为雾天图像的主要特征。能见度是指视力正常的人在当时的天气条件下，能够从天空背景中看到或辨认出目标物的最大水平距离。因此，能见度是衡量各去雾算法性能的重要评价指标。

7.2 国内外研究现状

为了降低交通事故的发生率，减少交通事故对人们生活造成的影响，越来越多的厂家在车辆设计中加入了自动安全系统。但是这种系统只能在事故发生后证明其具有有效性，为了避免这种现象的出现，有必要对相关的风险进行预测并采取相应的行动。这需要对驾驶环境有着良好的感知与理解，因此一些传感器(如照相机、激光、雷达)渐渐地被引入，使得利用图像进行能见度的检测成为研究热点。

7.2.1 能见度测量仪的发展

大气中悬浮着各种颗粒、水珠等物体，使得光线在进入人眼之前会因这些物体发生散射和吸收，从而导致人眼接收到的图像质量降低，画面变得模糊。1924 年，研究学者柯西米德在研究总结前人成果的基础上提出了以天空作为背景的能见度检测定律，它是一种适用于白天环境下的大气能见度测量的基本原理。截至目前，许多国内外学者已经对能见度检测算法进行了一系列的研究与改进。目前，许多能见度检测仪已经投入市场。

早期对于大气能见度的测量采用目测法，它主要是根据人类的主观意识来进行能见度距离的测量，因此带有较强的主观性并且缺乏科学依据，后来随着测量仪器的陆续出现，目测法渐渐地淡出人们的视野。然而在使用测量仪器进行测量时，也不能完全脱离人工的目测，其主要原因在于能见度的定义本身就带有较强的主观意识，其次在国际市场上也缺少一套完整的能见度测量相关标准。目前，市场上存在的能见度检测仪器主要有透射式能见度测量仪、散射式能见度测量仪、激光雷达式能见度测量仪等。

1. 透射式能见度测量仪

透射式能见度测量仪早在 20 个世纪 30 年代就已经出现,是最早发明的一种能见度测量仪器,它是一种通过对大气透明度进行估计从而提取能见度距离的设备,其测量理论来自准直光束的散射与吸收是造成光损失的主要原因,因此该透射式测量仪满足气象光学视程上对能见度检测的要求,大体上分为"单端式"与"双端式"两种,它是通过设定一个人工光源,测量其经过一定距离后该光源衰减的程度,再结合基线的长度进行能见度的估计。目前,国际机场基于气象能见度的测量仪器主要采用芬兰 Vaisala 公司的 MI2TRAS 透射仪。

2. 散射式能见度测量仪

散射式能见度测量仪的测量原理是依靠对某一个特定角度的散射光的强度进行测量,利用其光强强度与总的散射光强度的关系来估计大气散射系数,从而求能见度距离。该检测原理是利用发射光源对其传播的有限空气柱进行照射,其中的大气气溶胶就会对照射的光强进行一定程度的吸收和散射,由于吸收作用远远小于气溶胶的散射作用,因此只考虑大气的散射作用,而散射的强弱与粒子的密度和半径有关,同时这些粒子的密度与大小又影响能见度,因此根据散射系数可以达到检测能见度的目的。世界上最早问世的散射式能见度测量仪出现在 1949 年,Beuttel 和 Breuer 根据空气中悬浮物体对可见光和近红外光的散射远远高于物质的吸收作用这一原理而得到,随着电子信息、计算机科学的不断发展与进步,国外的许多公司对相关的仪器进行了许多改进,推出一系列精确度更高、测量视程更远的散射式能见度测量仪,根据散射式能见度测量仪的散射角度差异,又可以将其划分为三种类型,即前向散射仪、后向散射仪以及总散射仪。其中,前向散射仪因其体积小,相对于其他系列仪器的性价比更高而得到了广泛应用,包括美国 BELFORT 公司生产的 Model 6000 Visibility Sensor 测量仪、芬兰 Vaisala 公司生产的 FD12P 等仪器,它们在航海、航空以及陆地交通方面应用广泛。

3. 激光雷达式能见度测量仪

随着激光与雷达技术的不断发展,激光雷达式散射仪也随之产生,它在结构上与散射仪类似,其优点在于它可以测量不同方向上的能见度,其发射光源利用的是激光信号,因此成本较高,到目前为止,激光雷达主要应用于军事与国防领域。

在国内,能见度检测仪的发展起步较晚,于 20 世纪 70 年代才开始相关的探索。现阶段,一些能见度的测量也会依靠人为检测。因此,能见度仪器的研究仍然需要不断地发展。目前,相关领域的科研学者也加强了对相关先进产品的研究分析和生产,如南京大学气象学院联合山东地方气象局对 Vaisala 公司生产的 PWD22 测量仪的相关仪器性能、安装使用以及仪器维护等参数进行分析;长春气象研究所、锦州阳光科技发展有限公司等在能见度仪器的研发上都生产出了相应的产品。因此，在未来的生产生活中，能见度测量的研究具有广阔的应用前景和研究价值。

7.2.2 基于图像的能见度研究现状

随着各种智能技术的不断出现，利用图像固有的特征信息进行能见度的测量已经成为该领域的主要发展趋势，许多学者开始研究利用机器学习、深度学习以及图像处理技术来进行能见度检测。早在 20 世纪 40 年代，就有学者通过使用摄像机进行图像的采集，再通过图像中的目标物与图像背景的明亮程度进行能见度的估计，然而由于当时设备和技术的限制，该方法没有得到广泛的应用，后来随着硬件技术的不断改进，获取图像的渠道越来越多，图像处理相关的算法逐渐发展起来，利用图像进行能见度测量已得到越来越多学者的关注，相关的产品也在实际生活中得到了应用。

在美国，加利福尼亚的交通部门已经研发出一系列能够检测雾的用于探测系统和警示系统的传感器，这些系统被使用在 99 号公路上，驾驶员能够根据系统获取相关的能见度数据、雾的密度以及当时行驶的最大速度，同时雾检测传感器每半英里(1 英里＝1.61km)便可在高速公路的可变消息的标志上显示相关的雾天环境下的驾驶信息，虽然这些系统的设备成本较为昂贵，但其提示的天气信息以及限速的信息却可以大大降低交通事故的发生率。

在过去的几年中，学者们开始对基于图像处理的雾天检测技术进行研究，目的就是为了去除图像中的雾效应。由于图像质量的降低是由天气条件引起的，Narasimhan 等[1]提出了通过恢复原始图像的对比度来提高图像质量，通过分析不同浓度下图像的结构信息，设计相关的大气点扩散函数，最后通过此函数来表示天气的条件。目前，许多文献中对能见度的测量都依赖柯西米德定律，文献[2]将车载摄像头和雷达结合使用，依靠前方车辆的可视性特点对雾浓度进行分类；文献[3]提出了基于立体视觉的雾检测系统，通过使用"V视差"方法建立车辆环境的深度图，然后基于深度图与柯西米德模型估计能见度；文献[4]对图像的边缘信息特征进行分析，采用小波变换对其进行提取，结合摄像机自标定以及最小二乘法进行曲线拟合，从而估计出能见度，该方法对于测量的距离有一定的限制，同时道路上安装的设备容易受到外界环境的影响从而改变摄像机的外部参数；刘建磊等[5]通过分析拐点线具备的一些各向异性、连续性等特征，计算图像灰度值变化的拐点信息，从而建立一个拐点线检测的滤波器，再结合能见度估计模型，提出了一种基于拐点线的能见度检测算法，实验表明该算法能够有效地估计能见度，但其适用的环境却受到了一定限制；李勃等[6]提出了一种基于视频图像对比度的能见度检测算法，比较每个像素与其四邻域像素的对比度，当最大对比度大于预先设定的阈值时就定义为可区分的像素，然后结合摄像机的校准技术求取能见度，但该方法容易受到摄像机成像噪声、量化噪声的影响；Bronte 等[7]在分析雾模糊效应的基础上实现了雾天识别的方法，同时结合消失点的特征与摄像机的参数来检测能见度，该算法在精确度上得到了一定的提高，但对于雾浓度较高的天气条件，很难将天空与道路区别开来，使得算法的适用范围受到限制。

综上所述，能见度检测技术已经取得了很大的突破，但现存的算法仍然存在许多不足，如复杂度高，检测结果易受外界条件的影响，不能广泛适用等各种问题，因此能见度检测算法的研究是迫切且有着重大意义的，同时研究一种能够在任何场景下都可以适用的算法也是当前研究的重点。

因此，本章针对当前能见度测量仪器设备成本较为昂贵、检测方式较为繁杂、难以实现大范围的操作使用，以及基于图像的测量算法复杂度高等不足，对现有的基于图像的能见度检测算法进行深入研究，对算法进行仿真并测试，同时结合真实环境下的测量数据，与其他算法结果进行比较分析。本章选择从人眼双目视差特性和暗通道相结合的角度以及基于 Retinex 物理成像模型角度出发，提出了基于暗通道先验的能见度检测算法及基于 SSR 单幅图像的能见度检测算法。

7.3　能见度检测的基本知识

能见度的检测被广泛地应用于航海、航空以及公路交通方面，而针对使用环境的不同，能见度检测方法又可以分为白天环境下的能见度检测和夜晚环境下能见度检测。白天能见度是指在当时的气候环境下，正常的人眼视力能够从当时的背景环境中分辨出黑色目标物的最大距离。夜间能见度是由 Allard 提出的，由于其基于比较黑暗的环境，因此只能通过选取发光的物体，测量发光体到达观测者的照度来计算，又被称为灯光能见度。本章主要描述的是白天能见度距离的检测，重点介绍基于图像的能见度检测的理论基础以及目前基于图像的能见度检测算法中比较常用的能见度测量的相关知识。

7.3.1　能见度检测原理

7.3.1.1　白天能见度检测理论模型

理想的大气是干净透明的，大气光在空气中传播不会存在能量的衰减，然而真实世界中的空气存在着各种大小不一的悬浮微粒、大气分子及大气气溶胶。因此，外界物体亮度进入观察者双眼时会出现能量的衰减，其中大气气体分子和气溶胶的吸收和散射是导致图像降质的主要因素。Dumont 等的研究表明[8]，在可见光和近红外波段内，吸收作用造成光能量的衰减是微乎其微的，其能量的衰减主要是因为散射作用，它会使光线偏离原始的轨道方向，从而导致接收的图像变得模糊，这就是雾图像亮度的来源。1975 年，Mc Cartney 提出大气退化物理模型，该模型由衰减模型和大气光模型组成，如图 7-2 所示。其中，衰减模型也称直接传播（direct transmission），描述的是光从场景点发散到观测点之间的衰减过程。因为大气颗粒的散射作用，物体表面的反射光一部分由于散射损失掉，没有损失的反射光直接传到摄像传感器。随传播距离的增大，其强度指数降低。大气光模型(airlight model)也称大气介质散射，描述的是周围环境中经过大气颗粒散射后的各种光对观察点所观察到的光强度的影响。随传播距离增大，环境光强度也随之增大。

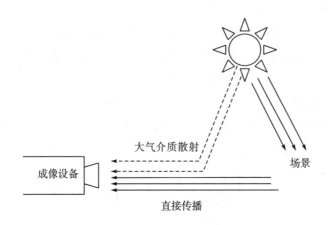

图 7-2   大气退化物理模型示意图

大气能见度能够反映环境中空气的透明水平，能见度距离越大，空气透明度则越好。根据光学视程的定义，1924 年，Koschmieder 在以天空为背景的前提下，提出了被测目标物的亮度与其距离的关系，即

$$L = L_0 e^{-kd} + L_f(1 - e^{-kd}) \tag{7-1}$$

式中，L 为观测者接收到的观测亮度；L_f 为背景天空的亮度；L_0 为目标物体的亮度；k 为消光系数，表征单位体积内的大气光束因散射造成的能量衰减，雾浓度越高，k 越大；d 为目标物与观测者的距离。

1948 年，Duntley 根据大气衰减模型，提出了一种雾天环境下对比度的衰减值与距离的关系，该模型指出了对比度随着距离的增加呈现指数级的衰减：

$$C = C_0 e^{-kd} \tag{7-2}$$

式中，C 表示距离为 d 时接收到的亮度对比度；C_0 为目标物与背景的亮度对比度，两者之间的比值 C/C_0 为对比度阈值 ε；早期世界气象组织(World Meteoro-logical Organization，WMO)将其取值为 0.02，后来国际民用航空组织(International Civil Aviation Organization，ICAO)对 ε 做了一些调整，将其改变为 0.05[9]，当对比度低于这一阈值条件时，人们肉眼就不能正常地辨别目标物。最后，对能见度距离 V_d 的测量就转换为对消光系数的估计，能见度检测的最终表达式为

$$V_d = -\frac{1}{k} \ln 0.05 = \frac{3}{k} \tag{7-3}$$

7.3.1.2　夜间能见度检测原理

上述的能见度检测主要是针对白天环境下能见度距离的测量,夜间能见度的测量原理主要是根据 Allard 在 1876 年提出的利用已知亮度的光源发出的光能量的衰减定律[10],它是通过光源照度的变化来表示的,该光源是一个相当小的视角,可将其视为点光源。

夜间能见度与空气的透明度、光源的亮度和人眼照度阈值有关。假设点光源的强度为 I,点光源与观察者的距离为 l,大气消光系数为 k,那么点光源在观测者处产生的照度 E_t 可以表示为

$$E_t = \frac{I}{l^2} e^{-kl} \tag{7-4}$$

当照度 E_t 为人眼可以观察到的照度阈值 E 时,V_d 即为夜间能见度距离:

$$E = \frac{I}{V_d^2} e^{-kl} \tag{7-5}$$

相对于白天能见度的研究,国内外学者对于夜间能见度的研究尚不成熟。Kwon[11]提出了在夜间设置不同距离的目标物来解决图像信息丢失的问题,结合近红外摄像机和近红外反射目标来提高检测的准确率。夜间的数字摄像能见度仪器系统(digital photography visiometer system,DPVS)是利用双光源的形式,通过对两个相同的光源分别测量其经过不同路径的空气柱后的接收亮度来计算大气消光系数,从而估计能见度距离。目前,基于双光源的夜间能见度算法得到了很好的发展,许多学者在一般双光源法的基础上进行了一系列的改进。对于一般的双光源法,其系统如图 7-3 所示,预先设置两个完全一致的目标物体和光源,其中目标物和光源处于同一位置,光源本身亮度为 L_0,距离摄像机距离为 d_1 和 d_2 的光源视亮度分别为 L_1 和 L_2,目标物亮度为 L_{b1} 和 L_{b2},则能见度的计算如下:

$$V = \frac{3(d_2 - d_1)}{\ln(L_1 - L_{b1}) - \ln(L_2 - L_{b2})} \tag{7-6}$$

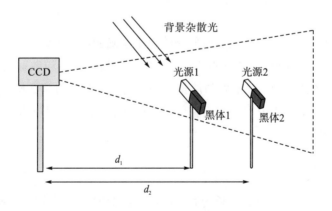

图 7-3　一般光源法示意图

7.3.2　大气散射模型

能见度距离的检测实际上等效于大气消光系数的计算,而大气消光系数是指大气光波在空气介质中传播单位距离的相对衰减度,其中大气的散射是其衰减的主要因素。当太阳光在经过空气时,会与空气中的大气分子、颗粒、雨滴等质点发生散射,因而人眼接收到的光强都是经过散射后形成的。由于经过散射后的太阳光将会改变之前的传播路线,转而向四周任意方向进行传播,最终造成人眼接收到的光强并不是原始发射光的光强,这就是为什么在有雾霾或者下雨的天气中,观察者观察到的景象不清晰的原因。根据遥感数据统计,太阳光在照射到场景中的目标物体然后进入到人眼的过程中,经过两次在空气中传播,增加了各种散射光的强度,从而造成图像中的噪声分量的增加,导致图像质量降低。

根据空气中颗粒形状的大小和入射波的波长关系,光和大气中粒子的相互作用可以采取不同的散射公式,其中大气中的散射包含瑞利散射、米散射以及无选择性散射。

1. 瑞利散射

瑞利散射这个概念最开始出现在 19 世纪末,由英国物理学家 J.W.S.瑞利提出,该现象是瑞利在研究天空颜色的时候发现的,它指在空气中存在的颗粒物质的半径远小于光或其他电磁波波长的情况下,这些颗粒对入射光造成的散射即为瑞利散射,它可以出现在许多介质中,如固体或液体,但最明显的环境还是在气体中。当传播的光线遇到不均匀的介质,如气溶胶等,光线就会因为密度的不同向其他方向发生散射作用。而瑞利还发现即使是在均匀的介质中,分子间的热运动也会造成瑞利散射。通过分析计算,散射的光强度跟入射光的波长(或频率)存在四次幂的变化关系。其中,受其影响最大的是可见光,其次是红外辐射,而微波可以忽略不计。

2. 米散射

米散射理论对均匀球形粒子的散射问题给出了明确的解决方法,它是由来自德国的一名叫 G.米的科学家在电磁理论研究中所提出来的,又被称为粗粒散射理论,适用于粒子的尺度与波长相近似的情况,该散射与波长的关系没有瑞利散射那么敏感,但其需要考虑散射粒子体内的电荷的三维分布,当入射光照射在粒子上会产生不同的相位差,从而对大气光的传播造成影响。

3. 无选择性散射

当颗粒的直径远远大于辐射波长的时候所发生的散射符合无选择性散射条件,此时的散射是没有选择性的,即辐射的各种波长都会发生散射。

7.3.3　能见度检测的相关知识

目前，基于图像的能见度检测方法引起越来越多学者的关注，其中包含基于多幅图像和单幅图像的检测方法，如文献[12]和文献[13]通过在雾天环境中拍摄的多幅图像进行能见度的测量，该方法的基本思想是利用相同的目标物在不同环境下体现出来的特征差异来增强能见度，该方法需要考虑不同的天气，因此无法立刻提取结果；文献[14]文献[15]利用单幅图像估计能见度距离并取得了明显的成果，但是需要利用复杂的摄像机标定。本节对现有能见度检测算法中应用的知识进行分析总结，其中常常被提及的方法主要有摄像机模型标定法，基于图像区域特征的检测方法，如图像的对比度、亮度以及图像的灰度值变化等。

7.3.3.1　摄像机模型标定法

摄像机模型标定法是一种利用已获得的拍摄图像来还原真实场景的方法，即从图像像素中获取真实环境中的相关信息，它在计算机视觉、机器学习以及图像测量过程中常常涉及。常见的摄像机标定主要有摄影测量标定方法和自标定方法。摄影测量标定方法需要事先建立准确的标定块，利用标定块建立其坐标与图像坐标的对应联系，从而提取摄像机的相关参数，如 Zhang 的基于平面单应的标定方法和基于 RAC 的标定方法都是基于标定块模型[16-17]。这种方法的适用性比较强，可以应用在任何摄像机当中，并且精确度非常高，但其标定方法需要固定的摄像机角度与固定参数，一旦这些因素受到干扰就需要重新进行标定。针对这些不足，研究者开始研究寻找新的标定方法。Faugeras 等在 20 世纪 90 年代初提出自标定方法，它只需要利用图像的信息就可以完成标定。广义的摄像机标定主要包括三个步骤，如图 7-4 所示，其过程是将获取的图像或图像序列利用几何关系，射影重构恢复出摄像机的度量信息。

图 7-4　摄像机自标定的一般流程

摄像机成像模型是一种将三维空间坐标转换到图像的二维空间的模型，主要包含线性与非线性摄像机模型。

1. 线性摄像机模型

线性摄像机模型又称为小孔成像模型，如图 7-5 所示，将该模型的摄像机光心看作一个小孔，因为光线是沿直线传播的，所以场景中的 P 点经过光心在像平面上投影成像，而在实际环境中，由于小孔的透射光率是十分小的，在成像平面形成清晰的像就需要较长的时间曝光，因此实际应用中采用的光学系统大多由透镜组成，该摄像机的成像原理就跟小孔成像原理大体一致。

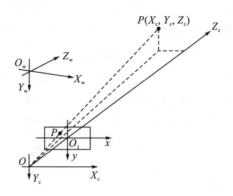

图 7-5 线性摄像机模型

摄像机线性成像模型中的坐标变换有三种：①从图像中的像素坐标变换为图像物理坐标；②将物理坐标变换为摄像机坐标；③是将摄像机坐标变换为真实世界中的世界坐标。其中，图像中的像素坐标系是将图像的左上角标记为坐标系中的原点，它的单位是像素，代表了某一点在图像中所处位置的行与列，用 (u,v) 表示，而对于图像的物理坐标系，则是通过以光轴跟成像平面的交汇点作为坐标的原点，代表了该点所处的物理位置，用 (x,y) 来表示。假设某一点的图像像素坐标为 (u_0,v_0)，该图像的单位像素尺寸为 d_x、d_y，则存在着如下的关系转换，即

$$\begin{cases} u = \dfrac{x}{d_x} + u_0 \\ v = \dfrac{y}{d_y} + v_0 \end{cases} \tag{7-7}$$

使用齐次坐标表示为

$$\begin{bmatrix} u \\ v \\ 1 \end{bmatrix} = \begin{bmatrix} \dfrac{1}{d_x} & 0 & u_0 \\ 0 & \dfrac{1}{d_y} & v_0 \\ 0 & 0 & 1 \end{bmatrix} \begin{bmatrix} x \\ y \\ 1 \end{bmatrix} \tag{7-8}$$

由于图像物理坐标是二维的，它的坐标原点是光轴与图像成像平面的交点，x 轴与摄像机的横轴平行，y 轴与摄像机的纵轴平行，根据相似三角形的原理，有摄像机坐标 (x_c, y_c, z_c) 投影到图像物理坐标的关系(其中，f_0 为摄像机焦距)如下：

$$\frac{x}{x_c} = \frac{y}{y_c} = \frac{f_0}{z_c} \tag{7-9}$$

用矩阵表示为

$$\begin{bmatrix} x \\ y \\ 1 \end{bmatrix} = \frac{1}{z_c} \begin{bmatrix} f_0 & 0 & 0 \\ 0 & f_0 & 0 \\ 0 & 0 & 1 \end{bmatrix} \begin{bmatrix} x_c \\ y_c \\ z_c \end{bmatrix} \tag{7-10}$$

为了获取物体在三维场景中的信息，需要将摄像机坐标转换为世界坐标系 (x_w, y_w, z_w) 中，它们的变换可以通过一个旋转矩阵 $\boldsymbol{R}$ 和一个平衡移动的向量 $\boldsymbol{t}$ 来实现：

$$\begin{bmatrix} x_c \\ y_c \\ z_c \end{bmatrix} = \boldsymbol{R} \begin{bmatrix} x_w \\ y_w \\ z_w \end{bmatrix} + \boldsymbol{t} \tag{7-11}$$

其齐次坐标可以表示为

$$\begin{bmatrix} x_c \\ y_c \\ z_c \\ 1 \end{bmatrix} = \begin{bmatrix} \boldsymbol{R} & \boldsymbol{t} \\ 0^T & 1 \end{bmatrix} \begin{bmatrix} x_w \\ y_w \\ z_w \\ 1 \end{bmatrix} \tag{7-12}$$

2. 非线性摄像机模型

在实际应用中，不可能存在没有瑕疵的镜片，因此很难从设备上使透镜与成像面维持在同一水平面上。对于检测精确度要求不高的情况，利用线性模型就能够较好地反映成像原理。而对于要求比较高的情况，则需要进行相应的数学纠正，即引入非线性畸变因子。其中，透镜的畸变包含两类：①径向畸变，由透镜形状的不完美导致；②切向畸变，由透镜与成像平面的不完全平行所形成。对于径向畸变，其中心的畸变程度为 0，越靠近透镜的边缘，其畸变程度越深。在实际工艺中，径向畸变出现的情况比较少，可以用 $r=0$ 邻域的泰勒级数进行表示，如式 (7-13) 所示，其中 r 为径向半径，满足 $r = \sqrt{x^2 + y^2}$，$(x_{corrected}, y_{corrected})$ 为校正后的新位置，(x, y) 为畸变点在成像仪上的原始位置：

$$\begin{cases} x_{corrected} = x(1 + k_1 r^2 + k_2 r^4 + k_3 r^6) \\ y_{corrected} = y(1 + k_1 r^2 + k_2 r^4 + k_3 r^6) \end{cases} \tag{7-13}$$

切向畸变是一种常见的畸变现象，它通过两个额外的参数 p_1 和 p_2 来描述：

$$\begin{cases} x_{corrected} = x + \left[2p_1 y + p_2 \left(r^2 + 2x^2 \right) \right] \\ y_{corrected} = y + \left[p_1 \left(r^2 + 2y^2 \right) + 2p_2 x \right] \end{cases} \tag{7-14}$$

7.3.3.2　能见度相关的图像区域特征

从气象能见度的定义可以知道，人眼观察物体的清晰与否主要取决于对场景物体对比度的感知情况，而雾的存在使得接收到的图像存在降质的过程，雾浓度越大，能见度越低，图像的边缘和对比度信息越少。因此，能见度的测量主要集中在图像边缘和对比度信息方面。

1. 边缘信息

能见度低的图像，其边缘相对较模糊，边缘检测也比较困难。图像的边缘是图像中灰度值发生突变的边界，图像灰度的变化情况可以利用梯度来计算，而梯度的计算结果与其选取的邻域大小有关。将像素点 (x, y) 的梯度 $G(x, y)$ 划分为两个方向，即横坐标方向上的梯度分量 G_x 与纵坐标方向上的梯度分量 G_y：

$$G(x, y) = \sqrt{G_x^2(x, y) + G_y^2(x, y)} \tag{7-15}$$

式中，$G_x = f(x, y) - f(x-1, y)$，$G_y = f(x, y) - f(x, y-1)$，$f(x, y)$ 为像素点的灰度值，一般为了算法的简便，将梯度的计算替换为

$$G(x, y) = |G_x(x, y)| + |G_y(x, y)| \tag{7-16}$$

2. 图像对比度

能见度检测原理定义了人眼可识别物体的最远距离，即对比度阈值刚好为 0.05。Kohler 在图像像素点的对数对比度模式的基础上提出了一种基于图像的最大对比度的方法，首先进行图像灰度化，然后计算相邻两点 (x, x_1) 的像素差值，根据相应的阈值 S 进行像素点的分离。

首先，根据像素点 x_1 和其周围 4 个点 $x \in V_4(x_1)$ 的像素差值，寻找阈值，即

$$\min[f(x), f(x_1)] \leqslant S < \max[f(x), f(x_1)] \tag{7-17}$$

再根据像素对 (x, x_1) 被阈值分离的结果，寻找相应的集合 $F(s)$，集合中像素对的对比度如下：

$$C_{x, x_1}(S) = \min\left\{\frac{|s - f(x)|}{\max[s, f(x)]}, \frac{|s - f(x_1)|}{\max[s, f(x_1)]}\right\} \tag{7-18}$$

其中值对比度为

$$C(S) = \frac{1}{\operatorname{card}[F(S)]} \sum_{(x, x_1) \in F(S)} C_{x, x_1}(S) \tag{7-19}$$

3. 图像拐点特征

有雾时，距离观测点位置越近的物体看得越清晰，距离观测点位置越远，物体就变得越模糊，尤其是在道路的场景下，远离观测点的景象信息越接近天空区域的特征，因此利用拐点来提取道路上的能见度距离也成为当下比较流行的方法，其主要原因在于将道路作为检测的目标物，受干扰的条件较少；其次，拍摄的雾天道路图像整体较为单一，即道路与天空两部分，因此它对于亮度的变化有着足够广泛的感知空间。

通过提取图像轮廓以突出显示构成道路的边缘、前方交叉路口、树木等主要亮度中断点，然后基于计算能见度需要考虑到道路拐点的三个特点：各向异性、连续性以及水平性，对道路目标进行提取，再结合 Canny-Deriche 滤波器[18]和具有滞后的阈值可以发现在天空

与道路的连接处存在图像梯度明显改变的过程。如图 7-6 所示，其中图 7-6(a)为道路原图像，随着景深距离的加大，图像的区域特征越接近天空区域，图 7-6(b)中 t_L 与 t_H 分别为该过程的下限和上限，它们都被设置成相对较高的值以排除轮廓检测期间的噪声。

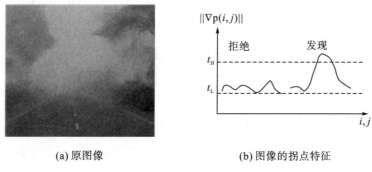

(a) 原图像　　　　　　　　　　(b) 图像的拐点特征

图 7-6　道路图像的拐点特征

7.4　基于暗通道先验的能见度检测算法

本节利用暗通道先验算法能够快速、高效地求取大气透射率，再根据同一场景下左右视图的视差特性，通过求取图像中像素突变点的大小计算场景深度，最后根据雾天成像模型估计图像的能见度距离。

第 2 章介绍的雾天成像模型为

$$I(x) = J(x)t(x) + A[1 - t(x)] \tag{7-20}$$

式中，I 和 J 分别代表拍摄的雾天图像和去雾后的无雾图像；A 是大气光值，它代表着周围环境光的总强度；$t(x)$ 为大气光在空气介质中传播的透射率，描述的是未被介质散射所到达人眼的一部分大气光。当空气是匀质的时候，介质透射率 $t(x)$ 可以表示为

$$t(x) = e^{-\beta d} \tag{7-21}$$

式中，β 是大气散射系数，研究表明大气散射系数可以近似估计为大气消光系数，即 $k \approx \beta$；d 是场景深度。因此，只要能求解出透射率 $t(x)$ 和场景深度 d，就可以求解出大气消光系数 β，进而就估计能见度了。接下来，我们分别介绍如何求取透射率 $t(x)$ 和场景深度 d。

7.4.1　透射率的估计

将雾天图像模型与暗通道先验原理相结合，求取透射率值，需要先计算出 A。第 2 章和第 3 章已经介绍了各种估计 A 和 $t(x)$ 的方法。为了算法形式上的完整性，此处简略说明本节算法求取 A 和 $t(x)$ 采用的方法。

本节根据实验中获取的暗通道图像，选取图像亮度前 0.1%的像素点，然后将这些点对应在有雾图像 I 中，选取其中亮度最大的值作为最后的 A。然后利用先验知识，假设透

射率在图像局部区域 $\Omega(x)$ 中是一个常数值 $\tilde{t}(x)$，则式 (7-20) 可以转化为

$$\frac{I^c(x)}{A^c} = t(x)\frac{J^c(x)}{A^c} + 1 - t(x) \tag{7-22}$$

接着对图像进行暗通道的提取，分别对原始图像的每一个通道图像的像素点进行最小值的提取，然后对其生成的图像进行最小值滤波，得到

$$\min_c\left(\min_{y\in\Omega(x)}\frac{I^c}{A^c}\right) = \tilde{t}(x)\min_c\left[\min_{y\in\Omega(x)}\frac{J^c(y)}{A^c}\right] + \left[1 - \tilde{t}(x)\right] \tag{7-23}$$

最后结合暗通道的定义，有

$$\tilde{t}(x) = 1 - \omega\min_c\left[\min_{y\in\Omega(x)}\frac{I^c(y)}{A^c}\right] \tag{7-24}$$

考虑到保留图像的真实性和相关的场景深度信息，设置系数 ω 来恢复图像的保真度，要求 $0 < \omega \leqslant 1$。此时得到的透射率图相对粗糙，会出现方块效应，因此为了平滑透射率图，采用双边滤波进行优化。双边滤波是一种非线性滤波算法，同时考虑了像素空间的差异与强度差异，因此能够大范围地保持图像边缘等细节信息，其处理后的像素取决于邻域像素值的加权组合。假定 I 为输入图像，F 为滤波后的图像，则双边滤波定义为

$$F = \frac{\sum_{i,j=-w}^{w} G_{\sigma_s}(x,y,x_i,x_j)G_{\sigma_r}(x,y,x_i,x_j)I(x_i,x_j)}{\sum_{i,j=-w}^{w} G_{\sigma_s}(x,y,x_i,x_j)G_{\sigma_r}(x,y,x_i,x_j)} \tag{7-25}$$

式中，$G_{\sigma_s}(x,y,x_i,x_j) = \exp\left[-\frac{(x-x_i)^2 + (y-y_j)^2}{2\sigma_s^2}\right]$ 表示高斯核函数，它是以像素点 (x,y) 为中心、半径为 w 的矩阵内点的空间相似度，σ_s 为方差参数。矩阵内点的像素相似度为 $G_{\sigma_r}(x,y,x_i,x_j) = \exp\left[-\frac{I(x,y)-I(x_i,x_j)}{2\sigma_r^2}\right]$，$\sigma_r$ 为方差参数，图 7-7 为双边滤波处理过的图像，其中，图 7-7(a) 为原始图像，图 7-7(b) 为暗通道图，图 7-7(c) 是利用双边滤波细化后的透射率图。

图 7-7　透射率估计效果图

7.4.2　基于视差的场景深度估计

1960 年，"计算机视觉"一词来源于美国麻省理工学院的 Robert 将二维图像的信息转换到真实场景的三维空间上，从此代表了计算机视觉的产生。迄今为止，该研究仍然吸引了许多学者的关注。其中，Marr 等在 20 世纪 70 年代创建的计算机视觉理论对计算机视觉方面的探索起到了很大的促进作用，该理论首次将图像处理、生理学、心理物理学、精神病学等相关领域的研究成果从信息处理的角度进行分析研究，从而归纳总结出了一套比较完备的从二维图像中获得三维场景的物体表面重构系统。

计算机立体视觉的研究主要包含单目视觉、双目视觉以及多目视觉。单目视觉是指利用一台视觉传感器完成定位的工作，该方法的优势在于操作过程相比于另外两者是比较简单的，同时还可以避免视觉中场景小、立体匹配困难等问题，但是前提是了解物体的几何模型，因此需要从图像中获取一些信息，如图像灰度变化、纹理梯度信息、物体的大小和遮挡等。而双目视觉和多目视觉两者的原理是相似的，它们是利用两台或多台摄像机来获取更加精确的图像，然后再从所拍摄的左右视图或者多幅图像中计算场景点在像平面成像的对应点，最后利用同一场景中像素点在成像平面上的位置偏移来估计场景中的三维信息。

7.4.2.1　双目视觉的成像原理

双目视觉的成像原理主要是依据同一个真实环境下的场景点在左右两个摄像机中构成唯一的像素点，而这两个像素点构成一对能够匹配的对应点，根据两个摄像机成像平面的对应点来获取场景下的真实像点，从而获取三维空间点的真实坐标。

下面借助摄像机成像原理和几何学知识来描述双目视觉的成像原理，在理想情况下，摄像机的放置应该是水平的，左右摄像机的中心处于同一条水平线上，即 x 轴方向水平，同时相机的内部参数，如焦距、镜头等是相同的。由于真实世界中的物体可以处在不同的坐标系中，为了描述上的便利，再引入坐标如图 7-8 所示，左右相机处在 x 轴上，以左相机的光心为坐标系的原点，则右相机被看作左相机的简单向右平移所得，可以用坐标 $(T_x, 0, 0)$ 表示。

图 7-8 中，T_x 表示基线(baseline)，$P1$ 和 $P2$ 是分别是现实场景中点 $P(X, Y, Z)$ 在两个相机成像平面上的一对对应点，场景深度为 Z，OR 和 OT 分别为对应相机的光心，结合几何学上的三角形相似原理可以知道点 $P(X, Y, Z)$ 在左右平面上的像素点的坐标。图中有 $X1 + X2 = b1$，$X11 + X22 = T_x$，令相机的焦距为 f，左右拍摄图像的视差为 d，根据三角形的相似原理有

$$\frac{X11}{Z} = \frac{X1}{Z-f}, \qquad \frac{X22}{Z} = \frac{X2}{Z-f} \tag{7-26}$$

从而可以推演出：

$$\frac{X11 + X22}{Z} = \frac{T_x}{Z} = \frac{X1 + X2}{Z - f} = \frac{b1}{Z - f} \tag{7-27}$$

式中，用 T_x、XR 和 XT 来代替 $b1$ 可以得到

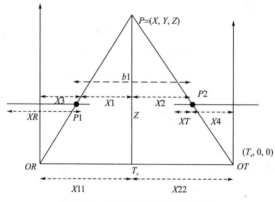

图 7-8　双目视觉成像示意图

$$b1 = T_x - X3 - X4 = T_x - \left(XR - \frac{L}{2}\right) - \left(\frac{L}{2} - XT\right) = T_x - XR + XT = (T_x + XT) - XR \tag{7-28}$$

$$\frac{T_x}{Z} = \frac{(T_x + XT) - XR}{Z - f} \tag{7-29}$$

场景深度 Z 最终表达式为

$$Z = \frac{T_x \times f}{XR - XT} = \frac{T_x \times f}{d} \tag{7-30}$$

7.4.2.2　图像预处理

根据式(7-30)可以知道，场景深度与视差呈反比，因此求取图像的视差就可以获取场景深度。根据计算机双目视觉中利用视差图获取深度图像的方法，其中关键在于左右图像中对应点的匹配问题，因此算法实现起来较为困难。本节从图像的像素值出发，分析左右图像的像素点的灰度值变化，从而在不需要立体匹配的条件下获取场景深度值。

景深信息是判断图像边缘突变的重要依据，本节选择从视差的像素突变点着手，寻找同一区域的突变点。在理想的实验结果中，对于左图像中的每一个信息点都可以在右图像中找到，并且这个点是唯一的，呈现的是一一映射的关系，同理，对于右边视图也存在这样的特征。而对于现实的实验结果，这样的像素点是非常少的，噪声和动态场景的影响会造成在右相机拍摄的图像中找不到与之相应的唯一精确的对应点。一般而言，同一场景点在两个摄像机成像时其亮度值会产生一些差异，使得左图中的某一像素点在右图中有多个与之对应的匹配点，经典的 SSD 算法就是如此。基于上述情况，在利用图像的像素突变点时，需要将图像进行预处理，以减少突变点的误匹配。

由于拍摄角度、拍摄时间，以及场景中出现的运动物体等变化可能会造成许多无用的干扰信息从而影响实验结果，因此在进行特征信息提取之前利用图像预处理的相关方法来去除信息量较少的特征点，突出图像中有用的信息，从而提高视觉效果，增强相关目标的可检查性，缩减处理时间，本节将获取的图像进行预处理，步骤如下。

1. 利用阈值分割进行特征提取

阈值分割是针对图像区域的分割方法，它将图像的像素点划分为多个级别，根据图像中需要提取的目标区域与其他区域的灰度值差别，设置不同的阈值来进行区分，从而显示出目标区域与背景区域的差异，其最终图像是一个二值图像。首先需要确定特征提取的目标区域是什么，然后根据阈值判断提取的特征是否在自己需要的目标区域。设 $f(x, y)$ 为拍摄到的图片，设置阈值 T，则图像就被阈值划分为两部分：大于 T 的像素点区域和小于 T 的像素点区域。图像分割的方式如下（或把式中 1 和 0 颠倒）：

$$f(x, y) = \begin{cases} 1 & f(x, y) \geqslant T \\ 0 & f(x, y) < T \end{cases} \tag{7-31}$$

将图中像素值大于阈值的像素点值都取为 1，反之为 0。为了简化实验的处理时间，本书采用了手动阈值选取方法，根据大量雾天图像的二值图的效果分析，分别在中雾与浓雾的环境下将阈值 T 设置成 0.7 和 0.5，如图 7-9 所示。

(a) 中雾　　　　　　　　　　　(b) T=0.7

(c) 浓雾　　　　　　　　　　　(d) T=0.5

图 7-9　阈值分割图像

2. 利用形态学处理方法对图像进行降噪平滑

法国与德国的科学家在探索岩石构造的过程中提出了一门被称为数学形态学的科学，形态学处理在初期主要是利用物体和结构信息的相互作用来获取物体的固有形态，从而提取物体的结构形态。后期演变为对图像进行观察与处理，从而提高图像质量，该方法主要针对二值图像进行处理。

由于图像区域存在噪声，图像在经过阈值处理后边界就会出现不平滑的特点，目标区域以及背景区域都会随机出现一些噪声孔，从而影响图像的后续处理，形态学中连续的开运算以及闭运算能够有效地改善这种现状，达到提高图像质量的目的。开运算和闭运算主要包含腐蚀和膨胀过程，其中腐蚀的作用主要是去除目标区域边缘处存在的小点，排除与目标物体相近的细小物，而膨胀主要是将目标物的边界向外扩张，填充目标物内部区域的噪声孔。图 7-10 为某一幅图像的预处理结果，图 7-10(b) 为二值图像的阈值分割，图 7-10(c) 为先经过开运算后闭运算的形态学处理效果，可以看出经过处理后的图像边缘与边缘之间的界限更为清晰，同时图像中单独的细小的噪声孔也得到了去除。

(a) 原图像   (b) 阈值分割图像   (c) 形态学处理图像

图 7-10　图像预处理效果

3. 感兴趣区域提取

感兴趣区域(region of interest，ROI)的提取常常被应用到数字图像处理方面，从而简化整个工作的复杂度，该方法主要是针对某一个特定的目标，将这个目标提取出来单独进行后面的处理过程。因而利用 ROI 指定想读入的目标物体可以缩短处理时间，提高算法的速度。划分 ROI 区域的方式有两种，第一种是采用表示矩形范围的 Rect，即通过指定矩形范围左上角像素点的坐标和矩形的长、宽来定义一个矩形区域；第二种是直接设置行与列的大小来对目标区域进行提取。

7.4.2.3　视差估计场景深度

首先将拍摄到的图片进行扫描，获取图像的长宽边界值，求取整幅图像的灰度值；其次利用总的像素点的个数求取图像像素的平均灰度值;最后根据 ROI 提取的目标区域求取左右视图的突变点,在这一过程中,需要选取相应的阈值 θ,根据相邻像素点 $P(i)$ 与 $P(i-1)$ 的灰度值的差值与设定阈值的比较结果,分别统计像素点的个数,最后计算左右视图的像素突变点的个数,结合摄像机的相关内部参数(焦距、光轴间的间距、图片的分辨率等),将式(7-30)转换为式(7-32),从而计算场景深度:

$$Z = \frac{f \times B}{d_x \times D} \tag{7-32}$$

式中,D 为像素突变点;f 为焦距;B 为光轴间距离;d_x 为单位像素的尺寸。

7.4.3 能见度距离的估计

最后利用所计算的透射率大小以及估计的场景深度值,进一步计算消光系数,即将透射率与场景深度代入式(7-21)中,从而获取消光系数;然后结合能见度估计模型式(7-3),将消光系数代入该公式,推导出能见度的最终值。

7.4.4 实验结果与分析

为了检测算法的有效性,进行实验数据测量的操作系统选在 Intel i5(2.67GHz)、8GB 内存、Windows 7(64bit)环境下,使用 MATLAB2012 与 OpenCV 对该算法进行验证,并将本节算法与文献[19]和文献[20]进行对比。同时为了丰富实验数据与结果,测量的图像选取不同类型(包括风景、人物、道路等不同种类的图像)、不同大小、不同雾天浓度的 27590 幅有雾图像组成实验数据集,基本情况如表 7-1 所示。

表 7-1　实验数据集　　　　　　　　　　　　　　(单位:幅)

雾浓度级别	晴天	中雾	浓雾
数量	11400	3400	12790

其中,根据能见度的距离将雾天分为晴天、中雾、浓雾三个等级,如表 7-2 所示。

表 7-2　能见度等级范围

能见度等级	能见度(X)范围/m	定性用语
晴天	$X \geqslant 1000$	好
中雾	$200 \leqslant X < 1000$	一般
浓雾	$X < 200$	差

表 7-3 分别给出了参考文献[19]、文献[20]和本节算法的检测结果，从表 7-3 中可以知道，本节算法在整体上相较于其他算法都有着一定的改善，其中晴天和浓雾时的正确率要优于中雾环境下的正确率。

表 7-3　能见度检测的实验数据

能见度等级	检测图片数目/幅	文献[19]算法检测率/%	文献[20]算法检测率/%	本节算法检测率/%
晴天	11400	81.3	92.52	94.3
中雾	3400	88.1	91.7	92.9
浓雾	12790	85.3	93.3	93.7

图 7-11 是从本次实验数据中抽取部分道路图像进行定量分析的比较结果，图 7-11(a)为本书算法结果与文献[19]、文献[20]算法结果的比较图像，从整体上可以看出，算法的检测效果是一致的，算法的检测数据也是非常相接近的，图 7-11(b)给出了三种方法与真实值进行计算的一个相对误差曲线，其中，相对误差 T 的定义如下：

$$T=\frac{|测量值-真实值|}{真实值} \tag{7-33}$$

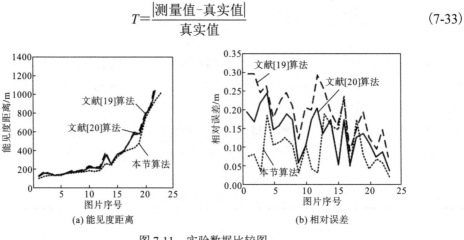

(a) 能见度距离　　　　　(b) 相对误差

图 7-11　实验数据比较图

从图 7-11 中可以看出，相比于文献[19]和文献[20]算法的结果，本节对于能见度的测量值更接近人为的观测数据，其对应的相对误差也更低。图 7-12 为部分图像的测量效果图。

V=248m　　　　　*V*=215m　　　　　*V*=128m

V=120m　　　　　　V=109m　　　　　　V=10m

图 7-12　测试效果图(V 为能见度距离)

　　针对一般测量能见度距离的传感器(散射仪、透射仪)等存在操作费用昂贵、组装过程复杂、不能够实现大规模使用的不足,本节利用图像进行能见度估计避免了这样的问题,考虑到如今智能应用的发展,获取图像的渠道也更加便捷,所以简化了测量操作,同时基于图像的测量方法可以广泛地应用到各种设备中,降低使用成本。

7.4.5　小结

　　7.4 节对雾天图像与晴天图像的特征进行了分析,研究雾天图像形成的相关模型及暗通道先验原理,寻求雾天图像形成的相关信息量,获取各个信息之间的联系,然后通过深入地研究人眼对观察物体的适应过程,即左眼与右眼分别观测形成的图像差异,提出了一种结合双目视觉的视差效应与暗通道原理的能见度检测算法。根据实验结果分析可以知道,该算法与现有的检测方法相比,不需要进行较为复杂的机器学习从而提取出雾天图像的特征,简化了算法的复杂度。同时,算法对于场景深度的计算是利用不同角度获取的同一场景图像,通过对其像素点的分析,比较左右视图中像素突变点的变化情况来估计场景深度,因此避免了摄像机标定的复杂过程,使得检测成本更低,操作更为便捷。

7.5　面向高速路的单幅图像能见度估计算法

　　7.4 节提到基于暗通道先验的能见度检测算法虽然能够有效地对雾天图像进行能见度距离的测量,算法的精确度也相对得到了提高,但是它是基于同一场景下的左右视图进行的,需要两台摄像机进行图像的采集,因此成本比较高,操作上相对复杂。基于这种限制条件的考虑,本节将重点转移到单幅图像上的能见度测距,结合雾天图像整体偏亮的特点,基于高速公路图片,提出基于 SSR 单幅图像的能见度估计算法。

7.5.1　SSR 估计图像亮度

前面章节已经详细研究了 Retinex 图像增强算法，本节将利用单尺度 Retinex 算法来调整雾天图像的亮度，进而估计能见度。前面已经讨论，单尺度 Retinex 算法是学者在 Land 提出的基于中心环绕 Retinex 方法的基础上经过一系列的改善才发展而来的，在图像增强的效果上相比于多尺度 Retinex 以及带颜色恢复的多尺度 Retinex 有所不足，但考虑到运行速度以及提取的图像主要是针对亮度信息成分而言，本节采取基于单尺度的 Retinex 作为能见度检测算法过程的一部分。

SSR 的算法过程如下。

步骤一：首先将原始的雾天图像分解为 RGB 三个颜色通道，并将每个通道的图像数据转换为 double 型数据，同时转换到对数域进行处理。

步骤二：输入高斯模型的尺度 c，求取归一化参数 k。

步骤三：根据

$$\log R(x,y) = \log \frac{S(x,y)}{L(x,y)} = \log S(x,y) - \log\left[G(x,y) * S(x,y)\right] \tag{7-34}$$

分别求取图像 $R(x,y)$ 三个通道图像的对数域，最后将对数域转换到实数域，合并三个颜色通道，输出增强的效果图。

利用 SSR 来估计亮度图像，即将上述的步骤三的方法替换为分别求取每一个颜色通道的

$$\log L(x,y) = \log\left[G(x,y) * S(x,y)\right] = \log\left[\left(ke^{\frac{x^2+y^2}{c^2}}\right) * S(x,y)\right] \tag{7-35}$$

最后合并三个通道的图像获取亮度图像。

7.5.2　不同雾浓度下的亮度估计

传统的 Retinex 图像增强算法主要是借助对入射光的亮度估计从而提高图像质量，而对于单尺度 Retinex 的亮度图像的估计主要是利用高斯卷积来获取的，因此亮度图像的准确度主要取决于高斯模型的尺度 c。但对于 SSR 算法中的 c 却是一个固定值，使得后面出现了基于 SSR 的各种改进的多尺度算法。

考虑到单尺度 Retinex 的高斯模型的参数 c 是固定的，其对于不同浓度的雾天图像处理效果就会存在差异，造成处理后的图像不能反映出场景深度与细节的相关信息。当 c 较大时，处理后的图像整体效果较好，但对于细节来讲就会出现模糊的现象，这对于雾浓度较低的图像比较适用，而当 c 较小时，它的细节处理效果较好，对于雾浓度较大的图像比较适用。因此，本节根据表 7-2 对雾浓度的划分情况，将不同等级的雾浓度图像采用不同的 c 进行处理。

7.5.2.1 雾浓度等级的划分

针对雾天图像的处理，目前有大量的改进优化算法，其中暗通道先验算法一直受到学者的关注。在雾天环境下，暗通道的亮度主要是由散射作用产生，使得对于有雾的图像，其雾存在的区域有着较高的暗原色值，而对于无雾的图像，其暗原色值就比较低，如图 7-13 所示，左列为原图像，右列是左边图像的暗通道图。可以看出对于无雾的图像，其暗通道中存在大量像素值趋近 0 的区域，而对于雾天图像，雾使得图像的整体画面偏白，其暗通道的像素值就偏大。

无雾图像　　　　　　　　　　　　无雾图像的暗通道

有雾图像　　　　　　　　　　　　有雾图像的暗通道

图 7-13　不同浓度下的暗通道图

因此，根据不同暗通道图像中的暗原色值，就可以分析出雾的分布以及相应的场景深度信息，暗原色值越大，所占整体图像像素点比值越大，则雾浓度越大，场景深度越小，反之，暗原色值越小，所占整体图像像素点比值越小，则雾的浓度越低，场景深度就越大。图 7-14 为雾浓度等级划分的流程图。

首先输入需要处理的图像，对原始图像进行暗通道图的转换，即分别对 R、G、B 三个通道图像进行处理，针对每一个像素点提取该点在三个通道中的最低值作为最后暗通道图该点的像素值，然后对暗通道图的像素点的灰度值(0~255)的个数进行统计，分别计算不同灰度值出现的概率，针对特定区域(本节对无雾与有雾图像的划分主要针对的灰度区间为 0~50)统计该区域出现像素点的比例 H_1，然后利用先验条件的阈值 T_1 进行有雾与无雾的划分，即

$$L = \begin{cases} 0, & H_1 \leqslant T_1 \\ 1, & H_1 > T_1 \end{cases} \tag{7-36}$$

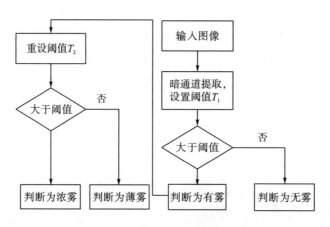

图 7-14　雾浓度等级划分流程图

当 L 为 0 时，则原始图像为雾天图像；反之，则是晴天图像。然后再针对划分的雾天图像进行第二次阈值判定，区分出中雾图像和浓雾图像，根据浓雾与中雾的暗通道直方图特征，主要选取灰度值为 50～100 这个区域段，统计该区域出现的像素点与总的像素点的比值 H_2，与参考阈值 T_2 做比较，得出

$$L_2 = \begin{cases} 0, H_2 \leqslant T_2 \\ 1, H_2 > T_2 \end{cases} \tag{7-37}$$

当 L_2 为 0 时，则原始图像为浓雾图像；反之，则是中雾图像。图 7-15 显示了不同浓度下暗通道直方图的特征，左列为原始图像，右列为相应图像的暗通道直方图，可以看出雾天图像与无雾图像的暗通道像素的主要差异在灰度值较低的部分，而中雾图像和浓雾图像的暗通道像素差异主要存在于灰度值较高的部分。

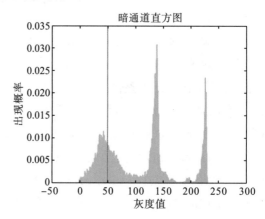

图 7-15　不同雾浓度下的暗通道直方图

7.5.2.2　亮度分量的调整

前面提到基于 SSR 的亮度图估计没有考虑不同雾浓度的区别，因此利用 SSR 中同一个高斯模型参数对不同雾浓度图片进行处理时，其最终结果不能保证图像的色彩保真性以及相应细节的清晰度。基于这一方面的不足，本节针对不同雾化程度的图片采取不同高斯模型的尺度来获取图像的亮度信息。

根据前文对于雾天图像雾浓度等级的划分，通过对三种情况下的大量雾天图像的暗通道数据进行分析，研究发现低雾图像的暗原色的像素值位于[26, 84]，中雾的暗原色像素值位于[85, 143]，而浓雾图像的暗原色像素值位于[144, 200]，根据这个统计分析数据，本节分别取 $c=55$、$c=114$、$c=170$ 作为低雾、中雾和浓雾的输入尺度。

7.5.3　结合亮度特征的单幅图像能见度检测

根据雾天图像形成的原因，影响大气能见度的因素主要有 3 种：①空气的透明度，它代表了空气的浑浊程度，是直接影响能见度的主要因素，浑浊度越高，能见度水平越低；

②人眼视力的观测阈值，即恰好能够观测到目标物的对比度阈值，当低于该阈值时，目标物就不能被人眼所辨认；③目标物与背景之间的亮度对比，其中图像的亮度常常出现在暗通道数据中作为雾浓度的估计值，而目标物与背景的亮度比值在一定程度上反映了能见度的可视范围。

1992 年，中国科学院的周秀骥院士等[21]首次提出了利用场景中的目标物与背景天空的亮度对比度来估算能见度，并在此基础上设计出数字摄像能见度仪，通过分析图像信息获取能见度，由于测量的物体是单个目标，因此其结果会受到摄像机内部暗电流、系统温度变化等的影响；随后 Ruhle 提出了改进的双目标亮度差算法，利用同一场景中两个目标物的视亮度的差值来估计能见度，有效地消除了摄像机系统带来的暗电流的影响；Hautiere、Bigorgne 等利用图像求取亮度强度的二阶导数，通过二阶导数为 0 来估计能见度距离。

早期，人们用亮度差值来估计能见度是采用人工设定的可适当调整亮度的目标物进行检测，通过比较目标物亮度与背景亮度的差异计算出透射率，进而估算能见度。假设大气是均匀的，光波在大气中传播的消光系数是一个常数，设目标物和天空背景的固有亮度为 B_0 和 B_0'，观察者在距离目标物距离为 L 处的视亮度为 B_L 和 B_L'，那么目标物与天空背景的视亮度有如下关系：

$$B_L = B_0 e^{-kL} + D_L \tag{7-38}$$
$$B_L' = B_0' e^{-kL} + D_L \tag{7-39}$$

式中，k 为消光系数；D_L 为传输距离为 L 这段路程中大气光散射的亮度。式(7-38)代表亮度在传播距离为 L 的空气柱视亮度，式(7-39)为目标物或者天空背景经过大气散射后的亮度。目标物和背景的亮度对比度 C_0 以及视亮度对比度 C_L 可以表示为

$$C_0 = \frac{B_0 - B_0'}{B_0} \tag{7-40}$$
$$C_L = \frac{B_L - B_L'}{B_L} \tag{7-41}$$

将式(7-38)~式(7-40)代入式(7-41)可以得到

$$C_L = \frac{B_0 - B_0'}{B_0'}\left(1 + \frac{D_L}{tB_0'}\right)^{-1} = C_0 Y \tag{7-42}$$

式中，$t = e^{-kL}$ 为透射率；$Y = \left(1 + \frac{D_L}{tB_0'}\right)$ 是大气亮度对比度的传输系数，反映目标物体在经过距离 L 后其固有亮度的变化。当大气是均匀介质时，即 k 与 A 为常量，则 D_L 可以表示为

$$D_L = \frac{A}{k}\left(1 - e^{-kL}\right) = \frac{A}{k}(1-t) \tag{7-43}$$

则以天空为背景的固定亮度 B_0' 为

$$B_0' = \int_L^\infty A(l)\mathrm{e}^{-\int_L^l k(l)\mathrm{d}l}\mathrm{d}l = A\int_L^\infty \mathrm{e}^{-(kl-kL)}\mathrm{d}l = A\mathrm{e}^{kL}\int_L^\infty \mathrm{e}^{-kl}\mathrm{d}l = -\frac{A}{k}\mathrm{e}^{-kL}\left(0-\mathrm{e}^{-kL}\right) = \frac{A}{k} \qquad (7\text{-}44)$$

式中，$A(l) = A$，$k(l) = k$，B_0' 代表为距离趋于无穷大时的 D_L，即 $B_0' = D_\infty$，则：

$$D_L = D_\infty(1-t) \qquad (7\text{-}45)$$

将式(7-45)代入式(7-42)，可以得到

$$C_L = C_0 Y = \left[1 + \frac{D_\infty(1-t)}{tD_\infty}\right]C_0 = tC_0 \qquad (7\text{-}46)$$

在算法适用于单幅图像，并且是利用同一场景下的相同物体在不同位置的亮度特征变化来估计场景能见度的前提下，本节在实验处理上采用雾天高速公路的道路图像进行算法的实现，根据《道路交通标志和标线》(GB5768—2009)规定可知，对于高速公路、一级公路以及城市快速路的车行道分界线的尺寸有划 6m 间隔 9m 的规定，而对于其他的道路则是划 2m 间隔 4m。因此本次实验参照道路分界线的要求，将目标物选取为相邻的两条白色虚线，图 7-16 为高速公路车道线示意图，假设选取的相邻两条白色车道线距离观察者的距离分别为 L_1 和 L_2，则 $\Delta d = |L_1 - L_2| = 9$。

图 7-16　高速公路道路图

根据拍摄物体的成像过程可以知道，透射率与物体的接收光强度和发射光强度存在以下的联系：

$$t = \frac{I}{I_0} \qquad (7\text{-}47)$$

式中，I 为接收到的图像的亮度值；I_0 为场景中发射光的亮度值。因此针对两个目标物的透射率分别为 $t_1 = \dfrac{I_1}{I_0}$，$t_2 = \dfrac{I_2}{I_0}$，结合式(7-21)有

$$\frac{t_1}{t_2} = \frac{I_1}{I_2} = \mathrm{e}^{k(L_1 - L_2)} \qquad (7\text{-}48)$$

则利用公式推导出消光系数为

$$k = \frac{1}{L_1 - L_2}\ln\left(\frac{t_1}{t_2}\right) = \frac{1}{\Delta d}\ln\left(\frac{I_1}{I_2}\right) \qquad (7\text{-}49)$$

代入式(7-3)即可获得能见度。

7.5.4　实验结果与分析

为了检测算法的有效性，本次进行实验数据测量的操作系统选在 Intel i5（2.67GHz）、8GB 内存、Windows 7（64bit）环境下，利用 MATLAB2012 与 OpenCV 对该算法进行验证，本节算法主要是针对单幅高速公路的图像进行的能见度检测，为了简化测量过程，选取图像中相邻的白色虚线为目标物，分别计算相邻两条白色车道线的亮度值，根据二者的比值求取能见度。

图 7-17 为利用 SSR 估计的光照图像，第一行为原始图像，第二行为对应图像的照度图像处理结果。表 7-4 是基于 SSR 估计的光照图像中亮度分量的估计结果与透射率分量的比较，可以看出两种算法的估计值整体上是相互吻合的。

(a) 原图像

(b) 光照图像

图 7-17　基于 SSR 的照射图像估计

表 7-4　各算法处理效果对比

原图	SSR 亮度分量	导向滤波的透射率	相对误差
1	0.4308	0.4577	0.02
2	0.5273	0.4823	0.04
3	0.4476	0.3982	0.049
4	0.4971	0.3573	0.13
5	0.5032	0.4085	0.09
6	0.2416	0.2982	0.057

为了验证所提算法，利用架设在高速公路两侧的摄像机拍摄雾天视频，所采集视频的格式为 MPEG-2，分辨率为 704×576，每隔一段时间提取视频序列中的图像进行能见度的检测，总共测量了 1200 幅图片。图 7-18 取自同一场景视频中不同时间段的帧图像，其检

测结果与实际的能见度变化特征是一致的,为了进一步验证算法的准确性,将测量的能见度与散射仪的结果进行比较,如表 7-5 所示,表格第一行分别为图 7-18 中图形所对应的消光系数,表 7-6 给出了三种测量算法的平均误差和准确率,由相关数据可以得出,在仪器误差允许的范围内,本节检测距离与仪器测量结果数据是一致的。

V=125m

V=273m

V=714m

图 7-18　能见度检测结果(*V* 表示能见度距离)

表 7-5　不同能见度下的检测结果　　　　　　　　　　　(单位：m)

	消光系数		
	0.024	0.011	0.0047
散射仪检测结果	127	323	876
本节结果	125	273	814

表 7-6　不同算法准确率对比

	小波算法	对比度法	本节算法
平均误差/m	11.8750	14.8125	10.1902
准确率/%	87.94	84.96	93.7

7.5.5　小结

针对目前能见度检测方法中存在着算法复杂度偏高、设备成本较为昂贵、操作复杂等问题,7.5 节结合高速公路上相关道路标志的特征,以及单尺度 SSR 光照模型中亮度分量与大气透射率的关系,提出一种针对高速公路上单幅图像的能见度检测方法,它在一定程度上简化了能见度的测量计算,提高了算法的运行效率,有较好的鲁棒性,同时也满足检测的精确度。

虽然算法取得了一定的效果,但是仅仅适用于某些特定场景,即场景中存在两个相同的目标物,且目标物的间距已知,因此在未来的能见度测量中,基于单幅图像的能见度检测仍然具有深远的研究意义。

7.6　基于场景深度的雾天图像能见度估计方法

能见度作为气象观测的基本要素,可以作为雾天图像处理领域重要的评价指标。正如前面分析的，气象学中测量能见度的传统方法采用目测，并使用大气射仪、散射仪、激光能见度测量仪等仪器进行测量。但这种测量方式对目标物的分布、周围观测环境要求较高，需要视野开阔、无遮蔽物遮挡，同时各类能见度仪器大多存在取样空间小、硬件成本高、需要多点观测，与人眼感知结果仍然存在一定的偏差。随着计算机视觉技术的发展，基于图像处理技术测量能见度的方法成为主流研究方向。基于图像的能见度检测方法主要分为两类。第一类采用在图像上依次判断不同距离的目标物来估计能见度[22-23]。主要思想是在不同距离设定参照物，通过测量参照物的衰减程度来估算能见度。但这类方法探测范围和精度受视野范围内可选用目标物的距离和数量的限制，同时需要额外设置参考物。第二类是采用双亮度差的方法[24]，这类方法中仍然需要增加人工标志物，通过测量点间亮度差来估算能见度。这类方法测量点的数量直接影响检测误差率。本节在分析雾天图像特点的基础上，提出了一种利用图像深度信息估计雾天能见度的方法，计算简单、估计准确度高、不依赖任何硬件设施，可应用于雾天图像清晰化系统中有效评价去雾效果。

7.6.1 雾天图像能见度估计方法

本节的能见度估计算法具体流程如图 7-19 所示。本节方法基于大气退化物理模型估计透射率，采用一种景物深度估计法估算场景深度，并依据能见度测量仪原理求取大气消光系数。最后引入概率统计的思想，通过对单个像素点计算能见度并按照雾天能见度等级统计每个等级像素能见度所占概率，从而估计出单幅雾天图像的能见度。

图 7-19　能见度估计算法流程

7.6.1.1　能见度估计与透射率的估计

由 7.5 节的分析可知，对能见度进行估计的关键在于求得透射率 t 和场景深度 d，从而确定消光系数 σ，最终得到能见度的值。本算法的透射率估计方法如前文所述，此处不再叙述。本节将详细介绍场景深度的估计方法。

7.6.1.2　场景深度估计

目前主要通过雷达、激光测距仪等精密仪器测量图像的景深，也可以利用同一角度降质程度不同的多幅图像和不同角度的多幅图像求取图像的景深，但是这些方法对差异图像获取不便，因此也无法在实时监控情况下对图像进行处理。

在我们平时拍照时，需要聚焦景物，观察发现其聚焦点大多数是在照片的中心位置。但一幅图像的景物深度是以焦点作为中心向周围辐射的。越远的地方(越靠近图像的上方)，景物深度越大，可以得到

$$d = c_1 \sqrt{(m-i)^2 + (n-j)^2} \quad (i=1,2,\cdots,m; j=1,2,\cdots,n) \tag{7-50}$$

式中，(i,j) 表示的是 $m \times n$ 维图像上的任一像素点的坐标；而 c_1 为深度调整参数。

采用式(7-50)估算景物深度会造成景物的细节信息损失，这是因为景物存在一定的高度。但是，图像的灰度梯度信息可以反映景物的细节信息。由于传统的图像灰度梯度估算方法对噪声十分敏感，导致其在实际应用中效果并不是十分理想。针对该缺点，并满足保留细节和降噪平滑的要求，采用计算在像素 8 邻域内 0°、90°、45°和 135°四个方向的一阶偏导数的有限差分从而求得像素梯度。求解过程如下。

0°方向的偏导数：

$$P_{0°}[i,j] = f[i+1,j] - f[i-1,j] \tag{7-51}$$

90°方向的偏导数：

$$P_{90°}[i,j] = f[i,j+1] - f[i,j-1] \tag{7-52}$$

45°方向的偏导数：

$$P_{45°}[i,j] = f[i-1,j+1] - f[i+1,j-1] \tag{7-53}$$

135°方向的偏导数：

$$P_{135°}[i,j] = f[i+1,j+1] - f[i-1,j-1] \tag{7-54}$$

式中，$f(i,j)$ 表示图像在 (i,j) 处的灰度值。

采用二阶范数推算像素梯度：

$$M[i,j] = \sqrt{P_{0°}[i,j]^2 + P_{90°}[i,j]^2 + P_{45°}[i,j]^2 + P_{135°}[i,j]^2} \tag{7-55}$$

则修正后的景物深度 d 为

$$d = c_1 \sqrt{(m-i)^2 + (n-j)^2} + c_2 M(i,j) \quad (i=1,2,\cdots,m; j=1,2,\cdots,n) \tag{7-56}$$

式中，c_1、c_2 为梯度修正系数，取值范围为 0~1。

7.6.1.3 特强浓雾因子改进的能见度估计

能见度可描述观察者所能看清楚的最大距离。因此采用基于场景深度的能见度估计方法对单幅图像逐个像素点进行扫描，并将所有像素点中能见度最大值作为整幅图像的能见度。然而，对于局部或前景清晰的测试图像，基于最大值的思想往往造成较大的误差。如图 7-20(a)所示，图 7-20 前景黑色轿车非常清晰，图 7-20(b)前景红色路障也较清晰。基于上述方法计算出的能见度最大值约等于 2996m，属于轻雾的范围，然而这两幅测试图属于特强浓雾、强浓雾的级别，均出现了明显的误差。

(a)　　　　　　　　　　　　　　　　(b)

图 7-20　前景较清晰的雾天图像

为解决这一问题，本节引入概率统计的思想，根据伯努利的大数定律，有些随机事件无规律可循，而在大量重复出现的条件下，往往呈现几乎必然的统计特性。单幅雾天图像若整体雾浓度属于某一个级别，则该幅图像中的大部分像素点计算的能见度值分布在该级别雾所对应的能见度区间。

因此对于雾天图像中的每个像素点计算出能见度值，并把得到的能见度值按照雾的等级分成五个区间，分别为轻雾 $V_1 \in [1000, 2999)$、大雾 $V_2 \in [500, 1000)$、浓雾 $V_3 \in [200, 500)$、强浓雾 $V_4 \in [50, 200)$、特强浓雾 $V_5 \in (0, 50)$。分别统计 $V_1 \sim V_5$ 区间像素点个数，本节以特强浓雾因子 V_5 作为主要参考标准，计算特强浓雾因子 V_5 的占有率：

$$P_{V_5} = \frac{V_5}{\sum\limits_{i=1}^{5} V_i} \times 100\% \tag{7-57}$$

通过大量的实验测试，我们发现不同级别的雾天图像，特强浓雾因子 P_{V_5} 占有率不同。当 $99\% \leqslant P_{V_5} \leqslant 1$ 则为特强浓雾，能见度小于 50m；当 $98\% \leqslant P_{V_5} < 99\%$ 则为强浓雾，能见度小于 200m；当 $97\% \leqslant P_{V_5} < 98\%$ 则为浓雾，能见度小于 500m；若 $90\% \leqslant P_{V_5} < 97\%$ 则为大雾，能见度小于 1000m；若 $P_{V_5} < 90\%$ 则为轻雾，能见度大于 1000m。

$$\begin{cases} P_{V_5} \in [0.99, 1), V \in [0, 50], \text{特强浓雾} \\ P_{V_5} \in [0.98, 0.99), \ V \in [50, 200), \ \text{强浓雾} \\ P_{V_5} \in [0.97, 0.98), \ V \in [200, 500), \ \text{浓雾} \\ P_{V_5} \in [0.90, 0.97), \ V \in [500, 1000), \ \text{大雾} \\ P_{V_5} \in [0, 0.90), \ V \in [1000, 2999), \ \text{轻雾} \end{cases}$$

7.6.2　实验结果与分析

7.6.2.1　实验数据集

为了验证本节算法的有效性，在 Intel i5（2.67GHz）、8GB 内存、Windows 7（64bit）环境下，在 Visual Studio 2008 平台上实现该算法。为了体现实验数据集的丰富性和全面性，本书收集了不同类型（包括风景、人物、交通、建筑等不同类型的图像）、不同大小、不同雾天浓度的有雾图像组成实验数据集，基本情况如表 7-7 所示。

表 7-7　实验数据集　(单位：幅)

雾浓度级别	轻雾	大雾	浓雾	强浓雾	特强浓雾
数量	20	20	50	50	50

7.6.2.2　实验结果

对数据集中不同浓度的雾天图像采用基于场景深度的单幅雾天图像能见度估计方法对测试图像进行能见度评估，并将测试结果与雾天图像本身所属的雾天浓度级别进行对比。表 7-8 是部分图像的测试结果，表 7-9 为整体数据集的测试结果，由表 7-9 可知，本节算法计算简单、估计准确度高、不依赖任何硬件设施，也不需要额外设定参考物，减少了人工参与的工作量。

表 7-8　部分雾天图像实验结果

雾浓度级别	测试图像	V_s 占比	能见度估计/m	准确性
特强浓雾		1	(0,50]	准确
		0.9940	(0,50]	准确
		1	(0,50]	准确
		1	(0,50]	准确
强浓雾	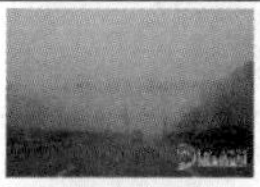	0.9845	(50,200]	准确
		0.9879	(50,200]	准确
		0.9893	(50,200]	准确
	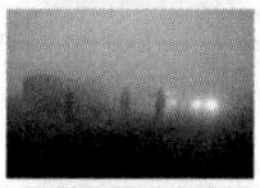	0.9871	(50,200]	准确
		0.9727	(200,500]	准确

续表

雾浓度级别	测试图像	V_s 占比	能见度估计/m	准确性
浓雾		0.9778	(200,500]	准确
		0.9717	(200,500]	准确
大雾		0.9847	(50,200]	不准确
		0.9523	(500,1000]	准确
		0.9617	(500,1000]	准确
		0.9094	(500,1000]	准确
		0.9457	(500,1000]	准确
轻雾		0.7849	(1000,2999]	准确
		0.8941	(1000,2999]	准确
		0.7577	(1000,2999]	准确
		0.8475	(1000,2999]	准确

表 7-9 整体数据集的实验结果

雾浓度级别	测试图片数量/幅	匹配数量/幅	准确率/%
特强浓雾	50	50	100
强浓雾	50	47	94
浓雾	50	45	90
大雾	20	17	85
轻雾	20	20	100

7.6.3 小结

7.6 节在分析雾天图像特点的基础上，提出了一种基于场景深度的单幅雾天图像能见度估计方法来评价去雾算法效果。该方法基于大气退化物理模型估计透射率，采用一种景物深度估计法估算场景深度，并依据能见度测量仪原理求取大气消光系数，最后引入概率统计的思想，对单个像素点计算能见度并按照雾天能见度等级统计每个等级像素能见度所占比例，并通过特强浓雾因子 P_{V_5} 的占有率估计单幅雾天图像的能见度。该方法弥补了对雾天图像客观评价指标中能见度估计的空白，仅仅对单幅雾天图像进行估算，计算简单、估计准确度高，不依赖任何硬件设施，减少了人工参与的工作量。目前基于 Koschmieder 模型只能够用于计算白天大气能见度，并不适用于夜视图像增强中能见度的计算，拟采用 Allard 定律评估夜间雾天图像的能见度。

7.7　本 章 小 结

本章深入调查了能见度对人类生活生产带来的一系列影响，探讨了能见度检测技术的研究意义以及应用前景。在传统的能见度检测技术以及后面学者们提出的各种能见度检测算法研究的基础上，从现有算法理论上进行研究分析，提出了三种能见度检测方法。

（1）通过对有雾图像与无雾图像相关特征信息的分析，在研究雾天图像形成模型的基础上，本章提出了一种基于暗通道先验的能见度检测算法，该方法将暗通道先验原理与人眼双目视觉的视差特性相结合，通过暗通道先验进行透射率的提取，再利用左右图像的视觉差异获取景深信息，从而计算能见度。实验结果表明，该算法能够有效地检测雾天能见度距离，有较好的鲁棒性。

（2）针对算法操作复杂性问题，基于公路图片，本章提出了一种基于 SSR 单幅图像的能见度检测方法，该方法是基于视网膜皮层理论和大气光通量在空气中传播衰减的朗伯比尔定律，利用透射率与照射图像中亮度分量的关系，对雾天图像进行能见度估计。该算法在一定程度上简化了能见度测量的复杂度，提高了算法的运行效率，同时也满足检测的精确度。

（3）针对传统能见度测试方法依赖大气透射仪等硬件设施、需要人工多点观测等局限性，本章提出了一种基于场景深度的单幅雾天图像能见度估计方法。该方法基于大气退化物理模型估计透射率，采用一种景物深度估计法估算场景深度，并依据能见度测量仪原理求取大气消光系数。最后引入概率统计的思想，通过对单个像素点计算能见度并按照雾天能见度等级统计每个等级像素能见度所占概率，从而估计出单幅雾天图像的能见度。实验结果表明，所提算法计算简单、估计准确度高、不依赖任何硬件设施，可应用于雾天图像清晰化系统中有效评价去雾效果。

参 考 文 献

[1] Narasimhan S，Nayar S. Interactive deweathering of an image using physical models[J]. IEEE Workshop on Color and

Photometric Method in Computer Vision，2003.

[2] Mori K，Kato T，Takahashi T，et al. Visibility estimation in foggy conditions by inve-hicle camera and radar[C]// International Conference on Innovative Computing，Information and Control. IEEE Computer Society，2006：548-551.

[3] Hautiere N，Labayrade R，Aubert D. Detection of visibility conditions through use of onboard cameras[C]. IEEE Intelligent Vehicles Symposium，2005：193-198.

[4] 陈钊正，周庆逵，陈启美. 基于小波变换的视频能见度检测算法研究与实现[J]. 仪器仪表学报，2010，31(1)：92-98.

[5] 刘建磊，刘晓亮. 基于拐点线的大雾能见度检测算法[J]. 计算机应用，2015，35(2)：528-530，534.

[6] 李勃,董蓉,等. 无需人工标记的视频对比度道路能见度检测[J]. 计算机辅助设计与图形学学报，2009,21(11)：1575-1582.

[7] Bronte S，Bergasa L M，Alcantarilla P F. Fog detection system base on computer visio-n techniques[C]. International IEEE Conference on Intelligent Transportation Systems，2009：1-6.

[8] Dumont E, Cavallo V. Extended photometric model of fog effects on road vision[J]. Transportation Research Record, 2004, 1862: 77-81.

[9] 刘敏，赵普洋. 气象光学视程(MOR)在民用航空地面气象观测中的应用[J]. 气象水文海洋仪器，2012，29(1)：78-80.

[10] 肖韶荣，周佳，吴群勇，等. 一种改进的夜间数字能见度测量方法[J]. 应用光学，2014，35(6)：1016-1022.

[11] Kwon T M. Video camera-based visibility measurement system[P]. US，US7016045，2006.

[12] Tan R T. Visibility in bad weather from a single image[C]. IEEE Conference on Com-puter Vision & Pattern Recognition，2008：1-8.

[13] HE K，SUN J，Tang X O. Single image haze removal using dark channel prior[J]. IEEE Transaction on Pattern Analysis and Machine Intelligence，2011，33(12)：2341-2353.

[14] Negru M，Nedevschi S. Image based fog detection and visibility estimation for d-riving assistance systems[C]. ICCP2013：Proceeding of the 2013 IEEE International Conference on Intelligent Computer Communication and Processing，2013：163-168.

[15] 张潇，李勃，陈启美. 基于亮度特征的 PTZ 视频能见度检测算法及实现[J]. 仪器仪表学报，2011，32(2)：381-387.

[16] Zhang Z. A flexible new technique for camera calibration[J]. Tpami，2000，22(11)：1330-1334.

[17] Zhang Z. Camera calibration with one-dimensional objects[J]. IEEE Transactions on Pattern Analysis & Machine Intelligence，2004，26(7)：892.

[18] Deriche R. Using canny's criteria to derive an optimal edge detector recursively impl-emented[J]. International J of Computer Vision，2012，2：167-187.

[19] Bronte S，Bergasa L M，Alcantarilla P F. Fog detection system base on computer vision techniques[J]. International IEEE Conference on Intelligent Transportation Systems，2009：1-6.

[20] Zhu X W. Research of fog driving scenarios and visibility recognition algorithm based on video[J]. Journal of Image & Signal Processing，2015，4(3)：67-77.

[21] 周秀骥，等. 高等大气物理学[M]. 北京：气象出版社，1992.

[22] Hallowell P G，Atthews M P A. Automated extraction of weather variables from camera imagery[C]. Proceedings of Mid-Continent Transportation Research Symposium，Ames，2005：1-13.

[23] 谢兴尧，万海峰，张速. 自校准大气能见度测量方法及系统[P]. 中国专利，CN200610020115，2006.

[24] 吕伟涛,陶善昌,刘亦风,等. 基于数字摄像技术测量气象能见度——双亮度差方法和试验研究[J]. 大气科学,2004,28(4)：559-570.

第8章　图像质量评价方法研究

在现代图像信息工程中,图像质量评价已经成为非常热门的研究课题。它对优化系统、评价算法优劣和改善图像质量有着非常重要的现实意义。传统的客观图像质量评价方法简单易行,测定速度快,容易操作实现,但是由于它忽略了人眼的主观感受,只是分析了图像的绝对误码率,粗略评价了图像质量,在很多情况下会出现人眼感受和评价结果相背离的现象,因此并不能满足现实需求。本章在前人研究的基础上,系统研究了图像质量评价算法设计过程中的人眼视觉特征建模、图像特征的有效表达等问题,研究基于人眼视觉感知的有参考和无参考图像的客观质量评价标准。

8.1　图像质量评价方法的研究现状

近年来随着图像处理算法的快速发展,图像质量评价算法作为图像处理算法的性能评价指标,吸引了越来越多研究人员的关注。从 20 世纪 80 年代起,国外的一些科研机构就针对图像质量评价展开了深入的研究。例如,国际电信联盟视频质量专家组(Video Quality Experts Group, VQEG)测试了当前研究的一些算法的性能,并向世界公布了一些性能较好的评价算法。除此之外,美国 TEXAS 大学奥斯汀分校图像与视频工程实验室(Laboratory For Image And Video Engineering,LIVE)等也对图像和视频质量做了深入的研究。国内的一些高校如清华大学、同济大学、北京大学和一些研究所都在这些方面进行过研究,并取得了不错的成果。下面简单介绍图像质量评价算法的分类及在不同分类下的研究成果。

根据是否有人参与,图像质量评价方法可以分为主观评价方法和客观评价方法。主观评价方法是由观察者对图像质量进行评分。客观评价方法通过对图像建模或模拟人眼视觉系统的感知特性进行图像质量评价。通常用客观质量评价值与图像质量主观评价值的一致性来衡量客观评价方法的准确性。

8.1.1　图像质量的主观评价方法

人是图像质量评价的主体,因此设计心理学实验进行主观测试是评价图像质量的最佳方式。主观评价方法是指人作为观察者,对图像进行质量评价的方法。通过人眼观察待评价的图像序列，从人的主观感受出发对所观察图像进行评分，然后对所得到的评分进行汇总分析，利用数学分析工具得到总体的评分值，从而得到图像的主观评价结果。由不同的评价方法所得到的评价值可分为平均主观分值(mean opinion score，MOS) 和平均差异主观分值(difference mean opinion score，DMOS)。国际电信联盟已发布了相关标准 BT-510[1]，对主观质量评价过程中的测试图像、人员、观测距离以及实验环境等做了详细规定。图像的主观评价是指通过人来观察图像，对图像的优劣做主观评定，然后对评分进行统计平均，得出评价的结果。主观评价方法主要有双刺激损伤分级法、双刺激连续质量分级法和单刺激连续质量分级法等[2]。

1. 双刺激损伤分级法

默认参考图像是来自信号源的原始未失真图像，待测图像存在一定的失真，是要进行测试的图像。双刺激损伤分级法要求观察者观看多个原始参考图像和失真图像组成的图像对，该方法让测试人员先观看参考图像，继而再观察测试图像，从而观察出待测图像的受损情况，根据图像主观质量 5 级评分表，选出待测图像的等级，评分机制如表 8-1 所示。

表 8-1　主观质量评价评分表

级别	绝对度量尺度
1	最好
2	较好
3	一般
4	较差
5	最差

2. 双刺激连续质量分级法

与双刺激损伤分级法不同的是，观察者在测试前不知哪个是参考图像，哪个是待测图像，待测图像和原始图像交替播放，每个图像持续时间为 10s。在每播放完一幅图像后会有 2s 的时间间隔，在这段时间间隔内观察者可以对图像进行评分，然后汇总所得分数，最后计算参考图像和待测图像 MOS 得分，并计算两者之差 DMOS。DMOS 越小，说明待测图像的质量越好。这种方法的优点是能够降低图像场景等对主观评价的影响。由于是随机播放图像序列，并且观察人对参考图像和待测图像都进行评分，因此该方法能够改善图像内容对评价的不利影响。该方法采用的评分制度与双刺激损伤分级法相同。

3. 单刺激连续质量分级法

单刺激连续质量分级法只显示测试图像，观测者连续对待测图像评分，根据评分表做出最终评分，然后利用数学统计工具得到待测图像的质量评分的平均值。该方法简单易行，但准确度较前几种方法稍微差些。

由于人是图像的最终使用者，主观质量评价方法是最为准确、可靠的图像质量评价方法。但是由于其耗时、昂贵，且易受实验环境、观察者的知识水平、喜好等自身条件等因素影响，需要大量的人力、物力和时间。主观评价方法的评价结果往往不稳定，更重要的是它不能嵌入相应的算法系统中去，导致其很难应用到需要实时测量图像质量的系统中。主观评价方法更多时候是作为定性分析图像质量的一种手段，或在客观评价方法的研究中，作为算法性能分析的参考标准。

8.1.2　图像质量的客观评价方法

图像质量的客观评价方法通过建立图像的数学模型实现图像质量的实时、自动评价，具有更高的灵活性和实时性，弥补了主观评价方法的不足。相对于人的主观质量评价来说，其准确性还比较差。主观评价值作为衡量客观评价方法性能的参考标准，我们力图研发与主观质量评价高度一致的算法。通常根据对原始图像的依赖程度[3]，将客观图像质量评价方法分为全参考方法、部分参考方法和无参考方法。下面对各类评价算法的经典算法进行简要介绍。

1. 全参考方法

全参考方法需要原始图像全部的像素信息作为参考，是目前研究最多、发展最成熟的方法。传统的基于像素误差统计的算法，如均方误差(mean square error，MSE)和峰值信噪比(peak signal to-noise ratio，PSNR)，通过计算原始图像与待测图像对应像素点灰度值之间的误差来衡量图像质量。由于其计算简单、物理意义明确而得到广泛应用。然而，采用这类算法对某些图像进行质量评价时，会与主观感知的质量产生较大的偏差[4]。究其原因，主要是因为图像是一类特殊的高维信号数据，图像像素间是高度相关的，具有内在的结构特征，这也是人眼感知有意义所在。因此，人们结合人眼视觉系统特性，提出了许多新的评价方法[5-7]，大大提高了算法预测的准确度。

针对传统方法的不足，2004 年 Wang 等[8]提出结构相似性(SSIM)理论，认为人眼的主要功能是提取视场中的结构信息，并且人眼对视场内信号结构的改变具有高度的自适应性。算法通过计算参考图像与待测图像之间的结构相似度评价图像质量，评价性能优于MSE/PSNR，更接近人的主观评价，但对模糊失真评价效果不理想。在此基础上，人们提出了很多改进算法。杨春玲等[9]针对 SSIM 算法对模糊失真不能很好评价的缺点提出了基于梯度和基于边缘的结构相似度算法，该方法认为人眼对图像边缘纹理信息高度敏感。算法利用图像梯度信息作为图像的边缘信息，计算参考图像与待测图像之间的相似度，并且取得了很好的效果。又由于人眼对图像不同区域的关注度不同，Wang 等、Moorthy 等深入研究图像的视觉显著性特征，提出了很多有效的感知池策略[10-11]。利用感知池加权的图像质量评价算法，如多尺度 SSIM(multi-scale SSIM，MSSIM)算法[12]、基于图像信息内容加权的图像质量评价(image weighted SSIM，IW-SSIM)算法[13]、基于特征相似的图像质量评价(feature similarity image measure，FSIM)方法[14]和基于视觉显著性的图像质量指标(visual saliency-induced index，VSI)[15]。这些算法都或多或少地加入了人眼视觉特性，并可以很好地评价图像质量。

另一种基于自然图像统计特性(natural scene statistic，NSS)的方法也取得了很好的评价效果。人们研究发现，虽然自然图像千变万化，但是其数据中隐含着一些固定的统计特性，这些统计特性揭示了自然图像本身固有的属性，是图像数据特征内在的表现。研究认为，自然图像的统计特性与人眼视觉系统之间存在对偶关系，在观察图像时会相互影响、相互促进。Sheikh 等提出了两种基于 NSS 的图像质量评价方法：信息保真度准则(information fidelity criteria，IFC)[16]和视觉信息保真度(visual information fidelity，VIF)[17]。IFC 算法用信息通信的思想对失真过程进行建模，提取失真图像与参考图像的 NSS 模型的信息量作为特征，将二者共享的信息量，即互信息作为评价图像质量的标准。而在 VIF 算法中，把 HVS 加入图像失真的模型中，取得与主观评价结果更一致的预测结果。这两种方法开发了图像信息和视觉质量之间的联系，并取得了很好的效果。目前，研究人员已经开发了很多复杂的模型来描述自然图像的统计信息[18-20]。同时图像的统计特性被广泛应用于部分参考方法和无参考方法中。

2. 部分参考方法

全参考方法需要原始图像做参考,但是在实际应用场合中参考图像很难获得。因此,在实际应用中产生了对部分参考图像评价方法的需求。例如,在网络传输过程中只传递原始图像的部分关键信息,这样能够有效地降低传输带宽[21]。部分参考方法的一般框架如图 8-1 所示。

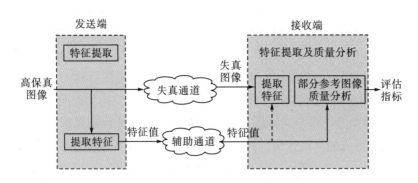

图 8-1　部分参考图像质量评价算法框图

部分参考方法一般是通过提取发送端原始图像的某些特征信息,同时提取由降质信道获得的降质图像对应的特征信息,评价原始和降质的特征信息获得图像质量评价值,大大减少了需要的原始数据。现有的部分参考方法大致可以分为两类方法。一类是基于模拟

HVS 特性的方法。这类方法首先计算图像的视觉特征，得到多尺度或多方向的子带，再从每个子带提取视觉特征用于比较相似度。Lu 等[22]结合采用 Contourlet 变换将图像分解为 3 级 8 个方向的子块，然后通过对比敏感度掩模模拟视觉敏感特性，获得每一尺度不同方向上的系数块，同时根据每个子块信息计算敏感度阈值，对各个子块加权得到基于 Contourlet 变换的图像质量评价算法。另一种是基于自然图像统计模型的方法。这类方法通过对图像内在的统计特性建模，模型参数作为图像特征计算相似度或失真度。图像经小波变换后，各子带小波系数的统计特性具有极强的规律性和相似性。文献[23]考虑了相邻小波系数之间的相关性，对图像进行非线性的区别规范变换(divisive normalization transform，DNT)分解图像去除高阶相关性，DNT 系数的边缘分布用零均值的高斯分布来拟合，使整个算法在提高性能的同时降低了特征的数据率。

3. 无参考方法

无参考方法不需要原始图像信息作为参考，对待测图像直接评价，是最符合实际应用需求的一种方法，也是目前研究的热点和难点。现有的无参考方法可以分为专用型方法和通用型方法[24]。专用型方法只针对某一种失真类型进行评价，如压缩图像后产生的块效应、振铃效应、模糊现象以及成像或传输过程中产生的各类模糊和噪声等，专用型方法只在某种特定应用场合下有效。但在实际应用中，图像的失真类型是未知的，很多针对已知图像失真类型设计的评价算法并不能很好地评估复杂的失真图像。Moorthy 等[25]摒弃上述观点，提出了无参考图像质量评价的两级模型算法，即盲图像质量指标（blind image quality index，BIQI），该算法提取图像的自然场景统计特性，利用 LIVE 标准数据库的五种典型的图像失真类型及主观值来训练 SVM 分类器，根据 NSS 特征确定图像失真类型，进而利用已有的针对特定失真类型的质量评价方法得到图像质量指标。他们首次克服了失真未知的困难，提出通用型无参考图像评价方法。通用型方法是对所有失真类型都适用的方法，可在任何场合中适用。近几年，相关领域的研究人员相继提出了很多通用型无参考图像质量评价方法[26]，并取得了很好的效果。这些方法大都依赖主观值和失真类型等先验知识，利用机器学习方法得到图像质量评价值。基于机器学习的算法首先在训练集上提取特征，训练分类器模型，再提取测试图像的特征，预测图像质量评分。根据算法利用的先验知识的不同，通用型无参考方法大致可分为三类：利用失真图像及 MOS/DMOS 进行训练方法、利用高保真图像进行训练方法、利用图像本质特性直接评价图像质量方法。通用型方法需要预先训练分类器模型，如何提取图像有效特征和降低训练及预测过程中的计算量是这类算法的难点。

这三类客观评价方法都有其优越性和缺陷。全参考算法是目前应用最广泛也是最成熟的客观评价算法，主要是对图像的相似度评估或对失真的评估，这些算法几乎涵盖了图像所有的特征域，但是其依赖图像的全部信息，而实际应用中并不能保证原始图像的完整性和可用性。研究人员通过削减全参考算法中提取的图像特征，提出了部分参考方法，虽减少了对原始图像的依赖，但其应用范围仍然有限。无参考方法不需要原始图像信息，满足了实际应用的需要，但是同时也加大了无参考算法的开发难度。通常无参考方法根据全参考方法中证明有效的梯度特征、视觉显著性特征及图像的统计特性表示图像，结合公开数据库中图像的主观评价值训练模型进行图像质量评价。这类算法存在运行时间长、评价效果不如全参考方法准确等问题。本章将利用人眼视觉特性与图像的有效特征相结合进行图像质量评价方法的研究。

8.1.3　图像质量评价方法的有效性验证

1. 图像数据库

目前常用的有 8 个公开的标准图像数据库[27]，包含常用的图像失真类型和图像主观评价值（MOS/DMOS），分别是 TID2013 数据库[28]、TID2008 数据库[29]、CSIQ 数据库[30]、LIVE 数据库[31]、IVC 数据库[32]、Toyama-MICT 数据库[33]、Cornell A57 数据库[34] 和 Wireless Imaging Quality（WIQ）数据库 （WIQ）[35]。TID2013 和 TID2008 由芬兰的 Tampere 理工大学建立。TID2013 是目前包含图像最多、失真类型最多、参与评测人数最多的公开图像质量评价数据库。CSIQ 数据库由美国 Oklahoma 州立大学计算视觉感知与图像质量实验室建立。LIVE 数据库是由美国 TEXAS 大学图像与视频工程实验室建立的，包含的失真类型较为典型，是目前应用较广的公开数据库。IVC 数据库是由法国 Nantes 大学图像与视频通信实验室建立的。Toyama-MICT 数据库由日本富山大学智能情报与工学通信研究室建立。A57 数据库由美国 Cornell 大学建立，测试方式与其他数据库不同，实验将图像打印到纸上进行主观评估。WIQ 数据库由瑞典 Blekinge 无线电通信组建立，只包含通过无线信道传输压缩图像产生的比特误差或数据包丢失造成的失真，失真图像没有统一的失真类型定性结果，往往包含多种不同程度、不同类型的失真。

标准图像数据库可以用来测试客观图像质量评价方法性能。然而这些数据库的参考图像数目、失真图像数目、图像的失真类型数目、观察者的数目和图像的形式（彩色图像或灰度图）不尽相同。从以上几点来看，TID2013、TID2008、CSIQ 及 LIVE 数据库是综合性能比较好的。上述数据库的基本信息如表 8-2 所示。

表 8-2　标准数据库基本信息

图像数据库	TID2013	TID2008	CSIQ	LIVE	IVC	Toyama-MICT	CornellA57	WIQ
图像类型	彩色	彩色	彩色	彩色	彩色	彩色	灰色	灰色
参考图像/张	25	25	30	29	10	14	3	7
失真图像/张	3000	1700	866	779	185	168	54	80
失真类型/种	24	17	6	5	4	2	6	5
测试人数/人	971	838	35	161	15	16	7	60

图像 数据库	TID2013	TID2008	CSIQ	LIVE	IVC	Toyama-MICT	CornellA57	WIQ
评分方法	MOS	MOS	DMOS	DMOS	DMOS	MOS	DMOS	MOS
分值区间	0~9	0~9	0~1	−20~120	1~5	0~5	0~1	0~100

以上标准数据库是根据成像系统可能发生的失真情况,考虑了无线和有线信道对压缩图像传输后产生的不同程度、不同类型的失真,以及其他类似图像采集、增强、存储、检索等失真,为评价客观方法的性能提供了有力依据。

2. 性能评价指标

通常以客观算法评价值和人眼主观评价值(MOS/DMOS)的误差和相关性来进行评价。其中,MOS 越大,DMOS 越小,说明图像质量越高。算法评价值与 MOS/DMOS 的误差越小、相关性越强,说明算法评价越准确。由于不同评价算法结果不具有泛化性,如 SSIM 和其他基于 SSIM 的改进算法,其取值范围为 0~1,而 IFC 和 VIF 取值范围为 0~100,不同数据库的主观值取值范围也各不相同。因此,算法客观值在计算之前需进行非线性回归处理,非线性回归函数[36]为

$$f(x) = \beta_1 \left\{ \frac{1}{2} - \frac{1}{1 + \exp\left[\beta_2 (x - \beta_3)\right]} \right\} + \beta_4 x + \beta_5 \tag{8-1}$$

式中,x 表示客观算法值,参数 $\beta_i (i = 1, 2, \cdots, 5)$ 为拟合参数。

分析客观评价值与主观评价一致性的常用统计指标主要有:Pearson 线性相关系数 (Pearson linear correlation coefficient,PLCC)、Spearman 等级相关系数(Spearman rank order correlation coefficient,SROCC)、均方根误差(root mean squared error,RMSE)。

PLCC 评价的是主观值与非线性回归后的客观分值的相关性,是最简单的线性相关性度量法。其值越大,表示与主观值的一致性越高,客观算法的预测准确度越高,其表达式为

$$\text{PLCC} = \frac{1}{n-1} \sum_{i=1}^{n} \left(\frac{x_i - \bar{x}}{\sigma_x} \right) \left(\frac{y_i - \bar{y}}{\sigma_y} \right) \tag{8-2}$$

式中,n 表示被测试的失真图像的数目;$\bar{x}$、$\bar{y}$ 分别为被测图像主观值和客观评价值的均值;σ_x、σ_y 分别为其标准差。PLCC 取值区间为[-1,1]。

SROCC 表示客观值与主观值排序等级之间的相关系数,是视频质量专家组(video quality expert group,VQEG)使用的衡量客观评价方法能否很好反映主观质量的标准之一。SROCC 的计算公式为

$$\text{SROCC} = 1 - \frac{6}{n(n^2 - 1)} \sum_{i=1}^{n} \left(r_{x_i} - r_{y_i} \right)^2 \tag{8-3}$$

式中，r_{x_i}、r_{y_i}分别为主观值和客观评价值数据序列中的排序位置；SROCC 取值区间也为 [−1,1]。

RMSE 表示两个对象数组之间的离散程度，用来衡量客观值与主观值之间的偏差。其值越小，表示客观值与主观值偏差越小，客观算法的预测准确度越好。RMSE 的计算公式为

$$\text{RMSE} = \sqrt{\frac{1}{n}\sum_{i=1}^{n}(x_i - y_i)^2} \tag{8-4}$$

式中，x_i、y_i分别表示主观值和客观评价值。根据这些指标的对比，可得出客观质量评价算法与主观感知的一致程度，并能分析得出客观算法的性能。

8.2 人眼视觉系统

视觉是人类认识自然、了解客观世界的重要手段，同时也是人类认知功能的突破口。人类视觉系统是由大量的神经细胞通过一定的链接而组成的一个复杂的信息处理系统。随着神经生理学、认知心理学、计算机视觉、模式识别和人工智能等相关学科的迅速发展，人类视觉系统的研究将会出现革命性的进展，届时将极大地改变人们的生活和工作方式，使人类的生产、工作和生活变得更加舒适和高效。图像与人类视觉密切相关，图像经过数字化、传送和显示等过程后，最后被人眼所接受。因此，了解人眼视觉系统的特性及其处理图像信息的过程对图像质量评价算法的研究有重要意义。近几年，人们对 HVS 的研究得到迅猛的发展，虽然对这些知识的了解还很不全面，但是目前视觉信息处理机制的模型已经足够精密复杂，可以将这些模型用于图像质量评价中。大量的研究表明[37-38]，基于人眼视觉特性的图像质量评价方法，其评价结果要远远优于没有考虑 HVS 的评价方法。

本节首先简单介绍了人眼的生理结构及信息处理原理，其次介绍了 HVS 基本特性，包括对比敏感度特性、视觉多通道特性和掩盖效应，为后续提出的图像质量评价方法提供参考和理论依据。

8.2.1 视觉系统的基本结构及原理

人的视觉系统由眼球、视神经和大脑视觉中枢构成。人眼本身相当于一个极其灵敏的光学仪器。就光学结构而言，它是一个智能化程度很高，可以进行自动调焦、自动光圈调节、灵敏度调节的成像系统。人眼的结构复杂，其结构如图 8-2 所示。眼睛是圆球形状的，它由角膜、巩膜外壳、脉络膜和视网膜包裹。进入人眼的光线，首先接触的是眼球正前方 1/6 处的透明的角膜，角膜后面是不透明的虹膜，虹膜中间有一个小圆孔称为瞳孔。在虹膜环状肌的作用下，瞳孔的直径可在 2~8mm 调节，从而控制进入人眼的光通量，起到照相机光圈调节的作用。瞳孔后面是一扁球状的弹性透明体，称为晶状体，相当于照相机镜

头的作用，在睫状肌的作用下，可以调节曲率改变焦距，使不同距离的景物可以在视网膜上成像。在整个视网膜表面分布的视细胞形成了图案视觉。视细胞收到光的刺激产生电脉冲，电脉冲沿着神经纤维传递到视神经中枢。光线照在物体上，其投射或反射光的分布就是"图"。而人的视觉系统对图的接收在大脑中形成的印象或认识就是"像"。图像就是二者的结合。

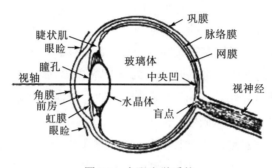

图 8.2　人眼光学系统

从视觉信息处理概念的角度来看，可将人眼视觉系统[21]分为：光学处理、视网膜处理、外侧膝状体神经核处理和视皮层处理四个阶段。光信号通过角膜经瞳孔进入眼球，穿过晶状体和玻璃体到达视网膜，在视网膜上完成光电转换和信息初级处理；然后，视网膜上的神经节细胞将接收到的信号通过视神经交叉和视束传到中枢的侧膝体；最后，信息到达大脑的视觉皮层，按照皮层细胞的复杂程度，对视觉信息进行由简单到复杂、由低级到高级的分层处理，最终构成了一个庞大的视觉信息处理和理解系统。图 8-3 是人眼视觉系统结构原理图。

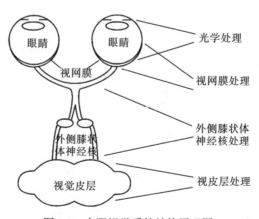

图 8-3　人眼视觉系统结构原理图

可见图像以光的形式通过眼睛的光学系统投射到眼球后部的视网膜上，形成视网膜图像。光学系统由角膜、瞳孔和晶状体三个主要部件组成。总的来说，光学处理系统基本上是线性的，具有平移不变性和低通特性，因此形成的视网膜图像质量可以大致描述为输入视觉图像和一个模糊点扩散函数(point spread function，PSF)的卷积。PSF能够用理论模型计算或者直接测量获得。

视网膜由多层神经元组成。第一层由感光细胞组成，感光细胞对投射到视网膜上的视网膜图像进行抽样。感光细胞又可分为锥状细胞和杆状细胞两类。锥状细胞负责正常强光条件下的视觉成像，杆状细胞则负责弱光条件下的视觉成像。来自感光细胞的离散抽样信号需通过多层相互联系的神经元(包括两级细胞、无长突细胞和水平细胞)后，才能传送到节细胞。节细胞的轴突形成光学神经，即视网膜的输出单元。视网膜上位于视轴中心的点成为中央凹，它具有最高密度的锥感光细胞和节细胞。从中央凹开始密度作为距离的函数迅速下降，节细胞数量的下降比锥感光细胞数量下降更快。数量分布不一致的效果是：当人凝视真实场景中的某一点时，一个可变的分辨率通过前视通道被传送到视网膜之后的高级处理单元。简单来讲就是，从固定点开始，随距离的增加，感知图像分辨率迅速下降。

在视网膜上编码的信息通过光学神经传送到外侧膝状体。外侧膝状体也是左、右眼信息融合的地方，最终传送到视觉皮层上。输出到视觉皮层的外侧膝状体神经元总数量略大于与外侧膝状体连接的神经元细胞的数量。

视觉皮层可分为三层。其中，主视觉皮层 V_1 层直接与外侧膝状体相连，大约包含 $1.5×10^8$ 个神经元，明显大于外侧膝状体中的 10^6 个神经元。研究人员发现，主视觉皮层的大量神经元用特定空间位置、频率和方向调谐视觉刺激，这可以用位置、低通和方向函数对神经元的接收区域进行详细描述。在视觉皮层中还有 V_2、V_3、V_4、V_5/MT 和 V_6 等其他层。它们之间的联系如图 8-4 所示，其中实线表示强连接，虚线表示弱连接。V_2 从 V_1 接收到一个点对点的输入并与视觉信息处理的子模型相联系。其他各层在皮层信息处理中的作用大致划分为：V_3 层感知方向，V_4 层感知颜色，V_5/MT 层感知运动，V_6 层感知深度。然而这种划分方式相对粗糙和简单，视觉中枢不同区域细胞活动的综合，才能反映对一种复杂图像的辨识。目前，对这些区域内的神经元如何精确处理输入信号的机理还不是很清楚。

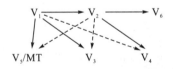

图 8-4   视觉皮层之间联系

8.2.2   人眼视觉特性

人类视觉系统类似一个光学系统，但它还受到神经系统的调节。长期以来，人们从生理学和心理学方面对视觉系统进行了广泛的研究与探索。通过对人眼的某些视觉现象进行观察，发现了一些低层的视觉特性[39]，主要有对比敏感度特性、多通道特性和掩盖效应等。

这些特性直接或间接地与图像信息的处理有关，将它们应用到图像处理或图像质量评价中，有利于得到符合人眼视觉的结果。

8.2.2.1　对比敏感度特性

对比敏感度指人眼分辨亮度差异的能力。对比度敏感特性与空间频率有关，图 8-5(a) 中沿水平方向上的像素亮度是由正弦函数调制的。从左到右的水平方向上，该正弦函数的振幅不变，但频率依指数递增；由上到下沿竖直方向，正弦函数的波峰波谷对比度从 0.5% 递增到 100%。观察这幅图，在边界的上方我们很难感觉到黑白对比度的变化，而在边界的下方我们能感觉到正弦信号产生的黑白亮度变化。这一条反 U 形的边界线就是对比度敏感函数曲线。这个反 U 形边界的峰值位置是随着观察图像的距离变化而变化的。如果将图像逐渐远离眼睛，会发现 U 形边界的峰值向图的左侧移动；将图像拉近则感觉相反，U 形边界的峰值向图的右侧移动。我们所感觉到的这个边界在图中实际上是不存在的，它是眼睛视觉特性的一种表现。

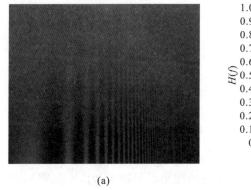　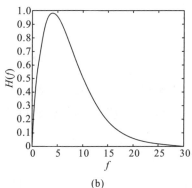

(a)　　　　　　　　　　　(b)

图 8-5　人眼视觉对比度敏感测试图

当时域频率为 0 时，人眼视觉系统的空间对比度敏感性也成为调制转移函数(modulation transfer function，MTF)，也是我们所说的对比敏感度函数(contrast sensitivity function，CSF)。对 MTF 的研究表明，HVS 对静止图像的空间频率响应呈带通性。图 8-5(b)[40]是利用正弦栅测得的空域 CSF 特性曲线。可以看出，在低频段，对比度敏感性随空域频率的增加呈线性增长，曲线在空间频率为 3~4.5r/(°)处取得极大值，之后快速递减。空域 CSF 曲线在高频段的下降表明，人眼视觉系统在空间域的分辨率是有限的。由光栅可视度实验推导得出 CSF 表达式为

$$H(f) = 2.6 \times (0.192 + 0.114f) \exp\left[-(0.114f)^{1.1}\right] \tag{8-5}$$

式中，空间频率 $f = \sqrt{f_x^2 + f_y^2}$（周期/度），f_x、f_y 分别为水平、垂直方向的空间频率。

8.2.2.2 多通道特性

生理学、心理学的实验研究指出，视觉皮层细胞的响应在频域呈带通特性，并给出了敏感度峰值位置和视觉细胞响应带宽。据此推知，HVS 感知的基础是把信号分解到不同的空间频率和方向的通道上，人的大脑具有将独立的视觉机制聚合起来的能力，而各视觉机制对频率域的某一部分敏感。HVS 中的一些独立机制或者视觉通道决定了空间模式的敏感性。每个通道调整到特定的频率或者方向上，这些通道的汇集覆盖了视觉所有空间频率和方向角度的范围。视觉皮层细胞的感知域表明了这些不同方向和频率的通道都具有双值结构。同时，这些细胞有多个返样的感知域，每个感知域都有延长的兴奋和抑制区。每个感知区域都对应某个空间频率，称为该区域的中心频率。每个感知区域在其对应的中心频率附近做出响应，类似频率带通滤波器。同样，每个感知区域都具有中心方向，并在中心方向周围的一定范围内做出响应。这一特性可以用多解析度的滤波器对应的子带变换来模拟，如 SP 变换(steerable pyramid transform)、小波变换等。而很多研究者认为，视觉多通道之间的关系并不是孤立的，而是彼此存在着密切的关系，但这种多通道机制的相互关系目前尚不明确。

8.2.2.3 掩盖效应

通过对人眼视觉现象的长期观察，并结合视觉生理、心理学的研究成果，人们发现了各种视觉掩盖效应。它指一个图像成分(信号)由于另一个成分(模板)的出现而引起的可见度的下降。一般来讲，当信号和模板具有相似的空间位置、频率成分和方向时，掩盖效应最强。另外，当信号和模板具有不同频率组分时掩盖效应才能发生，并且掩盖效应常随模板强度的增加而增强。这种激励之间相互作用的现象就是掩盖效应，如图 8-6 所示。

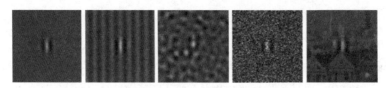

图 8-6　掩盖效应

掩盖效应可分为对比掩盖、熵掩盖、空间掩盖和彩色掩盖。

对比掩盖效应是指在两个信号具有相似或者相同的空间频率、方向和位置的时候产生的掩盖效应。在视觉带内，两个信号越接近、越相似，则对比掩盖效应越强烈。当背景强度增加时，对比掩盖效应逐渐起作用，检测阈值也随之上升。也就是说，随着背景强度的增加，更大的信号可以被掩盖。

熵掩盖效应与对比掩盖效应紧密关联。其基本思想是一个失真信号容易在图像平滑区域被察觉，而在高频成分丰富的区域可以被覆盖。也就是说，人眼对低频区域的失真比较容易察觉，而对高频区域的失真则不易察觉。熵掩盖效应与对比掩盖效应的区别在于支撑空间不同，虽然两者都是由于存在干扰信号从而使视觉敏感度下降，但是对比掩盖效应指在原信号失真不被察觉的情况下，该位置可以容忍的量化误差的程度。

空间掩盖效应指图像中的纹理对其周围区域有掩盖效应，从生理学上讲，这种现象是由于横向抑制造成的。特别是边缘的位置信息，人眼很容易感觉到边缘的位置变化，而对于边缘的亮度误差人眼并不敏感。人眼的边缘掩盖是一种局部效应，仅影响图像边缘几个临近像素的作用，使人眼对这些像素不敏感。因此，在这种区域，灰度的较大改变也不至于影响图像的视觉效果。

彩色掩盖效应也就是视觉系统对彩色变化的分辨力。在亮度变化剧烈的背景上，人对色彩变化的敏感程度明显降低，特别是在黑白跳变的边缘上。同样，在亮度变化剧烈的背景下，彩色信号的噪声也不容易被察觉，如彩色信号的量化噪声等。这都体现了亮度信号对彩色信号的遮蔽效应。但颜色掩盖较为复杂，至今没有建立其数学模型。

8.3　基于梯度矢量相似性的压缩图像质量评价

8.3.1　压缩图像质量评价方法概况

随着电子通信、计算机网络及多媒体处理技术的快速发展，图像和视频处理技术也得到了广泛应用。在实际应用中，由于网络传输带宽与存储容量的限制，出现了很多图像与视频的压缩方法，如基于离散余弦变换(discrete cosine transform，DCT)的静止图像压缩标准 JPEG、JPEG2000 和运动图像压缩标准 MPEG-2、MPEG-4 等。压缩图像以其数据量小、节约存储空间与网络传输带宽、压缩标准较为统一等优点，在遥感卫星、气象、医学等图像成像领域、以监控探头为主的安全监控领域以及以网络为基础的图像传输领域有着广泛的应用。图像压缩是导致图像质量下降的重要原因之一，能否在提高压缩比的基础上保证图像质量，是评价压缩算法性能的重要方面。针对压缩图像质量评估的研究，有助于评价各类应用系统的性能，对于促进压缩算法的改进也有着重要意义。

对于压缩失真图像的质量评价，大部分算法[41-43]主要针对压缩产生的某种失真的程度，包括块效应失真压缩图像、振铃效应失真压缩图像。例如，Wang[44]等提出通过衡量块边缘差异方法来评价块效应失真；Lee[42]提出了仅依靠块边缘特征检测的图像块效应程度检测方法，基于块效应因子给出质量评价得分体系。Barland 等[45]通过测量平均边缘过渡宽度和模糊的方法来预测 JPEG2000 压缩图像质量。Tong 等[46]结合空间振铃和模糊效应的特点，预先归类为失真或完好，对边缘点进行主成分分析来预测图像质量。但是这些算法对评价其他失真类型的性能会明显下降。而目前 JPEG 标准和 JPEG2000 标准在图像处理应用中都非常广泛，需要一种对两种压缩失真都能很好评判的质量评价方法。文献

[47]在平均误差的基础上提出在图像空间频率域计算平均误差可以提高算法性能。Seghir
等[48]利用人眼视觉感兴趣区域对参考文献[9]的算法进行改进，得到一种与主观质量评分
一致性更好的压缩图像质量评价方法。Shen 等[49]根据自然图像的统计特性即图像的频域
系数直方图峰值坐标的不变性，提出一种无参考自然图像质量评价方法。但这些方法不能
准确地预测压缩图像的质量，有些算法计算复杂度较高，很难在实际中应用。

在目前的图像压缩编码技术中，人们越来越注重研究结合人眼视觉系统的特性进行图
像压缩的方法和技术，而且已成为图像压缩编码技术的发展方向[50-51]。而与此同时，要建
立起更理想、更符合图像实际质量的图像质量评价方法也必须依据人眼的视觉、心理特性，
把客观与主观评价方法有机地结合起来。本节在总结前人研究的基础上，通过分析压缩失
真的特点，利用梯度矢量表示图像边缘结构信息，结合人眼感兴趣区域及人眼视觉的多尺
度特性，提出一种新的压缩图像质量评价方法。大量的图像测试表明，本节方法对于 JPEG
和 JPEG2000 两种压缩失真的评价结果与主观值有很好的一致性，并且算法的复杂度低，
满足实际应用的实时要求。

8.3.2　所提算法框架

图像之所以可以被压缩，是由于图像相邻像素、图像序列中不同帧和不同彩色平面或
频带之间存在相关性引起的冗余。压缩图像正是利用人眼的视觉特性，通过数学变换、量
化和编码等方法，丢弃这些冗余，减少图像所占空间大小，提高图像的传输与存储效率。
压缩过程中可能引入失真的步骤是系数量化操作。量化步长越大，则量化后舍去的系数越
多，压缩程度越高，图像丢失的信息越多，导致压缩图像的块效应、模糊等失真程度越高。
量化造成块与块之间边缘像素跳变的块效应失真，代表边缘、纹理的高频系数在量化过程
中被丢弃造成模糊失真。

图像的边缘是图像最基本的特征，是人眼识别目标的重要信息。许多研究发现，梯度
信息能较好地反映图像的边缘纹理特征，包括梯度的幅度信息和方向信息。图像任一点的
梯度是一个二维矢量，即在同一个位置的沿两个垂直方向的像素的差分。梯度矢量的失真
可以反映梯度方向和幅值上的变化。因此我们根据图像梯度矢量的失真程度来测量图像质
量，由参考图像与待测图像的梯度矢量相似度得到图像的质量分布图。又由于人眼对图像
不同区域的关注度不同，我们利用感知池策略对质量分布图进行加权合并得到图像的质量
指标。同时，算法中考虑了人眼视觉感知的多尺度特性，将输入图像分解到不同的分辨率
尺度。对不同尺度图像分配不同的权重，得到最终图像质量评价指标，使算法更加符合人
眼的视觉感知结果。

算法整体框架如图 8-7 所示，图中 Ref、Dis 分别表示原始图像及失真图像。首先对
原始图像及失真图像进行人眼视觉的多尺度分析，进行 2 倍下采样操作，产生 n 个尺度图
像。根据不同尺度内的图像计算最大梯度值(maximum gradient value，MGV)，同时求解

视觉感知加权矩阵 $\boldsymbol{W}$，二者相乘得到相应尺度的质量指标 Q_k，最后对不同尺度加权生成质量指标 IQA。

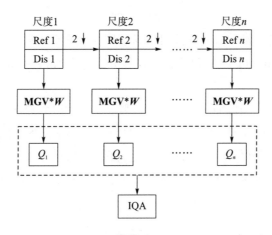

图 8-7 人眼视觉特性压缩图像质量评价方法框架图

注：2↓表示 2 倍下采样

8.3.2.1 图像梯度矢量相似度分布

算法中采用 Sobel 算子对图像进行梯度计算，如图 8-8 所示。对于图像中的每一个像素点 $P_{i,j}$，我们可以通过 Sobel 算子定义其梯度信息向量 $V_{i,j} = \{\mathrm{d}x_{i,j}, \mathrm{d}y_{i,j}\}$。其中，$\mathrm{d}x_{i,j}$ 和 $\mathrm{d}y_{i,j}$ 分别由图 8-8 中的水平边缘算子 H 和垂直边缘算子 V 得到。

−1	0	+1
−2	0	+2
−1	0	+1

(a) 水平边缘算子 H

−1	−2	−1
0	0	0
+1	+2	+1

(b) 垂直边缘算子 V

图 8-8 Sobel 算子

计算参考图像与待测图像的梯度向量相似度，生成待测图像的质量分布图。向量相似度的测度方法[52]主要有 Minkowsky 距离、夹角余弦法、相关系数法、广义 Jaccard 系数法等。经过对上述算法在标准图像库中的实验结果对比发现，采用广义 Jaccard 系数法的算法评价值与主观评价值的一致性最好。故本节采用广义 Jaccard 系数法计算两个向量之间的相似度。计算两个向量 $\boldsymbol{x} = (x_1, x_2, \cdots, x_n)$，$\boldsymbol{y} = (y_1, y_2, \cdots, y_n)$ 的广义 Jaccard 系数：

$$\text{sim}(\boldsymbol{x}, \boldsymbol{y}) = \frac{\sum_{i=1}^{n} x_i \cdot y_i}{\sum_{i=1}^{n} x_i^2 + \sum_{i=1}^{n} y_i^2 - \sum_{i=1}^{n} x_i \cdot y_i} \tag{8-6}$$

在实验中，取梯度向量相似度的绝对值保证图像像素点质量为正。生成的质量分布图每一点的取值范围为 0～1，且满足交换性，输入参考图像和待测图像的顺序对评价结果没有影响。

图 8-9 直观地展示了图像的质量分布图。其中图 8-9(a) 为原图，图 8-9(b) 和图 8-9(c) 分别为原图经过 JPEG 压缩和 JPEG2000 压缩处理后的待测图像，图 8-9(d) 和图 8-9(e) 则分别为待测图像图 8-9(b) 与图 8-9(c) 的质量分布图。质量分布图中越亮的点表示质量越好，黑色区域表示图像失真严重区域。从图 8-9 中可以看出图像的梯度矢量特征可以很好地捕获压缩图像的失真区域。

(a) 原图   (b) JPEG压缩   (c) JPEG2000压缩

(d) MGV_JPEG   (e) MGV_JPEG2000

图 8-9　图像质量分布图

8.3.2.2　视觉感知加权矩阵

研究表明，人眼对图像不同区域的关注度不同，人眼越关注的区域，对图像质量评价的影响就越大。很多研究者由此提出了不同的视觉感知池策略[10,11,53]，主要有基于 Minkowsky 距离的感知池、局部质量权重感知池、基于图像内容的感知池策略和基于视觉显著区域的感知池策略等。实验表明，使用感知池策略对图像质量分布图加权可以提高预测图像质量的准确度。本节采用效果较好且运算速度较快的第三种基于图像内容的感知池策略。

基于图像内容的感知池策略[10]认为感知的图像信息内容是图像经过视觉通道获得的，视觉通道常用加性高斯噪声模型模拟。假设 S 表示原始信号，C 表示通道的噪声信号。由信息论中的结论可知接收到的信号为

$$I = \frac{1}{2}\log\left(1 + \frac{S}{C}\right) \tag{8-7}$$

在图像中，利用局部区域像素标准差表示图像能量信号，本方法实现中取 11×11 像素区域。σ_x 和 σ_y 分别表示参考图像和待测图像的像素能量。值越大表示信息越多，人眼越关注。C 为高斯噪声模型标准差，其值参考文献[17]。权重函数 $W(x,y)$ 为

$$W(x,y) = \log\left[\left(1 + \frac{\sigma_x^2}{C}\right)\left(1 + \frac{\sigma_y^2}{C}\right)\right] \tag{8-8}$$

8.3.2.3　生成图像质量指标

图像多尺度划分的第 k 个尺度的图像质量指标 Q_k 由第 k 个尺度的质量分布矩阵 $\mathbf{MGV}_k$ 与相应的权重函数 W_k 由式(8-9)得到

$$Q_k = \frac{\sum_{i=1}^{M}\sum_{j=1}^{N}\mathbf{MGV}_k(i,j)W_k(i,j)}{\sum_{i=1}^{M}\sum_{j=1}^{N}W_k(i,j)} \tag{8-9}$$

式中，M、N 为第 k 个尺度图像大小。由于人眼视觉对不同尺度的敏感度不同，由参考文献[12]得到权重矩阵 Gamma 对每层图像质量指标 Q_k 加权生成图像质量评价指标 Q：

$$Q = \prod_{k=1}^{5} Q_k G_{\text{amma}}(k) \tag{8-10}$$

8.3.3　实验结果

本节采用 TID2008 数据库和 TID2013 数据库中的 JPEG、JPEG2000 子集进行测试。对比算法包括结构相似度算法(SSIM)、视觉保真度(VIF)、内容加权的结构相似度(IW-SSIM)、特征相似度指标(feature similarity for image measure，FSIM)，基于视觉显著区域的评价指标(VSI)。

1. TID2008 数据库实验结果

TID2008 数据库中 JPEG、JPEG2000 子集中分别包含 100 幅图像(25 幅原图×4 种不同程度失真)。表 8-3～表 8-5 给出了在 TID2008 数据库中上述几种算法的性能比较。由表中数据可以看出本节算法仅对 JPEG 失真图像的 PLCC、RMES 质量评价指标略低于 VSI 算法，其他方面均优于其他算法；对 JPEG2000 及两种压缩失真综合评价的 PLCC、SROCC、

RMSE 指标均高于其他算法,与人的主观评价值有更好的一致性。

表 8-3　JPEG 失真评价

评价指标	SSIM	VIF	IW-SSIM	FSIM	VSI	MGV
PLCC	0.9458	0.9547	0.9595	0.9742	0.9860	0.9855
SROCC	0.9166	0.9168	0.9184	0.9279	0.9616	0.9645
RMSE	0.5533	0.5070	0.4799	0.3844	0.2835	0.2889

表 8-4　JPEG2000 失真评价

评价指标	SSIM	VIF	IW-SSIM	FSIM	VSI	MGV
PLCC	0.9696	0.9730	0.9761	0.9801	0.9865	0.9895
SROCC	0.9684	0.9709	0.9738	0.9773	0.9848	0.9849
RMSE	0.4778	0.4505	0.4240	0.3871	0.3197	0.2826

表 8-5　JPEG 和 JPEG2000 两种失真综合评价

评价指标	SSIM	VIF	IW-SSIM	FSIM	VSI	MGV
PLCC	0.9584	0.9584	0.9661	0.9745	0.9805	0.9862
SROCC	0.9542	0.9565	0.9570	0.9692	0.9784	0.9818
RMSE	0.5399	0.5397	0.4881	0.4244	0.3716	0.3130

图 8-10 和图 8-11 为上述几种算法与 TID2008 中图像的 MOS 之间的散点图。图中每个点代表一幅图像,横、纵坐标值分别为算法预测质量值和 MOS。图 8-11 中点的分布越接近曲线,表明算法的评价值与主观评价值一致性越好。从图 8-11 中可以直观地看出,本节方法和其他算法相比与主观值之间的拟合度最好。

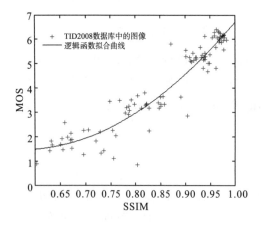
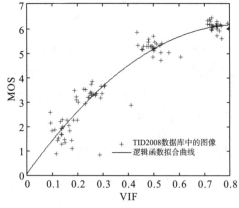

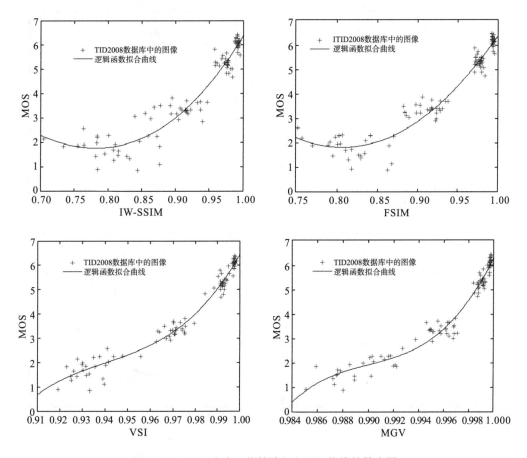

图 8-10 JPEG 失真评价算法与主观评价值的散点图

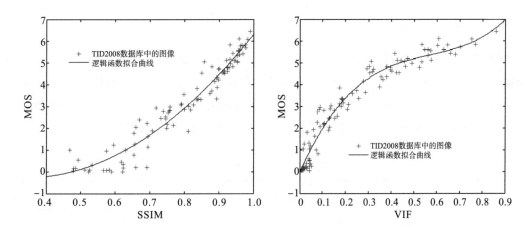

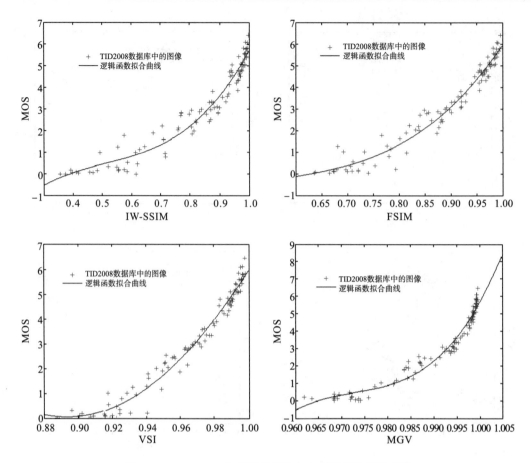

图 8-11　JPEG2000 失真评价算法与主观评价值的散点图

2. TID2013 数据库实验结果

TID2013 数据库是目前最大的标准图像库，JPEG、JPEG2000 子集中分别包含 150 幅图像（25 幅原图×6 种不同程度失真）。表 8-6～表 8-8 中给出了在 TID2013 数据库中上述几种算法的性能比较。由表中数据可以看出，本节算法的 PLCC、SROCC、RMSE 指标均优于其他算法，能较准确预测图像质量，与人的主观评价值的一致性最好。

表 8-6　JPEG 失真评价

评价指标	SSIM	VIF	IW-SSIM	FSIM	VSI	MGV
PLCC	0.9493	0.9331	0.9572	0.9713	0.9854	0.9856
SROCC	0.9150	0.9192	0.9187	0.9324	0.9541	0.9638
RMSE	0.4737	0.4455	0.4359	0.3584	0.2562	0.2548

表 8-7　JPEG2000 失真评价

评价指标	SSIM	VIF	IW-SSIM	FSIM	VSI	MGV
PLCC	0.9681	0.9665	0.9671	0.9732	0.9831	0.9881
SROCC	0.9505	0.9516	0.9506	0.9577	0.9706	0.9760
RMSE	0.4270	0.4373	0.4330	0.3917	0.3118	0.2612

表 8-8　JPEG 和 JPEG2000 失真综合评价

评价指标	SSIM	VIF	IW-SSIM	FSIM	VSI	MGV
PLCC	0.9594	0.9566	0.9613	0.9709	0.9810	0.9853
SROCC	0.9419	0.9472	0.9449	0.9577	0.9682	0.9740
RMSE	0.4624	0.4778	0.4521	0.3929	0.3185	0.2807

图 8-12 和图 8-13 为上述几种算法与 TID2013 中图像的 MOS 值之间的散点图。从图中可以看出，本节方法与主观值之间的拟合度最好。

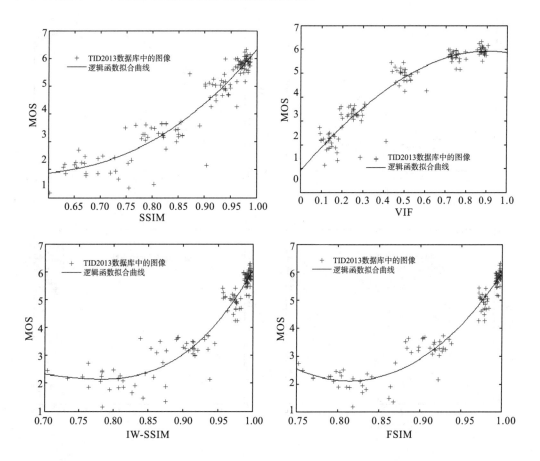

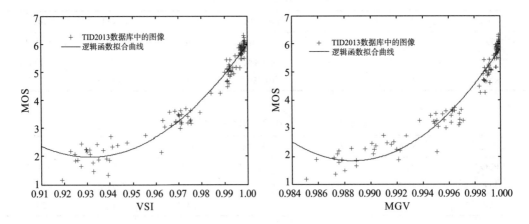

图 8-12　JPEG 失真评价算法与主观评价值的散点图

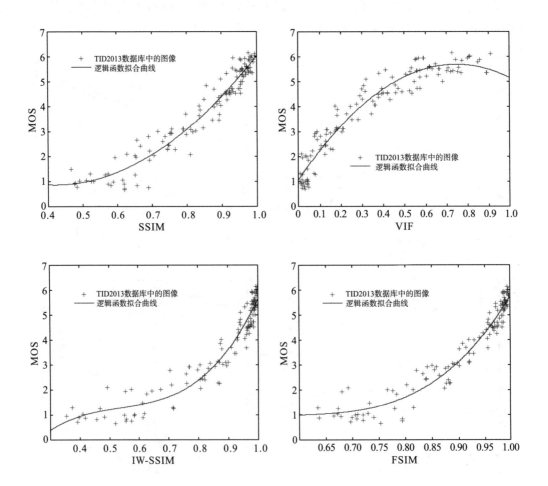

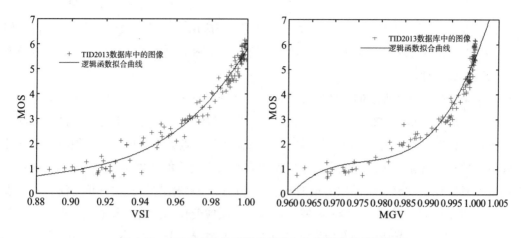

图 8-13　JPEG2000 失真评价算法与主观评价值的散点图

8.3.4　小结

8.3 节首先介绍了目前压缩图像质量评价方法的概况以及存在的问题，并在总结前人研究的基础上，提出利用梯度矢量表示图像边缘结构信息，结合人眼视觉特性产生了一种新的压缩图像质量评价方法。算法针对主流的图像压缩方法（JPEG 和 JPEG2000）处理后的图像进行质量评价，克服了传统方法只能针对一种压缩失真评价的缺点，应用更广泛。最后，通过实验验证算法可以很好地反映压缩图像质量，与人眼感知有较高的一致性。

8.4　基于全变分模型的视觉感知图像质量评价

8.4.1　引言

图像质量评价方法在视觉处理算法中扮演着重要角色，具有重要的应用价值。由于人是图像信号的最终接收者，最直观、最符合人眼视觉系统的图像质量评价方法就是主观测试评价，最常用的主观图像质量评价方法是平均意见打分（mean opinion score，MOS）方法。然而，该方法代价昂贵且费时，在实际图像处理应用中不太实用。上述主观图像质量评价方法的不足，促使研究人员在自动计算图像主观视觉质量的评价方法方面开展了大量研究工作[54-61]。根据不同的图像质量评价方法，图像质量评价标准可分为两大类：基于人眼视觉系统（human visual system，HVS）特性建模方法和图像信号驱动方法[54]。

基于 HVS 特性建模方法：综合相关心理学属性和生理学知识，包括时间、空间、色彩空间分解，对比度敏感函数（CSF）、亮度自适应以及掩模效果等[1]，采用系统建模方法，建立图像质量评价模型。近年来，许多基于 HVS 的图像质量评价方法[55-56]被提出，其中一些方法也考虑了最小可觉差（just noticeable distortion，JND）模型[57-58]。基于 HVS 的图像质量评价方法将许多视觉心理学中提出的视觉模型应用到图像质量评价中,能取得较好效果。但该类评价方法计算量大,且视觉机理研究与实际工程建模不匹配[54],导致这类方法的应用有局限性。

近年来,基于信号驱动的图像质量评价方法受到广泛关注。该类评价方法一般基于图像信号的提取与分析,如统计特征、结构、亮度失真等[59-61]。信号驱动方法不是为了图像质量评价而试图去建立复杂的人类视觉系统模型,而是重点关注如何表达图像特征以估计图像整体质量。该类方法通常也会考虑图像内容和失真分析的心理学效应。然而,虽然一些图像保真度模型能够反映图像质量的变化,但由于一些缺陷[54],该类评价方法并不能表达人类视觉系统的主观感受。例如,并不是每一个图像变化都是容易觉察的,也并不一定导致失真。因此,信号驱动的图像质量评价方法需要引入人眼视觉系统特性来弥补这些不足,从而更加逼近人眼主观感受。

本节基于人眼视觉系统对图像边缘结构信息和局部亮度刺激敏感的假设,提出了一种新的基于全变分模型的视觉感知图像质量评价(perceptual image quality assessment,PIQA)方法。该方法由边缘结构信息评价和局部亮度信息评价两部分组成。首先采用全变分模型描述失真图像与原始参考图像之间的图像结构信息变化;为测量亮度失真,又采用失真图像与参考图像之间的差值图像中封闭区域的能量函数衡量人眼所敏感的图像亮度信息。最后,采用 3 种标准图像数据库验证该评价方法的性能。实验结果表明,所提出的图像质量评价方法优于现有的图像评价标准。

8.4.2　基于全变分模型的图像质量评价

基于全变分模型的图像质量评价方法已被广泛应用于图像处理和计算机视觉领域[62]。由文献[63]提出的全变分(total variation,TV)模型是图像处理中最成功的偏微分方程(partial differential equation,PDE)模型之一。全变分模型可描述为

$$TV(u) = \int_{\Omega} |\nabla u| \tag{8-11}$$

式中, Ω 表示图像区域; u 表示图像。

许多研究[62-63]表明,TV 范数描述图像最合适。TV 范数本质上是 L_1 范数,更适合估计图像、描述图像的不连贯性[62]。采用它来衡量图像的结构变化,即原始图像与失真图像之间的结构变化距离。

本节提出的基于 TV 模型的 PIQA 方法,将重点考虑图像结构和图像封闭区域亮度变化这两种人眼视觉最敏感的因素。与其他图像质量评价方法相比,最大的区别是,本节引入了 TV 模型来评价图像在空间域的结构变化。此外,也考虑了图像中封闭区域的亮度变化。

8.4.2.1　基于 TV 模型的图像质量评价框架

通过人眼视觉系统观测自然图像时，有许多因素影响图像质量。其中，有两种重要因素值得考虑：①图像边缘结构信息；②亮度信息[54]。基于上述考虑，本节提出了一种新的基于 TV 模型的 PIQA（TVPIQA）方法来描述这两种因素，对图像失真的主观感受提供了较好的逼近。

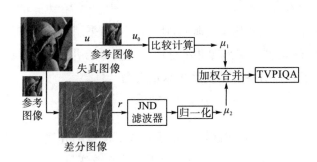

图 8-14　基于 TV 模型的图像质量评价框架

基于 TV 模型的图像质量评价框架如图 8-14 所示。TVPIQA 方法分为两部分：①结构改变度量，采用归一化的 TV 比较计算，通过对比失真图像与参考图像，来度量图像结构信息的改变；②图像局部区域亮度改变度量，采用差分图像（参考图像与失真图像的差）中封闭区域的能量来衡量亮度信息的改变，并进行归一化。设上述两种因素对人眼视觉的影响是同等的，则 TVPIQA 描述为

$$\text{TVPIQA} = \frac{\mu_1 + \mu_2}{2} \tag{8-12}$$

8.4.2.2　基于 TV 的结构改变度量 μ_1

设 u 和 u_0 分别表示失真图像和参考图像。由于 TV 范数适合描述图像的不连贯性，因此图像结构信息的改变可由参考图像与失真图像之间全变分的改变量来衡量：

$$\text{TV}_{\text{struct}} = \left\| \text{TV}(u) - \text{TV}(u_0) \right\|_1 \tag{8-13}$$

式中，$\left\| \cdot \right\|_1$ 表示 L_1 范数；$\text{TV}(u)$ 定义为图像 u 的全变分，其离散形式描述为

$$\text{TV}(u) = \sum_{(i,j) \in \Omega} \left(\sqrt{\left(u_{i,j} - u_{i+1,j}\right)^2 + \left(u_{i,j} - u_{i,j+1}\right)^2} \right) \tag{8-14}$$

式中，$u_{i,j}$ 表示在像素点 (i,j) 的亮度值。

虽然式(8-13)能很好地评价图像结构信息的改变，但计算结果没有归一化，不能作为衡量图像质量的评价标准。考虑 $\left\| \text{TV}(u) - \text{TV}(u_0) \right\|_1^2 \geq 0$，归一化的图像结构改变量描述为

$$\mu_1 = \frac{1}{N} \sum \frac{2\sqrt{\left(u_{i,j} - u_{i+1,j}\right)^2 + \left(u_{i,j} - u_{i,j+1}\right)^2} \sqrt{\left(u_{0i,j} - u_{0i+1,j}\right)^2 + \left(u_{0i,j} - u_{0i,j+1}\right)^2} + c}{\left(u_{i,j} - u_{i+1,j}\right)^2 + \left(u_{i,j} - u_{i,j+1}\right)^2 + \left(u_{0i,j} - u_{0i+1,j}\right)^2 + \left(u_{0i,j} - u_{0i,j+1}\right)^2 + c} \tag{8-15}$$

式中，N 表示图像大小；c 为常量，根据经验在实验中取 75；$\mu_1 \in (0,1]$。

8.4.2.3 局部区域亮度改变度量 μ_2

通过参考图像与失真图像计算出的差分图像，即：$r = u_0 - u$，描述了失真图像的丢失信息。人眼视觉系统对亮度变化十分敏感，因此，本节采用差分图像的能量来描述亮度信息的丢失。根据 JND 模型，即图像并不是任何改变都能引起注意。过滤掉差分图像中的孤立像素点能量信息，差分图像的能量模型定义为

$$E_r = \frac{1}{N} \sum_{(i,j) \in \Omega'} r_{i,j}^2 \tag{8-16}$$

式中，Ω' 表示差分图像中的封闭区域；E_r 表示失真图像的亮度信息平均改变量。为避免封闭区域的判断计算，采用 E_r' 近似计算差分图像能量改变量：

$$E_r' = \frac{1}{N} \sum_{(i,j) \in \Omega} \left(r_{i,j} r_{i+1,j} + r_{i,j} r_{i,j+1}\right) \tag{8-17}$$

考虑到人眼感知对亮度对比度十分敏感，而不是亮度的绝对值，根据差分图像的平均亮度调整 E_r'：

$$E_r' = \frac{1}{N} \sum_{(i,j) \in \Omega} \left[\left(r_{i,j} - \bar{r}\right)\left(r_{i+1,j} - \bar{r}\right) + \left(r_{i,j} - \bar{r}\right)\left(r_{i,j+1} - \bar{r}\right)\right] \tag{8-18}$$

式中，$\bar{r} = \frac{1}{N} \sum_{(i,j) \in \Omega} r_{i,j}$，表示差分图像的平均亮度值。

为获得归一化的亮度改变量，需根据参考图像找到能量变化最大的差分图像。假设图像的能量是连续的，当图像中所有像素亮度值等于参考图像的平均亮度值时，相对于原始参考图像，图像亮度改变量最大。基于该假设，定义 $r_{\max} = u_0 - \bar{u}_0$，$r_{\max}$ 描述了原始参考图像亮度信息的最大丢失量。因此，图像亮度改变的归一化模型定义为

$$\mu_2 = 1 - \sqrt{\frac{E_r'}{E_{r_{\max}}'}} \tag{8-19}$$

式中，$E_{r_{\max}}'$ 表示差分图像 $r_{\max}$ 的能量度量；E_r' 为差分图像 r 的能量改变量；可由式 (8-18) 计算得到。显然，$\mu_2 \in (0,1]$，μ_2 越大，亮度信息丢失越少。

8.4.3 实验结果及分析

为了验证 TVPIQA 方法的有效性，本节对比了目前主流的 7 种图像质量评价标准 (PSNR、SSIM[59]、IW-PSNR[60]、IW-SSIM[60]、MS-SSIM[64]、VSNR[65]、VIF[66])。PSNR 是一种广泛应用于图像处理领域的图像质量评价标准，也是一种有用的基准参照。SSIM、

MS-SSIM、VSNR 和 VIF 等评价标准是目前公认的主流图像质量评价标准。基于信息内容权重的 PSNR（information content weighted PSNR，IW-PSNR）和基于信息内容权重的 SSIM（information content weighted SSIM，IW-SSIM）是公认的最受好评的图像质量评价标准。图像数据库采用图像质量评价领域公认的权威数据库（Cornell-A57[65]、IVC[67] 和 TID2008[68]）来验证上述图像质量评价标准。

　　Cornell-A57 数据库由 Cornell University 创建，由 54 幅 6 种类型失真图像构成，失真主要包括量化失真、噪声和模糊。IVC 数据库由 10 幅原始图像经过 4 种失真类型生成 185 幅失真图像，主要失真类型包括：①JPEG 压缩；②JPEG2000 压缩；③局部自适应分辨率（local adaptive resolution，LAR）编码；④模糊。TID2008 图像数据库包括 1700 幅失真图像，这些图像由 25 幅参考图像经过 4 种不同失真水平的 17 种失真函数生成。在实验对比中，未考虑 TID2008 中的对比度改变失真图像。

　　为了衡量图像质量评价标准的优劣，采用评价标准与人眼主观感受评价的相关性来度量。在实验中，采用线性相关系数（linear correlation coefficient，LCC）、Spearman 等级相关系数（Spearman's rank correlation coefficient，SRCC）、肯德尔等级相关系数（Kendall's rank correlation coefficient，KRCC）来衡量图像质量评价标准与主观评分之间的相关性。

　　LCC 评价了预测精度，反映了图像质量评价标准与主观评分之间的线性依赖，定义为

$$LCC = \frac{\sum_{i=1}^{N}(s_i - \overline{s}) \cdot (o_i - \overline{o})}{\sqrt{\sum_{i=1}^{N}(s_i - \overline{s})^2}\sqrt{\sum_{i=1}^{N}(o_i - \overline{o})^2}} \tag{8-20}$$

式中，$\overline{s}$ 表示主观评分 s_i 的平均值，$i = 1,2,\cdots,N$；$\overline{o}$ 是评价标准评分 o_i 的平均值。

　　SRCC 衡量了数据之间的单调性[69]，定义为

$$SRCC = 1 - \frac{6\sum_{i=1}^{N}d_i^2}{N(N^2-1)} \tag{8-21}$$

$$d_i = R_{s_i} - R_{o_i} \tag{8-22}$$

式中，R_{s_i} 和 R_{o_i} 分别表示第 i 幅图像主观评分和评价标准的秩。SRCC 是一种非参秩相关统计模型，该标准独立于任何单调非线性映射关系来度量图像质量评价标准与主观评分[57]。

　　KRCC 也是一种非参秩相关统计模型，定义为

$$KRCC = \frac{N_c - N_d}{N(N-1)/2} \tag{8-23}$$

式中，N_c 和 N_d 分别表示数据集中一致性元素对数和不一致性元素对数。

　　根据上述相关性度量标准，LCC、SRCC 和 KRCC 越大，越接近 1，表明测试的图像质量评价标准与实际主观评价结果相关性越好，即越能反映图像的主观视觉质量。

　　不同图像评价标准在 Cornell-A57、IVC 和 TID2008 数据库上的测试结果如图 8-15 所

示。可看出，本节提出的 TVPIQA 标准的平均性能优于其他图像评价标准。

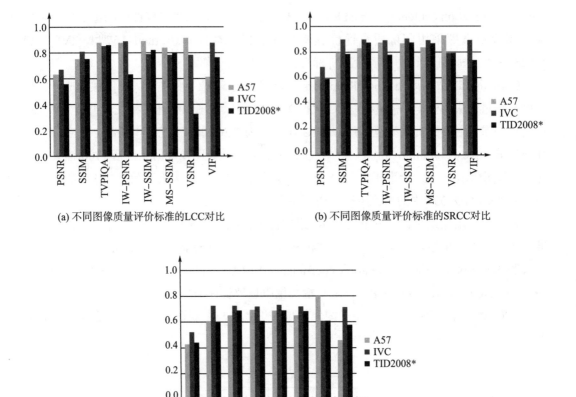

(a) 不同图像质量评价标准的LCC对比   (b) 不同图像质量评价标准的SRCC对比

(c) 不同图像质量评价标准的KRCC对比

图 8-15　不同图像评价标准在 Cornell-A57、IVC 和 TID2008 数据库上的测试结果

　　图像质量评价标准平均性能对比如表 8-9 所示，给出了各个图像质量评价标准在 Cornell-A57、IVC 和 TID2008 图像数据库测试数据的 LCC、SRCC 和 KRCC 的平均值。各个相关系数平均值是以图像库大小为权重计算得到，Cornell-A57、IVC-TID2008 图像库的数据权重分别为 54、185、1600。从表 8-9 中可以看出，与其他图像质量评价标准相比，本节提出的 TVPIQA 标准具有较好的整体性能。值得注意的是，所提出的 TVPIQA 标准考虑了图像结构和能量信息，并且仅在图像空间域计算得到，不用进行变换等其他操作。

表 8-9　图像质量评价标准平均性能对比

	PSNR	SSIM	TVPIQA	IW-PSNR	IW-SSIM	MS-SSIM	VSNR	VIF
LCC	0.5732	0.7577	0.8594	0.6679	0.8210	0.8024	0.3873	0.7697
SRCC	0.6072	0.8028	0.8786	0.7997	0.8785	0.8756	0.8032	0.7508
KRCC	0.4474	0.6048	0.6896	0.6210	0.6915	0.6829	0.6148	0.5881

8.4.4　小结

8.4 节提出了一种基于全变分模型的空间域图像质量评价标准框架。设计的 TVPIQA 标准主要考虑了图像结构和亮度两种人眼视觉敏感因素,通过引入全变分模型来评价图像结构信息;同时,采用差分图像中封闭区域的能量来度量图像亮度信息的丢失程度。实验结果表明,在主观图像质量评价的相关性方面,8.4 节提出的 TVPIQA 标准优于当前的主流图像质量评价标准,具有较好的综合性能。

8.5　基于尺度不变性的无参考图像质量评价

8.5.1　无参考图像质量评价方法概况

目前,全参考图像质量评价方法发展最快,已取得很好的效果。但其需要原始图像的全部信息,很难满足实际应用的需要。无参考图像质量评价方法对待测图像直接评价,不需要原始图像信息作为参考,是最符合实际应用需求的一种方法,也是目前研究的热点和难点。

近几年,相关领域的研究人员提出了很多通用型无参考图像质量评价方法。这些方法大都依赖图像的主观值和失真类型等先验知识,利用机器学习方法得到图像质量评价值,如第 1 章中提到的 BIQI 算法。基于失真分类的图像保真度及完整性评价[70](distortion identification-based image verity and integrity evaluation,DIIVINE)算法沿用 BIQI 的算法框架,丰富了与图像质量相关的特征进行学习训练,取得了较好的评价效果。文献[71]假设图像离散余弦变换(DCT)域的统计特征的变化可以预测图像质量的变化,提出基于 DCT 变换的盲图像质量评价(blind image integrity notator using DCT statistics,BLIINDS)算法,利用图像 DCT 域的结构信息、对比度及信息熵特征训练概率模型。Saad 等[72]随后对 BLIINDS 算法进行扩展,使用更复杂的 DCT 域提取的 NSS 特征提出 BLIINDS-II 算法。基于图像空间域特征的盲图像质量评价(blind/reference image spatial quality evaluator,BRISQUE)算法[73]使用空间域中的 NSS 特征,比先前的基于 NSS 特征的方法计算效率高很多。基于视觉码本的盲图像质量评价(codebook based image quality index,CBIQ)算法[74]利用图像块的 Gabor 小波系数形成视觉码本,并用支持向量回归(support vector regression,

SVR) 预测质量分数，这种方法的特征向量维数很高。基于码本表达的盲图像质量评价 (codebook representation for no-reference image quality assessment，CORNIA) 算法与 CBIQ 算法[75]类似，但是其使用非监督学习方法学习原始图像块的特征。

上述算法都需要数据库提供的主观评价值来训练学习模型，最近提出的一些算法未使用主观值及失真图像进行训练，而通过提取高保真图像特征进行机器学习。质量感知聚集算法（quality-aware clustering method，QAC）[76]使用学习方法但没有使用 MOS/DMOS，该算法需要包含原始图像及相对应的四种失真图像的图像库用作训练。失真图像重叠块的质量通过全参考图像质量评价方法与原始图像块进行对比，使用降序排列的前 10%的图像块质量之和作为图像块的质量，归一化的图像块质量取代MOS/DMOS作为标准质量指标。这种方法取得了很好的图像评价效果。文献[77]使用 BRISQUE 算法中的 NSS 特征，训练失真图像块得到"主题模型"，但未用到主观值。自然图像质量评价指标[78]（natural image quality evaluator，NIQE）对高质量图像提取 NSS 特征，训练得到多元变量高斯模型 (multi-variate Gaussian，MVG) 参数。对于待测图像，计算 NSS 特征及其 MVG 模型参数，训练得到的参数与待测图像参数之间的差异即为质量指标。综合局部质量分布的自然图像质量评价算法(integrated local NIQE，IL_NIQE)[79]在 NIQE 算法的基础上引入了更多图像感知特征，并分块计算 MVG 模型参数差，得到局部图像质量值，合并得到整体图像质量预测值，实验表明这种方法比目前很多先进的算法效果要好。

需要学习训练的方法都依赖训练集，然而训练集中包含的失真类型有限，不能很好地适用于实际应用场景中。尽管与需要大量先验知识的算法相比，需要少量外部信息的算法性能不是最好的，但是这些方法提供了一种不需要训练数据的思路。无参考图像质量评价算法的最终目的是发现一种模型能够准确地预测失真图像质量，并且应尽可能少地利用图像的先验知识或者其失真类型信息。本节通过重点研究影响图像质量的图像视觉感知特征，提出一种基于尺度不变性的通用型无参考图像质量评价方法。该算法利用图像空间域特征计算尺度间差异得到图像质量评价指标，运行速度快，且不需要外部训练数据。实验结果表明，所提方法对混合失真图像质量评价效果好，运行效率高，与目前现有的无参考图像质量评价方法相比具有较好的综合性能，具有较好的应用价值。

8.5.2　所提算法框架

无参考图像质量评价方法以自然图像的尺度不变性为基础。图像多尺度特征[80]模拟人眼视觉系统处理图像的多通道特性，是图像的内在特性。图像中的物体和结构在不同尺度上是相似的，随着将图像从高分辨率分解到低分辨率，图像变得平滑，但是低分辨率图像维持不变的结构信息。然而失真图像尺度间的相似性减弱，并且随着失真越严重，尺度间的相似性越差。

自然图像是高保真图像摄取设备在自然场景中拍摄的图像。在所有可能的图像信号空间中，自然图像信号只占很小的一个子集。原因在于自然图像信号具有很强的结构性。文献[81]说明了图像的统计规律可以有效地表示自然图像，并且图像的统计特征具有尺度不变性。目前，研究人员已经开发了很多复杂的模型来描述自然图像的统计信息。图像边缘特性是图像的主要视觉信息，因为人眼在感知自然世界中的一个物体时，主要由边缘刺激人眼视觉系统并且传递视觉信息给人类大脑。图像边缘特性可以很好地表示图像的结构信息[38, 82-83]，结构信息在尺度间具有相似性。本节将自然图像的统计特性及边缘结构特性作为图像的整体特征，利用图像的尺度不变性计算图像尺度间的整体差异，以评价图像质量，算法框架如图 8-16 所示。

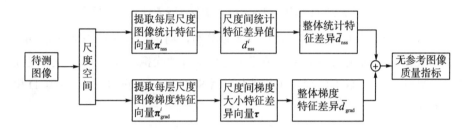

图 8-16　基于尺度不变性的无参考图像质量评价算法框架

8.5.2.1　图像特征提取

1. 图像统计特征提取

Ruderman 等[84]发现对图像亮度进行非线性操作可以消除像素间的相关性，具体来讲就是减去图像的局部平均亮度，并对局部对比度进行规范化处理。设 I 表示大小为 $N \times M$ 的待测图像，这种对图像亮度的非线性操作可以表示为

$$I'(i,j) = \frac{I(i,j) - E(i,j)}{D(i,j) + 1} \tag{8-24}$$

式中，I' 表示规范化后的图像；i 和 j 表示空间坐标；E 和 D 分别为如下两个矩阵：

$$E = W * I \tag{8-25}$$

$$D = \sqrt{W * (I - E)^2} \tag{8-26}$$

式中，$W = \{W_{k,l} \mid k = -K, \cdots, K; \ l = -L, \cdots, L\}$ 为对称高斯卷积窗口函数；$*$ 表示卷积操作。式 (8-23) 中的 $I'(i,j)$ 被称为 MSCN 系数。经研究发现，高保真图像的 MSCN 系数分布服从高斯分布，我们使用零均值广义高斯分布[85]（generalized Gaussian distribution，GGD）对 MSCN 系数分布建模。GGD 概率模型的密度函数为

$$f(z; \alpha, \sigma^2) = \frac{\alpha}{2\beta \cdot \Gamma(1/\alpha)} \exp\left[-\left(\frac{|z|}{\beta} \right)^{\alpha} \right] \tag{8-27}$$

式中，

$$\beta = \sigma \sqrt{\frac{\Gamma(1/\alpha)}{\Gamma(3/\alpha)}} \tag{8-28}$$

$$\Gamma(z) = \int_0^\infty t^{z-1} e^{-t} dt \quad z > 0 \tag{8-29}$$

GGD 模型中的参数 α 和 σ^2 可以用矩匹配方法[86]进行估计,所得的估计值可作为有效图像特征的一部分。另一方面,相邻的 MSCN 系数之间存在相关性,这种相关性可以用相邻 MSCN 系数的分布来描述。成对的相邻 MSCN 系数可以表示为水平、垂直、主对角线以及次对角线方向上的分布,即

$$\boldsymbol{I}'(i,j) \times \boldsymbol{I}'(i,j+1), \quad \boldsymbol{I}'(i,j) \times \boldsymbol{I}'(i+1,j) \tag{8-30}$$
$$\boldsymbol{I}'(i,j) \times \boldsymbol{I}'(i+1,j+1), \quad \boldsymbol{I}'(i,j) \times \boldsymbol{I}'(i+1,j-1)$$

由于 MSCN 系数自身服从零均值广义高斯分布,而采用非对称高斯分布(asymmetric generalized Gaussian distribution,AGGD)模型可以很好地模拟相邻 MSCN 系数之间的相关性,所以所提算法采用 AGGD 模型来描述相邻 MSCN 系数之间的关系。AGGD 模型的概率密度函数为

$$f\left(z; \nu, \sigma_l^2, \sigma_r^2\right) = \begin{cases} \dfrac{\nu}{(\beta_l + \beta_r)\Gamma(1/\nu)} \exp\left[-\left(\dfrac{-z}{\beta_l}\right)^\nu\right] & z < 0 \\[4mm] \dfrac{\nu}{(\beta_l + \beta_r)\Gamma(1/\nu)} \exp\left[-\left(\dfrac{-z}{\beta_r}\right)^\nu\right] & z \geqslant 0 \end{cases} \tag{8-31}$$

式中,

$$\beta_l = \sigma_l \sqrt{\frac{\Gamma(1/\nu)}{\Gamma(3/\nu)}}, \quad \beta_r = \sigma_r \sqrt{\frac{\Gamma(1/\nu)}{\Gamma(3/\nu)}} \tag{8-32}$$

用 η 表示 AGGD 分布的均值,则 η 可以通过式(8-32)进行计算:

$$\eta = (\beta_r - \beta_l)\frac{\Gamma(2/\nu)}{\Gamma(1/\nu)} \tag{8-33}$$

AGGD 模型参数 ν、σ_l^2、σ_r^2、η 作为图像有效统计特征的另一部分,4 个方向可以得到 16 个特征值,加上 GGD 模型参数 α 和 σ^2,可以得到一个 18 维的统计特征向量来表示输入图像的统计特征,我们用 $\boldsymbol{\pi}_{\mathrm{nss}}$ 表示该统计特征向量。

2. 图像边缘特征提取

边缘是图像最基本的特征,是人眼识别目标的重要信息。我们利用 Sobel 边缘检测算子提取图像边缘信息。假设 G_h、G_v 分别表示水平方向和垂直方向的梯度值,则 $G = \sqrt{G_h^2 + G_v^2}$ 表示该像素位置的梯度。由文献[87]可知,自然图像的梯度服从如下韦伯分布:

$$p(z;a,b)=\begin{cases}\dfrac{a\cdot z^{a-1}}{b^{a}}\exp\left[-\left(\dfrac{z}{b}\right)^{a}\right] & z\geqslant 0\\[2mm] 0 & z<0\end{cases} \tag{8-34}$$

式中，a、b 是韦伯分布概率密度函数的两个参数。最近的神经科学研究表明，视觉神经元在处理图像时的反应与韦伯分布密切相关。因此，我们采用韦伯分布来描述自然图像边缘特征的概率分布情况。从而，韦伯分布的参数 a、b 便构成图像边缘特征向量的两个元素。图像的 2 维边缘结构特征向量用 $\boldsymbol{\pi}_{\text{grad}}$ 表示，即 $\boldsymbol{\pi}_{\text{grad}}=(a,b)$。

8.5.2.2　图像特征失真

1. 统计特征失真

高保真图像的统计特征具有尺度不变性，而失真会使尺度间的特征差异变大。为了对此进行说明，我们使用 TID2013 图像库中的 5 幅图像直观地展示失真对图像质量的影响，如图 8-17 所示。经过观察及实验验证，当分解尺度数为 4 时，可以很好地表示失真的影响。图 8-17(a)为原始图像，图 8-17(b)为加性高斯噪声失真图像，图 8-17(c)为高斯模糊失真图像，图 8-17(d)为 JPEG 压缩失真图像，图 8-17(e)为 JPEG2000 压缩失真图像，图 8-17(f)～图 8-17(j)为对应图像的不同尺度的统计特征。

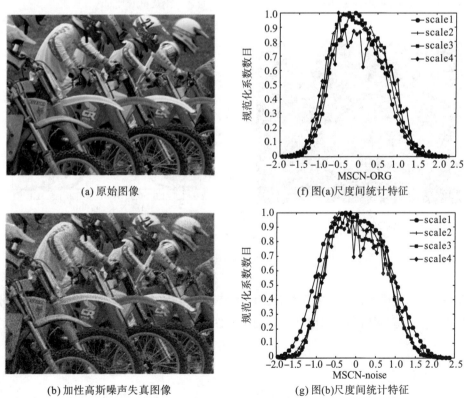

(a) 原始图像　　　　　　　　　　(f) 图(a)尺度间统计特征

(b) 加性高斯噪声失真图像　　　　　(g) 图(b)尺度间统计特征

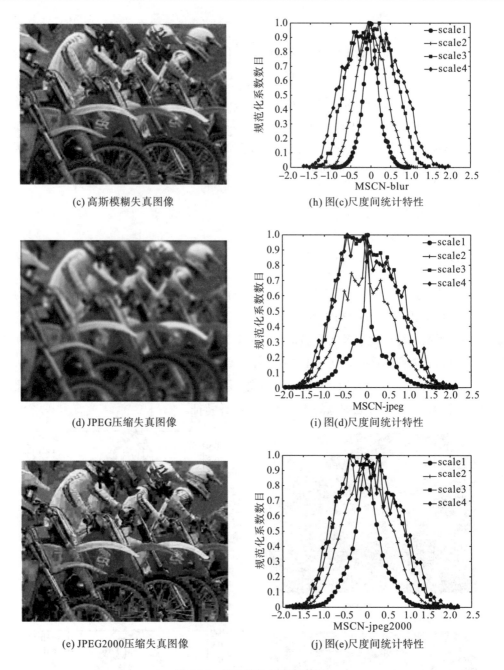

(c) 高斯模糊失真图像

(h) 图(c)尺度间统计特性

(d) JPEG压缩失真图像

(i) 图(d)尺度间统计特性

(e) JPEG2000压缩失真图像

(j) 图(e)尺度间统计特性

图 8-17　统计特性尺度间对比

从图 8-17 可以看出，原始图像尺度间的特征基本保持一致，而失真图像尺度间的特征差异变大。我们利用相邻尺度和间隔尺度间图像统计特征向量的 L_1 范式表示尺度间的距离：

$$d_{nss}^1 = \left\| \boldsymbol{\pi}_{nss}^1 - \boldsymbol{\pi}_{nss}^2 \right\|_1 \qquad d_{nss}^2 = \left\| \boldsymbol{\pi}_{nss}^1 - \boldsymbol{\pi}_{nss}^3 \right\|_1$$
$$d_{nss}^3 = \left\| \boldsymbol{\pi}_{nss}^1 - \boldsymbol{\pi}_{nss}^4 \right\|_1 \qquad d_{nss}^4 = \left\| \boldsymbol{\pi}_{nss}^2 - \boldsymbol{\pi}_{nss}^3 \right\|_1 \tag{8-35}$$

式中，$\boldsymbol{\pi}_{\mathrm{nss}}^{i}\,(i=1,2,3,4)$ 表示第 i 尺度的图像统计特征向量。由上述四个尺度间统计特征差异值，可以得到图像整体统计特征失真：

$$\overline{d}_{\mathrm{nss}} = \frac{1}{4}\sum_{i=1}^{4} d_{\mathrm{nss}}^{i} \tag{8-36}$$

2.　边缘结构失真

失真图像可以看作是原始图像信号与失真信号的相互叠加形成的，图像信号是结构化的、有规律的，图像的结构不会随着尺度改变。然而，失真信号往往是杂乱的、随机的，由于尺度的变化，失真信号对图像产生的影响也会随之改变。图像的梯度可以很好地描述图像的结构信息。因此，利用尺度间梯度大小特征的差异可以衡量图像失真程度，如图 8-18 所示。当图像分解尺度为 2 时，梯度特征可以较好地表示图像质量。图 8-18(a) 为原始图像，图 8-18(b) 为添加了轻微的加性高斯噪声图像，图 8-18(c) 为添加了严重的加性高斯噪声的图像，图 8-18(d) 为原始图像经轻微高斯模糊处理所得的失真图像，图 8-18(e) 为原始图像经过严重高斯模糊处理的失真图像。图 8-18(b)～ 图 8-18(e) 的主观值分别为 4.94、3.86、3.48、2.11，主观值越大，表示图像质量越好。图 8-18(f)～ 图 8-18(j) 为图 8-18(a)～ 图 8-18 (e) 图像的尺度间梯度特征对比。失真图像图 8-18 (g)～ 图 8-18 (j) 对应的特征差异值分别为 0.4012、0.5882、0.5752、1.3748，差异值越小，表示图像质量越好。从图 8-18 可以更直观地看出梯度对预测图像质量的有效性。

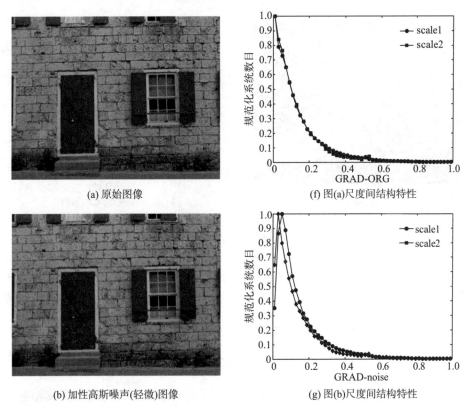

(a) 原始图像

(f) 图(a)尺度间结构特性

(b) 加性高斯噪声(轻微)图像

(g) 图(b)尺度间结构特性

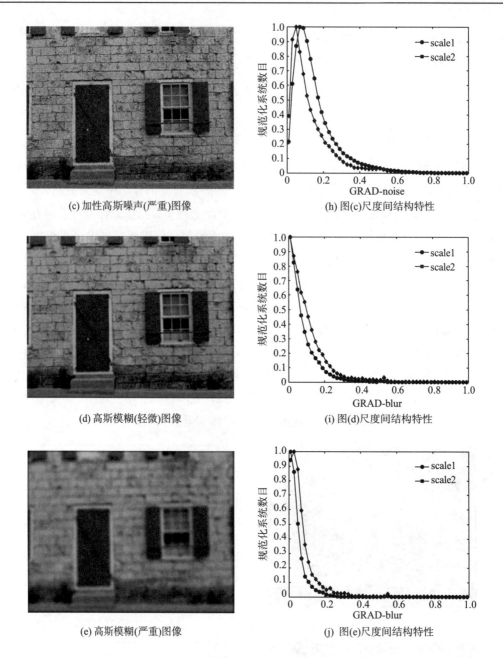

(c) 加性高斯噪声(严重)图像　　　　　(h) 图(c)尺度间结构特性

(d) 高斯模糊(轻微)图像　　　　　(i) 图(d)尺度间结构特性

(e) 高斯模糊(严重)图像　　　　　(j) 图(e)尺度间结构特性

图 8-18　梯度大小特征尺度间对比

从图 8-18 中可以看出，尺度间的特征差异可以很好地反映失真大小。使用两个尺度间梯度特征的差异来评价图像质量。$\tau = |\pi_{\text{grad}}^1 - \pi_{\text{grad}}^2|$，其中 $\pi_{\text{grad}}^i\,(i=1,2)$ 表示第 i 尺度梯度的向量。对尺度间梯度特征差异向量 τ 进行规范化处理：

$$\tau(i) = \frac{\tau(i)}{\tau_{\text{grad}}^1(i)} \qquad (i=1,2) \tag{8-37}$$

利用尺度间特征差异向量 τ 的 L_1 范式表示尺度间距离，得到图像整体梯度大小特征失真：

$$\overline{d}_{\mathrm{grad}} = \|\boldsymbol{\tau}\|_1 \tag{8-38}$$

8.5.2.3　图像质量指标

目前，很多无参考图像质量评价算法利用 MOS/DMOS、失真图像或高保真图像特征进行训练，而本节算法不需要额外的参考数据，仅利用图像自身特征计算图像质量。我们利用规范化后的图像统计特性 $\overline{d}_{\mathrm{nss}}$ 和梯度特征 $\overline{d}_{\mathrm{grad}}$ 的简单线性关系，得到无参考图像质量评价指标，如式(8-38)取值范围为 0～1：

$$\mathrm{Proposed} = k \times \overline{d}_{\mathrm{nss}} + (1-k) \times \overline{d}_{\mathrm{grad}} \tag{8-38}$$

式中，k 为图像特征的加权因子，且 $0 \leqslant k \leqslant 1$。我们利用所提算法的客观值与标准数据库中对应的主观值之间的 Spearman 等级相关系数确定加权因子 k。图 8-19 给出了本节算法在 TID2013、LIVE、CSIQ 数据库中的 SROCC 随加权因子 k 变化曲线。

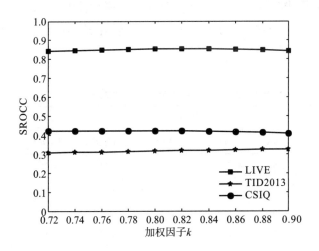

图 8-19　SROCC 指标随加权因子 k 变化曲线

图 8-19 表明所提算法的性能对加权因子的变化不敏感，在加权因子 k 变动的很大范围内是稳定的，说明所提算法有很好的通用能力，不依赖任何数据库，算法中 k 取值为 0.88。

8.5.3　实验结果及分析

我们使用四种标准图像库检验本节算法的有效性：TID2013、LIVE、CSIQ、LIVE Multiply Distorted (MD)[85]。TID2013 和 MD 数据库中均包含混合失真。在 MD 图像库包含两种混合失真类型，MD1 中图像为模糊与 JPEG 压缩混合失真，MD2 中图像为模糊与噪声混合失真。本节中将 MD1 与 MD2 看作两个单独的图像库。

本节利用目前先进的无参评价算法与所提算法进行对比,包括 BRISQUE、BLIINDS2、DIIVINE、CORNIA、QAC、IL_NIQE。其中,前 4 种方法使用主观值及失真图像进行训练,QAC、IL_NIQE 未使用主观值,仅利用失真图像或原始图像进行训练。我们使用较常用的 PLCC 和 SROCC 两种指标来衡量无参考图像质量评价算法。

8.5.3.1　数据库交叉验证

目前,通用的无参考图像质量评价方法大部分采用训练模型参数的方法,但这类评价方法对训练数据库的依赖性较强,如果训练数据集中没有某种类型的失真,则不能对这种失真类型进行很好的质量评价。为了检验算法的通用性,对需要训练的算法 DIIBINE、BLIINDS2、BRISQUE、CORNIA 使用一个数据库进行训练,而在另一个数据库中进行测试。表 8-10 中给出了使用 LIVE 数据库进行训练,在其他数据库中测试算法的性能指标;表 8-11 给出了各个算法在表 8-10 中几个数据库上的平均性能;表 8-12 列出使用 TID2013 数据库进行训练,在其他数据库中测试算法的性能指标;表 8-13 给出了各个算法在表 8-12 中几个数据库上的平均性能。

表 8-10　在 LIVE 数据库中训练的算法指标

算法	TID2013		CSIQ		MD1		MD2	
	PLCC	SROCC	PLCC	SROCC	PLCC	SROCC	PLCC	SROCC
DIIVINE	0.545	0.355	0.697	0.596	0.767	0.708	0.702	0.602
BLIINDS2	0.470	0.393	0.724	0.577	0.710	0.655	0.302	0.015
BRISQUE	0.475	0.367	0.742	0.557	0.866	0.791	0.459	0.299
CORNIA	0.575	0.429	0.764	0.663	0.871	0.839	0.864	0.841
QAC	0.437	0.372	0.708	0.49	0.538	0.396	0.672	0.471
IL_NIQE	0.589	0.494	0.854	0.815	0.905	0.891	0.897	0.882
Proposed	0.466	0.324	0.590	0.418	0.789	0.712	0.712	0.634

表 8-11　算法在表 8-10 中数据库的平均表现

相关性指标	DIIVINE	BLIINDS2	BRISQUE	CORNIA	QAC	IL_NIQE	Proposed
PLCC	0.595	0.525	0.548	0.643	0.509	0.675	0.517
SROCC	0.435	0.424	0.424	0.519	0.402	0.599	0.378

表 8-12　在 TID2013 数据库中训练的算法指标

算法	LIVE		CSIQ		MD1		MD2	
	PLCC	SROCC	PLCC	SROCC	PLCC	SROCC	PLCC	SROCC
DIIVINE	0.093	0.042	0.255	0.146	0.669	0.639	0.367	0.252
BLIINDS2	0.089	0.076	0.527	0.456	0.690	0.507	0.222	0.032
BRISQUE	0.108	0.088	0.728	0.639	0.807	0.625	0.591	0.184
CORNIA	0.132	0.097	0.750	0.656	0.847	0.772	0.719	0.655
QAC	0.863	0.868	0.708	0.490	0.538	0.396	0.672	0.471
IL_NIQE	0.902	0.906	0.854	0.815	0.905	0.891	0.897	0.882
Proposed	0.839	0.849	0.590	0.418	0.789	0.712	0.712	0.634

表 8-13　算法在表 8-12 中数据库的平均表现

相关性指标	DIIVINE	BLIINDS2	BRISQUE	CORNIA	QAC	IL_NIQE	Proposed
PLCC	0.251	0.349	0.491	0.527	0.744	0.861	0.736
SROCC	0.172	0.275	0.384	0.461	0.618	0.882	0.651

上述算法中，QAC、IL_NIQE 和所提算法不依赖外部训练数据库，也就是说这三种算法不需要使用数据库中的主观值进行训练。对比表 8-10～表 8-13 的数据可以看出，这三种算法的评价效果比较稳定，不受外部训练数据库的影响，而其余几种需要进行训练的算法则表现得不够稳定。当用 TID2013 数据库训练时，数据库中失真类型多，而 DIIVINE、BLIINDS2、BRISQUE、CORNIA 算法先对图像失真特点进行分类再计算图像质量，分类的数目与训练的数据库相关，从而导致这些算法的评价指标变差，这说明这些算法的通用性有限。IL_NIQE 算法在以上对比算法中性能指标最好，该算法采用丰富的图像特征，并利用高保真图像进行训练。而本节算法仅利用图像自身特征，其性能表现接近甚至优于 QAC 及其他算法。另外，与其他数据库的评价指标相比，本节算法对混合失真数据库评价较好。

8.5.3.2　运行效率

由于本节算法在图像空间域提取特征，不用转换到其他作用域，同时不需要花费时间训练数据，因此运行速度很快。我们将本书算法与上述无参考图像质量评价算法评价单幅图像的运行时间列在表 8-14 中。所有算法都在 ACER 笔记本电脑上运行，CPU 为 Intel(R) Core(TM) i5-4200U，主频为 1.62GHz、2.30GHz，内存为 4.0G，64 位 win8 操作系统。软件运行平台为 MATLAB 2014a。从 TID2013、LIVE、CSIQ、M1、M2 数据库中分别取一种一张彩色图像进行测试，图像大小分别为：512×384、618×453，512×512、1280×720、1280×720。我们用各种算法评价五幅图像的平均运行时间做比较。从表 8-14 可以看出，本节算法运行速度最快，满足实时处理图像的需求。

表 8-14　几种算法运行时间对比　　　　　　　　　　　（单位：s）

数据库	DIIVINE	BLIINDS2	BRISQUE	CORNIA	QAC	IL_NIQE	Proposed
TID2013	12.3154	50.1812	2.6598	0.4963	0.2617	12.0189	0.2429
LIVE	12.8932	72.3071	3.1219	0.3106	0.2595	12.4148	0.2652
CSIQ	12.2731	67.7616	2.8741	0.3163	0.2533	12.0151	0.2557
M1	13.0277	238.1486	5.3799	0.5278	0.8013	12.033	0.7651
M2	12.8893	239.7205	5.502	0.9531	0.7804	12.0912	0.7851
AVERAGE	12.6797	133.6238	3.9075	0.5208	0.4712	12.114	0.4628

8.5.4　小结

8.5 节通过分析目前现有算法解决问题的方法及存在的问题，深入挖掘图像自身的特性，提出了一种基于尺度不变性的无参考图像质量评价方法。尺度不变性是图像的本质属性，但失真会破坏图像尺度间的相似性，失真越严重，尺度间的相似性越差。利用图像统计特征及边缘结构特征表示图像，计算特征尺度间差异，由尺度间的特征差异得到图像质量评价指标，最后用实验证明了算法可以很好地评价图像质量。与目前现有的无参考图像质量评价方法相比，8.5 节算法具有较好的综合性能，对混合失真图像质量评价效果好。并且计算简单，易于实现，不需要外部数据，适应当前无参考图像质量评估的发展趋势。

8.6　本　章　小　结

本章基于图像视觉感知和统计特性等相关理论，对全参考和无参考图像质量评价领域的多尺度、梯度结构及统计特征的提取技术，相似性度量与合并策略等问题进行了研究，提出了三种算法。

（1）梯度是提取图像边缘结构信息的重要信息。当图像边缘失真时，不但梯度的幅度值会改变，梯度的方向也会改变。基于此，本章提出利用梯度矢量用来表示梯度信息特征，可以同时表示梯度的幅值和方向。利用参考图像与待测图像梯度矢量相似度构造图像质量分布图，同时考虑人眼视觉特性，利用感知池策略和视觉多尺度特性对图像质量分布图进行加权合并得到图像的质量指标。实验结果表明，该评价方法符合人眼的视觉特征，与主观评价结果具有更好的一致性，可广泛应用于 JPEG 和 JPEG2000 压缩图像质量评价。

（2）基于人眼视觉系统对图像边缘结构信息和局部亮度刺激敏感的假设，本章提出了一种新的基于全变分模型的视觉感知图像质量评价方法。方法由边缘结构信息评价和局部亮度信息评价两部分组成。首先采用全变分模型描述失真图像与原始参考图像之间的图像结构信息变化；为测量亮度失真，又采用失真图像与参考图像之间的差值图像中封闭区域的能量函数衡量人眼所敏感的图像亮度信息。最后，本章采用 3 种标准图像数据库验证该评价方法的性能。实验结果表明，所提出的图像质量评价方法优于现有的图像评价标准。

（3）目前，现有的通用型无参考图像质量评价方法大多是利用失真图像及其主观值训练回归模型预测图像质量指标。然而这种方法需要消耗大量的时间进行训练，并且依赖训练图像库中失真类型，通用性较差，很难应用到实际场合中。为了解决数据库依赖问题，本章提出一种归一化的基于图像尺度不变性的无参考图像质量评价方法。该方法不依赖外部数据，将图像的统计特性及边缘结构特性作为图像质量评价的有效特征，利用图像多尺度不变性计算多尺度间的整体特征差异，从而预测图像质量。实验结果表明，所提方法对混合失真图像质量评价效果好，运行效率高，与目前现有的无参考图像质量评估方法相比具有较好的综合性能，具有较好的应用价值。

参 考 文 献

[1] 陈玉坤. 基于视觉特征的图像质量评价算法[D]. 西安：西安电子科技大学，2013.

[2] 刘书琴，毋立芳，宫玉，等. 图像质量评价综述 [J]. 中国科技论文在线，2011，6(7)：501-506.

[3] 韩沁，李凡，汪烈军. 基于互相关系数的边缘加权质量预测评价算法 [J]. 微电子学与计算机，2014，10(31)：107-112.

[4] 祁云平，马惠芳，佟雨兵，等. 基于 PSNR 与 SSIM 联合的图象质量评价模型 [J]. 中国图象图形学报，2006，11(12)：1758-1763.

[5] 孔繁锵. 结合 HVS 和相似性度量的图像质量评价测度[J]. 中国图象图形学报，2011，16(7)：1184-1191.

[6] Ponomarenko N，Silvestri F，Egiazarian K，et al. ON Between-coefficient contrast masking of DCT based functions [J]. Third International Workshop on Video Processing & Functions，2007.

[7] Mastani S A，Shilpa K. New approach of estimating PSNR-B for de-blocked images [J]. International Journal of Advances in Engineering & Technology，2013.

[8] Wang Z，Bovik A C，Hamid R S，et al. Image quality assessment：From error visibility to structural similarity[J]. IEEE Transactions on Image Processing，2004，13(4)：600-612.

[9] 杨春玲，陈冠豪，谢胜利. 基于梯度信息的图像质量评判方法的研究 [J]. 电子学报，2007，35(7)：1313-1317.

[10] Wang Z，Shang X. Spatial pooling strategies for perceptual image quality assessment [C]// IEEE Inter. Conf. Image Proc. Atlanta：IEEE，2006：8-11.

[11] Moorthy A K，Bovik A C. Visual importance pooling for image quality assessment [J]. IEEE Journal of Selected Topics in Signal Processing，2009，3(2)：193-201.

[12] Wang Z，Simoncelli E P，Bovik A C. Multi-scale structural similarity for image quality assessment [C]// IEEE Asilomar Conference on Signals，Systems and Computers，Pacific Grove，CA，Nov. 2003，2(2)：1398–1402.

[13] Wang Z，Li Q. Information content weighting for perceptual image quality assessment [J]. IEEE Transactions on Image Processing. 2011，20(5)：1185-1198.

[14] Zhang L，Zhang L，Mou X，et al. FSIM：A feature similarity index for image quality assessment [J]. IEEE Transactions on Image Processing，2011，20(8)：2378-2386.

[15] Zhang L，Shen Y，Hongyu LI. VSI：A visual saliency-induced index for perceptual image quality assessment [J]. IEEE

Transactions on Image Processing，2014，23(10)：4270-4281.

[16] Sheikh H R，Bovik A C，Veciana G D. An information fidelity criterion for image quality assessment using natural scene statistics [J]. IEEE Transactions on Image Processing，2005，14(12)：2117-2128.

[17] Sheikh H R，Bovik A C. Image information and visual quality [J]. IEEE Transactions on Image Processing，2006，15(2)：430-444.

[18] Srivastava A，Lee A B，Simoncelli E P，et al. On advances in statistical modeling of natural images [J]. Journal of Mathematical Imaging and Vision，2003，18：17-33.

[19] Portilla J，Strela M W V，Simoncelli E P. Image denoising using scale mixtures of Gaussian in the wavelet domain [J]. IEEE Trans. Image Process，2003，11(12)：1338-1351.

[20] Li Q，Wang Z. Reduced-reference Image Quality Assessment using divisive normalization based image representation [J]. IEEE J. Select. Topics Signal Process，2009，2(3)：202-211.

[21] Wang Z，BOVIK A C. Modern Image Quality Assessment[M]. Verdant：Morgan&Claypool，2006.

[22] Lu W，Gao X B，Li X L，et al. An image quality assessment metric based controller[C]// 15th IEEE International Conference on Image Processing，San Diego，CA，2008：1172-1175.

[23] Li Q，Wang Z. Reduced-reference image quality assessment using divisive normalization-based image representation [J]. IEEE Journal of Selected Topics in Signal Processing，2009，2(3)：202–211.

[24] Ashirbani S，Wu Q M J. Utilizing image scales towards totally training free blind image quality assessment [J]. IEEE Transactions on Image Processing a Publication of the IEEE Signal Processing Society，2015，24(6)：1879-1892.

[25] Moorthy A K，Bovik A C. A two-step framework for constructing blind image quality indices [J]. IEEE Signal Processing Letters，2010，17(5)：513-516.

[26] 王志明. 无参考图像质量评价综述 [J]. 自动化学报，2015，41(6)：1062-1079.

[27] Winkler S. Analysis of public image and video databases for quality assessment [J]. Selected Topics in Signal Processing IEEE Journal of，2012，6(6)：616-625.

[28] Ponomarenko N，Ieremeiev O，Lukin V，et al. A new color image database TID2013：Innovations and results [OL]. [2014-03-02]. http://www. ponomarenko. info/tid2013. html.

[29] Ponomarenko N，Lukin V，Zelensky A，et al. TID2008-a database for evaluation of full-reference visual quality assessment metrics[OL]. [2014-04-08]. http://www. ponomarenko. info/tid2008. htm.

[30] Larson E C，Chandler D M. Consumer subjective image quality database[OL]. [2014-07-12]. http://vision. okstate. edu/index. php?loc=csiq.

[31] Sheikh H R，Wang Z，Cormack L，et al. Live image quality assessment database release2 [OL]. [2014-03-04]. http: //live. ece. utexas. edu/research/quality.

[32] Patrick Lec，Florent A. Subjective quality assessment IRCCyN/IVC database[OL]. [2014-05-08]. http://www2. irccyn. ec-nantes. fr/ivcdb.

[33] Hofita H，Shibata K，Kawayoke Y，el al. MICT Image Quality Evaluation Database[OL]. [2014-05-08]. http://mict. eng. utoyama. ac. jp/mictdb. html.

[34] Chandler D M，Hemami S S. VSNR online supplement[OL]. [2014-10-02]. http://foulard. ece. cornell. edu/dmc27/vsnr/vsnr. html.

[35] Engelke U，Zepernick H J，Kusuma M. Wireless imaging quality database[OL]. [2014-04-08]. http://www. bth. se/tek/rcg.

nsf/pages/wiq-db.

[36] Larson E C，Chandler D M. Most apparent distortion：Full reference image quality assessment and the role for strategy [J]. Journal of Electronic Imaging，2010，19(1)：143-153.

[37] Zhang L，Zhang L，Mou X，et al. A comprehensive evaluation of full reference image quality assessment algorithms [C]// IEEE International Conference on Image Processing，2012：1477-1480.

[38] Xue W，Zhang L，Mou X，et al. Gradient magnitude similarity deviation：A highly efficient perceptual image quality index [J]. IEEE Transactions on Image Processing，2014，23(2)：684-695.

[39] 程光权，成礼智，赵侠. 基于几何特征的图像处理与质量评价 [M]. 北京：国防工业出版社，2013.

[40] 王正友，黄隆华. 基于对比度敏感度的图像质量评价方法 [J]. 计算机应用，2006，26(8)：1857-1859.

[41] Pan F，Lin X，Rahardja S，et al. Using edge direction information for measuring blocking artifacts of images [J]. Multidimensional Syst. Signal Process，2007，18：297-308.

[42] Lee S，Park S J. A new image quality assessment method to detect and measure strength of blocking artifacts [J]. Signal Processing：Image Communication，2012，27(1)：31-38.

[43] Hua Z，Yiran Z，Xiang T. A weighted sobel operator-based no-reference blockiness metric [C]// in Proc. Pacific-Asia Workshop Comput. Intell. Ind. Appl. PACIIA，IEEE，2008.

[44] Wang Z，Sheikh H R，Bovik A C. No-reference perceptual quality assessment of JPEG compressed images [C]// IEEE International Conference on Image Processing，2002：477，480.

[45] Barland R，Saadane A. Reference free quality metric for JPEG2000 compressed images [C]// IEEE Proceedings of the Eighth International Symposium on Signal Processing and Its Applications，Sydney Australia，2005：351-354.

[46] Tong H，et al. No reference quality assessment for JPEG2000 compressed images[C]// IEEE Proceedings of Image Processing，Singapore，2004.

[47] Sakuldee R，Yamsang N，Udomhunsakul S. Image quality assessment for JPEG and JPEG2000 [C]// IEEE，Third 2008 International Conference on Convergence and Hybrid Information Technology，2008：320-325.

[48] Seghir Z A，Hachouf F. Image quality assessment based on edge-region information and distorted pixel for JPEG and JPEG2000 [C]//Advanced Concepts for Intelligent Vision Systems，Springer Berlin Heidelberg，2009：156-166.

[49] Shen J，LI Q，Erlebacher G. Hybrid no-reference natural image quality assessment of noisy，blurry，JPEG2000，and JPEG images [J]. IEEE Transactions on Image Processing，2011，8(20)：2089-2098.

[50] 阴躲芬，李一民，王英妹，等. 浅谈数字图像压缩编码技术 [J]. 科技广场，2008(1)：128-139.

[51] 曹灿云，王延求. 浅议图像压缩编码技术的发展与应用 [J]. 信息与电脑(理论版)，2011(3)：127-129.

[52] 张宇，刘雨东，计钊. 向量相似度测度方法 [J]. 声学技术. 2009，28(4)：532-536.

[53] Zhou W，Jiang G，Yu M. New visual perceptual pooling strategy for image quality assessment [J]. Journal of Electronics（China），2012，29(3-4)：254-261.

[54] Lin W，Kuo C C. Perceptual visual quality metrics：A survey[J]. Journal of Visual Communication and Image Representation，2011，22(4)：297-312.

[55] Daly S. The visible difference predictor：An algorithm for the assessment of image fidelity[C]//Human Vision，Visual Processing，and Digital Display III. SanJose，USA：SPIE，1992.

[56] Faugeras O D. Digital color image processing within the framework of a human visual model[J]. IEEE Trans. Acoust. Speech Signal Process，1979，27(4)：380-393.

[57] Ma L, Ngan K N. Adaptive block-size transform based just noticeable difference profile for videos[C]// International Symposium on Circuits and Systems. Paris, France: IEEE, 2010.

[58] Lin W, Dong L, Xue P. Visual distortion gauge based on discrimination of noticeable contrast changes[J]. IEEE Trans. Circuits Syst. Video Technol., 2005, 5(7): 900-909.

[59] Wang Z, Bovik A C, Sheikh H R, et al. Image quality assessment: From error visibility to structural similarity[J]. IEEE Trans. Image Processing, 2004, 13(4): 600-612.

[60] Wang Z, Li Q. Information content weighting for perceptual image quality assessment[J]. IEEE Trans. Image Processing, 2011, 20(5): 1185-1198.

[61] Avcibas I, Sankur B, Sayood K. Statistical evaluation of image quality measures[J]. Journal of Electronic Imaging, 2002, 11(2): 206-223.

[62] Chan T F, Shen J H, Vese L. Variational PDE models in image processing[J]. Notice of American Mathematical Society, 2003, 50(1): 14-26.

[63] Rudin L, Osher S, Fatemi E. Nonlinear total variation based noise removal algorithms[J]. Physica D, 1992, 60: 259-268.

[64] Wang Z, Simoncelli E P, Bovik A C. Multi-scale structural similarity for image quality assessment[C]//IEEE Asilomar Conf. Signals, Syst. PacificGrove, USA: IEEE, 2003.

[65] Chandler D M, Hemami S S. VSNR: A wavelet-based visual signal-to-noise ratio for natural images[J]. IEEE Transactions on Image Processing, 2007, 16(9): 2284-2298.

[66] Sheikh H R, Bovik A C. Image information and visual quality[J]. IEEE Trans. Image Processing, 2006, 15(2): 430-444.

[67] Ninassi A, Callet P, Autrusseau F. Pseudo no reference image quality metric using perceptual data hiding[C]//Human Vis. Electron. Imag. SanJose, USA: SPIE, 2006.

[68] Ponomarenko N, Battisti F, Egiazarian K, et al. Metrics performance comparison for color image database[C]//4th International Workshop on Video Processing and Quality Metrics for Consumer Electronics. Scottsdale, USA, 2009.

[69] Larson E C, Chandler D M. Most apparent distortion: Full-reference image quality assessment and the role of strategy[J]. Journal of Electronic Imaging, 2010, 19(1): 1-21.

[70] Moorthy A K, Bovik A C. Blind image quality assessment: From natural scene statistics to perceptual quality [J]. IEEE Transactions on Image Processing, 2011, 20(12): 3350-3364.

[71] Saad M A, Bovik A C, Charrier C. A DCT statistics-based blind image quality index [J]. IEEE Signal Processing Letters, 2010, 17(6): 583-586.

[72] Saad M A, Bovik A C, Charrier C. Blind image quality assessment: A natural scene statistics approach in the DCT domain [J]. IEEE Transactions on Image Processing, 2012, 21(8): 3338-3352.

[73] Mittal A, Moorthy A K, Bovik A C. No-reference image quality assessment in the spatial domain [J]. IEEE Transactions on Image Processing, 2012, 21(12): 4695-4708.

[74] Ye P, Doermann D. No-reference image quality assessment using visual codebooks [J]. IEEE Transactions on Image Processing, 2012, 21(7): 3129-3138.

[75] Ye P, Kumar J, Kang L, et al. Unsupervised feature learning framework for no-reference image quality assessment [C]// Computer Vision and Pattern Recognition (CVPR), 2012 IEEE Conference on IEEE, 2012, 157(10): 1098-1105.

[76] Xue W, Zhang L, Mou X. Learning without human scores for blind image quality assessment [C]// 2013 IEEE Conference on Computer Vision and Pattern Recognition (CVPR), IEEE Computer Society, 2013: 995-1002.

[77] Mittal A, Muralidhar G S, Ghosh J, et al. Blind image quality assessment without human training using latent quality factors [J]. IEEE Signal Processing Letters, 2012, 19(2): 75-78.

[78] Mittal A, Soundararajan R, Bovik A C. Making a "completely blind" image quality analyzer [J]. IEEE Signal Processing Letters, 2013, 20(3): 209-212.

[79] Zhang L, Zhang L, Bovik A C. A feature-enriched completely blind image quality evaluator [J]. IEEE Transactions on Image Processing, 2015, 24(8): 2579-2591.

[80] Lindeberg T. Scale-space theory: A basic tool for analysing structures at different scales [J]. Journal of Applied Statistics, 1994, 21: 224-270.

[81] Ruderman D L. The statistics of natural images [J]. Network Computation in Neural Systems, 1994, 5(4): 517-548.

[82] Kim D O, Han H S, Park R H. Gradient information-based image quality metric [J]. IEEE Transactions on Consumer Electronics, 2010, 56(2): 930-936.

[83] Liu A, Lin W, Narwaria M. Image quality assessment based on gradient similarity [J]. IEEE Transactions on Image Processing, 2012, 21(4): 1500-1512.

[84] Ruderman D L, Bialek W. Statistics of natural images: Scaling in the woods [J]. Physical Review Letters, 1994, 73(6): 814-817.

[85] Jayaraman D, Mittal A, Moorthy A K, et al. Live multiply distorted image quality database [OL]. 2012, http: //live. ece. utexas. edu/research/quality/live_multidistortedimage. html.

[86] Sharifi K, Leon-garcia A. Estimation of shape parameter for generalized Gaussian distributions in subband decompositions of video [J]. IEEE Transactions on Circuits and Systems for Video Technology, 1995, 5(1): 52-56.

[87] Geusenroek J M, Smeulders A W M. A six-stimulus theory for stochastic texture [J]. International Journal of Computer Vision, 2005, 62(1): 7-16.